普通高等教育"十二五"规划教材

计算流体力学有限元方法及其编程详解

毕 超 编著
朱红青 主审

机械工业出版社

有限元方法是计算流体力学的一个重要分支,在工程计算领域中的应用越来越广泛。本书内容从最基本的有限元基础知识讲起,难度逐渐加深,每一章都是针对一个计算实例进行理论讲解和公式推导的,在此基础上,每个实例都配置有十分清晰的程序代码。

本书共分 8 章,第 1 章以有限元方法求解常微分方程为例,讲解有限元方法求解微分方程的基础知识;第 2 章以理想流体流动为例,介绍有限元方法求解 Laplace 方程的方法;第 3 章讲述速度-压力有限元法和罚函数有限元法求解牛顿流体 Navier-Stocks(简记为 N-S)方程组的方法,为后续章节奠定基础;第 4 章讲述非牛顿流体问题的求解方法;第 5 章讲解考虑惯性项时 N-S 方程组的求解方法;第 6 章讲述与时间有关的流体流动问题的求解方法;第 7 章讲述与时间有关的热传导问题的求解方法;第 8 章讲述速度与温度耦合问题的有限元求解方法。

本书采用 MATLAB 语言编写计算程序,以便于读者阅读。本书可作为本科生或研究生计算流体力学课程教材,也可作为相关课程的辅导教材。

图书在版编目(CIP)数据

计算流体力学有限元方法及其编程详解/毕超编著.
—北京:机械工业出版社,2013.7(2025.7 重印)
普通高等教育"十二五"规划教材
ISBN 978-7-111-42538-0

Ⅰ.①计… Ⅱ.①毕… Ⅲ.①计算流体力学-有限元法-高等学校-教材②计算流体力学-程序设计-高等学校-教材 Ⅳ.①O35

中国版本图书馆 CIP 数据核字(2013)第 102011 号

机械工业出版社(北京市百万庄大街22号 邮政编码100037)
策划编辑:姜 凤 责任编辑:姜 凤 李 乐
版式设计:常天培 责任校对:李锦莉
封面设计:马精明 责任印制:刘 媛
北京富资园科技发展有限公司印刷
2025 年 7 月第 1 版·第 7 次印刷
184mm×260mm・15 印张・370 千字
标准书号:ISBN 978-7-111-42538-0
定价:39.80 元

电话服务   网络服务
客服电话:010-88361066   机 工 官 网:www.cmpbook.com
　　　　　010-88379833   机 工 官 博:weibo.com/cmp1952
　　　　　010-68326294   金 书 网:www.golden-book.com
封底无防伪标均为盗版   机工教育服务网:www.cmpedu.com

序

计算流体力学在目前工程计算领域应用越来越广泛，其中有限元法是计算流体力学的主要计算方法之一。国内大量相关领域的科研工作都是依托国外公司大型商业软件进行计算的，虽然能够得到各种各样问题的计算结果，但是科研人员无法从核心算法角度来考察计算结果的正确性，也无法根据自己的需要对这些软件进行二次开发，这限制了国内相关领域基础理论研究的发展。

作者毕超，北京化工大学一位年轻有为的副教授，中国塑料加工工业协会专家，曾荣获2013年北京市青年英才荣誉称号；主要从事聚合物混炼成型加工装备的开发研制，利用计算流体力学有限元方法分析聚合物在混炼、成型装备内的流动和混合机理。他将多年科研和教学工作内容进行了总结，完成了《计算流体力学有限元方法及其编程详解》一书，从基本理论和编程方法两个方面对有限元方法在计算流体力学和传热学方面的应用进行了详细的介绍。

该书采用新颖的理论讲解和实例编程相结合的撰写模式，讲述了计算流体力学有限元方法的基本理论。书中内容难度由浅入深，将计算实例、理论推导、编程逻辑、程序编写及结果分析有机结合，归纳简化了使用有限元方法求解计算流体力学和传热学问题的复杂烦琐过程，讲述了理想流体、牛顿流体、非牛顿流体流动问题的有限元求解方法，特别是还包括了考虑惯性项影响、非定常流动以及流热耦合等多种复杂非线性问题的求解方法。该书内容丰富、理论深入、逻辑清晰，有利于读者更加清晰地了解计算流体力学有限元方法的基本理论，不仅可以作为计算流体力学领域本科生和研究生的课程教材，而且书中内容还可以为开发具有自主知识产权的大型工程计算软件提供理论基础。该书是近些年来我国计算流体力学领域为数不多的理论和实践并重的专业性著作。

毕超博士的这本书，在继承与创新、理论与实践、主要问题与科学体系等诸多方面都取得了较为理想的成果。因此，我很高兴为本书作序，并谨向广大科技工作者和工程技术人员推荐此书。

水力学与山区河流开发保护国家重点实验室（四川大学）

许唯临

2013年7月

前　言

有限元方法是计算流体力学的一个重要分支,在工程计算领域中的应用越来越广泛。笔者从 2005 年博士在读阶段就开始从事这一领域的研究,目前已经有 8 年了,且留校任教后开设的研究生课程也是围绕这个内容。笔者与很多同学一样,在刚开始接触计算流体力学时,发现虽然计算流体力学的教材很多,但是大多数教材中的理论都很高深,需要费很大工夫才能理解其中的意思,编程就更是消耗精力了。于是笔者就想写一本能够让读者易懂的有关计算流体力学及其相关编程的书。经过 8 年的学习和教学积累,笔者在 2008 年开始着手撰写本书,目前已经有将近 5 年的时间了,终于在 2013 年年初完成了本书的书稿。

本书内容从最基本的有限元基础知识讲起,难度逐渐加深,每一章都是针对一个计算实例进行理论讲解和公式推导的,在此基础上,每个实例都配置有十分清晰的程序代码。本书共分 8 章,第 1 章以有限元方法求解常微分方程为例,讲解有限元方法求解微分方程的基础知识;第 2 章以理想流体流动为例,介绍有限元方法求解 Laplace 方程的方法;第 3 章讲述速度-压力有限元法和罚函数有限元法求解牛顿流体 Navier-Stocks（简记为 N-S）方程组的方法,为后续章节奠定基础;第 4 章讲述非牛顿流体问题的求解方法;第 5 章讲解考虑惯性项时 N-S 方程组的求解方法;第 6 章讲述与时间有关的流体流动问题的求解方法;第 7 章讲述与时间有关的热传导问题的求解方法;第 8 章讲述速度与温度耦合问题的有限元求解方法。

本书采用 MATLAB 语言编写计算程序,以便于读者阅读。本书可作为本科生或研究生计算流体力学课程教材,也可作为相关课程的辅导教材。

本书的原始资料来自于笔者参加北京化工大学江波教授开设的"聚合物加工数值计算"课程时所记的随堂笔记,在此特别感谢江波教授当年上课时对笔者的指导。

中国矿业大学（北京）朱红青教授担任本书主审,他提出的宝贵意见对本书的撰写具有很大的指导和帮助,在此表示感谢。

本书献给我的爱妻赵昕楠和刚刚出生的女儿安亿。

由于编者水平有限,书中难免存在不足之处,欢迎广大读者对书中内容多提宝贵意见,可发邮件至笔者信箱 bichao@ mail. buct. edu. cn 或 bichao812@ sohu. com。

本书所有章节的配套程序可在诚睿研究室新浪博客（http：//blog. sina. com. cn | u | 3296676545）中下载,也欢迎广大读者通过诚睿研究室新浪微博（weibo. com | u | 3296676545）与笔者沟通交流。

毕超
2013 年于北京

目 录

序
前言
第1章 有限元方法的基本思路 …………… 1
  1.1 一维一次常微分方程的有限元数值求解 …………… 1
    1.1.1 方程及精确解 …………… 1
    1.1.2 有限元方法求解 …………… 1
    1.1.3 程序编写 …………… 8
  1.2 一维二次常微分方程的有限元数值求解 …………… 10
    1.2.1 方程及精确解 …………… 10
    1.2.2 有限元方法求解 …………… 11
    1.2.3 程序编写 …………… 15

第2章 理想流体势流的有限元求解 …………… 21
  2.1 求解实例和数学方程 …………… 21
    2.1.1 求解实例 …………… 21
    2.1.2 理想流体的特征及流动方程 …………… 21
    2.1.3 边界条件 …………… 21
  2.2 有限元方法求解二维拉普拉斯方程 …………… 22
    2.2.1 计算区域的离散 …………… 22
    2.2.2 插值函数及相关计算 …………… 24
    2.2.3 加权余量方程 …………… 24
    2.2.4 单元方程的建立 …………… 25
    2.2.5 总体方程的组合 …………… 27
    2.2.6 编程计算流程 …………… 28
  2.3 程序编写 …………… 28
    2.3.1 主程序 …………… 28
    2.3.2 网格划分程序 …………… 33
    2.3.3 网格图形显示程序 …………… 35
  2.4 计算结果 …………… 36

第3章 牛顿流体流动的有限元求解 …………… 37
  3.1 求解实例和数学方程 …………… 37
    3.1.1 求解实例 …………… 37
    3.1.2 数学方程 …………… 37
    3.1.3 边界条件 …………… 37
  3.2 速度-压力有限元求解 …………… 38
    3.2.1 计算区域的离散 …………… 38
    3.2.2 插值函数及其相关计算 …………… 41
    3.2.3 加权余量方程 …………… 43
    3.2.4 单元方程的建立 …………… 45
    3.2.5 总体方程的组合 …………… 48
    3.2.6 求解流程 …………… 49
  3.3 速度-压力有限元程序 …………… 50
    3.3.1 网格离散程序 …………… 50
    3.3.2 主程序 …………… 54
    3.3.3 单元 B_i^e 子块计算程序 …………… 59
    3.3.4 单元 C_i^e 子块计算程序 …………… 61
    3.3.5 单元 D_{ij}^e 子块计算程序 …………… 63
    3.3.6 单元 F_i^e 子块计算程序 …………… 65
    3.3.7 网格细化程序 …………… 68
    3.3.8 压力插值程序 …………… 69
    3.3.9 矩形网格绘制程序 …………… 70
    3.3.10 计算结果 …………… 71
  3.4 罚函数有限元求解 …………… 72
    3.4.1 计算区域的离散 …………… 72
    3.4.2 插值函数及其相关计算 …………… 73
    3.4.3 加权余量方程 …………… 73
    3.4.4 单元方程的建立 …………… 73
    3.4.5 总体方程的组合 …………… 74
    3.4.6 压力的计算 …………… 74
    3.4.7 求解流程 …………… 75
  3.5 罚函数有限元程序 …………… 76
    3.5.1 主程序 …………… 76
    3.5.2 单元 DP_{ij}^e 子块计算程序 …………… 81
    3.5.3 单元内结点压力计算程序 …………… 83
    3.5.4 其他程序 …………… 85
    3.5.5 计算结果 …………… 85

第4章 非牛顿流体流动的有限元求解 …………… 86
  4.1 计算实例及数学方程 …………… 86
    4.1.1 计算实例 …………… 86
    4.1.2 数学方程 …………… 86
  4.2 有限元方法求解方程 …………… 87
    4.2.1 计算区域的离散 …………… 87

4.2.2 插值函数及其相关计算 ……… 87	6.1.1 求解实例 …………………… 140
4.2.3 加权余量方程 ……………… 87	6.1.2 数学方程 …………………… 140
4.2.4 单元方程的建立 …………… 87	6.1.3 边界条件 …………………… 141
4.2.5 总体方程的组合 …………… 88	6.2 有限元求解 ……………………… 141
4.2.6 迭代求解流程 ……………… 88	6.2.1 计算区域的离散 …………… 141
4.3 程序编写 ………………………… 90	6.2.2 插值函数及其相关计算 …… 141
4.3.1 网格生成程序 ……………… 90	6.2.3 加权余量方程 ……………… 141
4.3.2 主程序 ……………………… 90	6.2.4 单元方程的建立 …………… 142
4.3.3 单元结点黏度计算程序 …… 101	6.2.5 总体方程的组合 …………… 142
4.3.4 单元 D_{ij}^e 子块计算程序 …… 103	6.2.6 非定常问题非线性方程组的求解方法 …………………… 143
4.3.5 其他程序 …………………… 105	6.3 相关程序编写 …………………… 145
4.4 计算结果分析 …………………… 105	6.3.1 网格生成程序 ……………… 145
4.4.1 网格数量对计算精度的影响 … 105	6.3.2 主程序 ……………………… 146
4.4.2 求解问题的速度、压力、剪切速率和黏度分布 ………… 105	6.3.3 单元方程子块计算程序 …… 158
4.4.3 物性参数对出口速度分布的影响 ……………………… 106	6.3.4 Bird-Carreau 本构模型的单元内结点黏度计算程序 ……… 160
4.4.4 入口压力对出口流量的影响 … 107	6.3.5 单元内速度积分程序及单元面积计算程序 …………… 162
第 5 章 考虑惯性项影响的牛顿流体流动有限元求解 ………… 108	6.3.6 其他程序 …………………… 164
5.1 求解实例和数学方程 …………… 108	6.4 结果分析 ………………………… 164
5.1.1 求解实例 …………………… 108	**第 7 章 与时间有关的热传导问题的有限元求解** ………………… 167
5.1.2 数学方程 …………………… 108	7.1 求解实例和数学方程 …………… 167
5.1.3 边界条件 …………………… 109	7.1.1 求解实例 …………………… 167
5.2 有限元求解 ……………………… 109	7.1.2 数学方程和边界条件 ……… 167
5.2.1 计算区域的离散 …………… 109	7.2 热传导方程的有限元求解 ……… 168
5.2.2 插值函数及其相关计算 …… 109	7.2.1 计算区域的离散 …………… 168
5.2.3 加权余量方程 ……………… 109	7.2.2 插值函数及其相关计算 …… 168
5.2.4 单元方程的建立 …………… 110	7.2.3 加权余量方程 ……………… 168
5.2.5 总体方程的组合 …………… 111	7.2.4 单元方程的建立 …………… 169
5.2.6 非线性方程组的求解方法 … 112	7.2.5 总体方程的组合 …………… 170
5.3 相关程序编写 …………………… 114	7.2.6 代入边界条件及迭代求解 … 170
5.3.1 "速度项提出法"+"Newton-Raphson 迭代法"相关程序 … 114	7.3 相关程序编写 …………………… 172
	7.3.1 网格生成程序 ……………… 172
5.3.2 "直接推导法"+"线性化交替迭代法"相关程序 ……… 127	7.3.2 主程序 ……………………… 175
	7.3.3 单元温度积分计算程序 …… 183
5.4 结果分析 ………………………… 136	7.3.4 单元面积计算程序 ………… 184
5.4.1 两组程序计算结果对比 …… 136	7.3.5 热传导项 CD^e 子块计算程序 … 186
5.4.2 惯性项影响分析 …………… 138	7.3.6 时间项 CD^e 子块计算程序 … 188
第 6 章 非牛顿流体非定常流动的有限元求解 ………………… 140	7.3.7 热传导边界项 CDB^e 子块计算程序 …………………… 190
6.1 求解实例和数学方程 …………… 140	7.3.8 其他程序 …………………… 192

7.4 计算结果分析 …………………… 192
　7.4.1 区域温度变化 ……………… 192
　7.4.2 加热热流密度对升温过程的
　　　　影响 …………………………… 194
　7.4.3 空气温度对升温过程的影响 …… 194

第8章 速度与温度耦合问题的有限
　　　元求解 ……………………………… 195
8.1 求解实例和数学方程 ……………… 195
　8.1.1 求解实例 …………………… 195
　8.1.2 数学方程 …………………… 195
　8.1.3 边界条件 …………………… 196
　8.1.4 与剪切速率和温度有关的本构
　　　　方程 …………………………… 197
8.2 能量方程的有限元求解 …………… 197
　8.2.1 计算区域的离散 ……………… 197
　8.2.2 插值函数及其相关计算 …… 198
　8.2.3 加权余量方程 ………………… 198
　8.2.4 单元方程的建立 ……………… 200
　8.2.5 总体方程的组合 ……………… 202
　8.2.6 能量方程与N-S方程组耦合时
　　　　的求解流程 …………………… 203

8.3 相关程序 …………………………… 204
　8.3.1 网格生成程序 ………………… 204
　8.3.2 主程序 ………………………… 208
　8.3.3 单元结点黏度计算程序 …… 220
　8.3.4 单元D_{ij}^e子块计算程序 …… 221
　8.3.5 单元C_i^e子块计算程序 …… 221
　8.3.6 单元B_i^e子块计算程序 …… 222
　8.3.7 单元F_i^e子块计算程序 …… 222
　8.3.8 单元CD^e子块计算程序 …… 222
　8.3.9 单元DL^e子块计算程序 …… 222
　8.3.10 单元NH^e子块计算程序 …… 224
　8.3.11 单元CDB^e子块计算程序 …… 226
8.4 计算结果分析 ……………………… 226
　8.4.1 计算结果 ……………………… 226
　8.4.2 入口压力对温度分布的影响 …… 227
　8.4.3 流动区域收敛比对温度分布
　　　　的影响 ………………………… 227
　8.4.4 黏性耗散对温度分布的影响 …… 229

参考文献 …………………………………… 231

第1章 有限元方法的基本思路

本章将以简单的常微分方程为例，介绍有限元方法数值求解过程的基本思路，从而让读者对有限元方法的基本概念和求解过程具有一定了解。本章分为两节，分别为一维一次常微分方程的有限元数值求解和一维二次常微分方程的有限元数值求解。1.1 节中的实例计算相对简单，希望读者能亲手逐步推导，体会计算过程。1.2 节的内容较 1.1 节复杂，讲述以编程思路为主，希望读者能把程序逐行输入 MATLAB，体会编程思路。

1.1 一维一次常微分方程的有限元数值求解

1.1.1 方程及精确解

求解如下微分方程：

$$\frac{du}{dx} - 1 = 0, \quad 0 \leqslant x \leqslant 1 \tag{1.1}$$

边界条件为

$$x = 0 \text{ 时}, \quad u = 0 \tag{1.2}$$

值得注意的是，微分方程的边界条件主要分为两类：第一类边界条件，又称为本质边界条件，即已知边界处场量的数值，如式（1.2）所示；第二类边界条件，又称自然边界条件，即已知边界处场量导数的数值，如 $x=0$ 时，$\frac{du}{dx} = g$。带有第二类边界条件的微分方程的求解，我们将在 1.2 节中介绍。

式（1.1）和式（1.2）构成的微分方程的精确解为

$$u = x \tag{1.3}$$

稍后我们会对比有限元方法计算得到的数值解与该精确解的差别。

1.1.2 有限元方法求解

1. 计算区域的离散

（1）单元类型的选择

在进行有限元计算之前，需要将计算区域进行离散化，也就是通常所说的网格划分。本节研究的是一维问题，使用一维线性单元对计算区域进行等间距离散，离散结果如图 1-1 所示。图中 n 为结点序号，e 为单元序号，共有 N 个结点、E 个单元，且 $N = E + 1$。

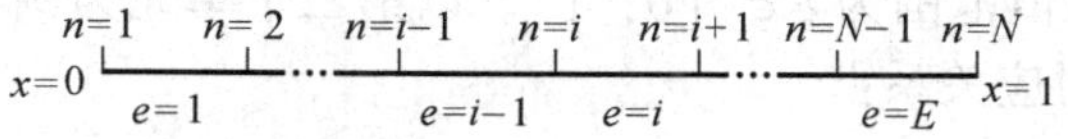

图 1-1 一维线性单元离散结果

（2）结点序号

结点序号共分为两类，即单元内部结点序号和总体结点序号。单元内部结点序号就是各个结点在单元内部的序号,与离散时所选单元类型及插值函数构造有关;总体结点序号是结点在整个离散区域内统一排列的结点序号。同一个结点可能属于多个单元,该结点在不同的单元内总体结点序号是唯一的,而内部结点序号可能是不同的。

(3) 离散数据的存储

选择单元类型后,便可以建立离散数据,供有限元计算使用。离散结果通常包括以下数据:

单元信息数据 JM:存储单元所包含的结点序号,其行数等于总单元数,列数与单元内结点个数一致,本节实例取 2,第 i 行存储内容为第 i 个单元所包含的所有结点序号。

结点坐标数据 JX:存储结点的坐标,其行数等于总结点数,列数与所研究问题的维数一致,本节实例取 1,其第 i 行存储内容为第 i 个结点的坐标数据。

第一类边界条件数据 JB1:存储第一类边界条件的相关数据。其行数等于处于第一类边界条件的总结点数,列数与边界条件的分类及所研究问题的维数有关,本节实例取 2,第一列为处于第一类边界上的结点序号,第二列为处于第一类边界上的结点对应的边界值。

第二类边界条件数据 JB2:存储第二类边界条件的相关数据。其行数等于处于第二类边界条件的总单元边数,列数与所研究问题的维数及离散单元类型密切相关,应包括边界单元序号、单元内边界边序号、边界边的外法线方向余弦(二维、三维问题)及边界上各个结点的边界值。本节不涉及该类边界条件,相关内容见 1.2 节。

以图 1-1 所示一维线性单元离散结果为例取单元数 $E=5$、结点数 $N=6$,上述数据分别见表 1-1 ~ 表 1-3。

表 1-1 JM 数据表

1	2
2	3
3	4
4	5
5	6

表 1-2 JX 数据表

0
0.2
0.4
0.6
0.8
1

表 1-3 JB1 数据表

1	0

2. 插值函数和权函数

网格离散完成后,单元的插值函数也就随之确定。对于一维线性单元,插值函数包括 Φ_1 和 Φ_2,具体表达式为

$$\begin{cases} \Phi_1 = 1 - \xi \\ \Phi_2 = \xi \end{cases} \quad (1.4)$$

式中,ξ 为局部坐标,取值范围为 $\xi \in [0,1]$。以第二个单元为例(图 1-2),分析局部坐标 ξ 与笛卡儿坐标 x 的对应关系:

$$\xi = \frac{x - x_1^e}{x_2^e - x_1^e} = \frac{x - x_1^e}{\Delta x^e} \quad (1.5)$$

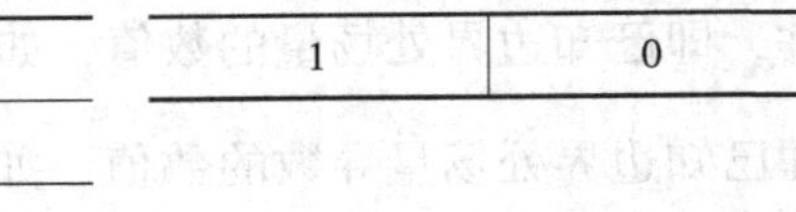

式中,Δx^e 为单元长度;x_1^e 为单元第一结点坐标;x_2^e 为单元第二结点坐标。

图 1-2 一维线性单元的坐标映射

在已知单元结点处函数值 u_i^e 的前提下,可通过与插值函数 Φ_i 的结合,近似地描述单元内部各结点处的函数值 u^e,即

$$u^e = \sum u_i^e \Phi_i, \quad i = 1, \cdots, I \tag{1.6}$$

用向量形式表示为

$$u^e = (1-\xi \quad \xi)\begin{pmatrix} u_1^e \\ u_2^e \end{pmatrix} = \boldsymbol{\Phi}^{\mathrm{T}} u_I^e \tag{1.7}$$

式中,I 为单元内结点总数。

插值函数具有两个特性,简述如下:
1) 插值函数的个数与单元结点的个数一致;
2) 单元内,插值函数只在其对应结点局部坐标处取值为 1,其余结点处取值为 0。
如果需要详细了解上述内容请参阅参考文献 [1]。

3. 加权余量方程的建立

设 $\hat{u}$ 为方程 (1.1) 的一个近似解,即有

$$\frac{\mathrm{d}\hat{u}}{\mathrm{d}x} - 1 = r \tag{1.8}$$

式中,r 为残差。用任意权函数 u^* 乘以残差 r,并在方程定义域 [0,1] 内进行积分:

$$\int_0^1 u^* r \mathrm{d}x = \int_0^1 u^* \left(\frac{\mathrm{d}\hat{u}}{\mathrm{d}x} - 1\right) \mathrm{d}x \tag{1.9}$$

数值方法求解方程 (1.1) 的根本出发点就是要使得残差 $r \to 0$。式 (1.9) 中 u^* 又称为权函数。有限元方法中,权函数的选择具有任意性。本书介绍内容为 Galerkin 有限元方法,该方法规定权函数等于插值函数,即

$$u^* = \boldsymbol{\Phi} \tag{1.10}$$

为了简化表达式,将式 (1.9) 中 $\hat{u}$ 用 u 代替得到

$$\int_0^1 \boldsymbol{\Phi}\left(\frac{\mathrm{d}u}{\mathrm{d}x} - 1\right) \mathrm{d}x = 0 \tag{1.11}$$

即得到式 (1.1) 的加权余量方程。

4. 单元有限元方程的建立

将式 (1.11) 的积分区域转换到单元内,有

$$\int_{x_1^e}^{x_2^e} \boldsymbol{\Phi}\left(\frac{\mathrm{d}u}{\mathrm{d}x} - 1\right) \mathrm{d}x = 0 \tag{1.12}$$

写成局部坐标形式:

$$\int_0^1 \boldsymbol{\Phi}\left(\frac{\mathrm{d}u}{\mathrm{d}\xi}\frac{\mathrm{d}\xi}{\mathrm{d}x} - 1\right)\frac{\mathrm{d}x}{\mathrm{d}\xi} \mathrm{d}\xi = 0 \tag{1.13}$$

由式 (1.5) 求导,有

$$\frac{\mathrm{d}\xi}{\mathrm{d}x} = \frac{1}{\Delta x^e} \tag{1.14}$$

则

$$\frac{\mathrm{d}x}{\mathrm{d}\xi} = \Delta x^e \tag{1.15}$$

将式 (1.7)、式 (1.14) 和式 (1.15) 代入式 (1.13)，有

$$\int_0^1 \boldsymbol{\Phi}\left(\frac{\mathrm{d}(\boldsymbol{\Phi}^{\mathrm{T}} \boldsymbol{u}_I^e)}{\mathrm{d}\xi}\frac{1}{\Delta x^e} - 1\right)\Delta x^e \mathrm{d}\xi = 0 \tag{1.16}$$

化简后得到

$$\frac{1}{\Delta x^e}\int_0^1 \boldsymbol{\Phi}\left(\frac{\mathrm{d}\boldsymbol{\Phi}^{\mathrm{T}}}{\mathrm{d}\xi}\right)\mathrm{d}\xi \boldsymbol{u}_I^e = \int_0^1 \boldsymbol{\Phi} \mathrm{d}\xi \tag{1.17}$$

写成矩阵形式：

$$\frac{1}{\Delta x^e}\int_0^1 \begin{pmatrix} \Phi_1 \\ \Phi_2 \end{pmatrix}(\Phi_{1\xi} \quad \Phi_{2\xi})\mathrm{d}\xi \begin{pmatrix} u_1^e \\ u_2^e \end{pmatrix} = \int_0^1 \begin{pmatrix} \Phi_1 \\ \Phi_2 \end{pmatrix}\mathrm{d}\xi \tag{1.18}$$

式中，$\Phi_{1\xi}$ 和 $\Phi_{2\xi}$ 分别为 Φ_1 和 Φ_2 对 ξ 的导数，由式 (1.4) 求导，可得

$$\Phi_{1\xi} = -1 \tag{1.19a}$$
$$\Phi_{2\xi} = 1 \tag{1.19b}$$

将式 (1.19) 代入式 (1.18) 得到

$$\frac{1}{\Delta x^e}\int_0^1 \begin{pmatrix} -\Phi_1 & \Phi_1 \\ -\Phi_2 & \Phi_2 \end{pmatrix}\mathrm{d}\xi \begin{pmatrix} u_1^e \\ u_2^e \end{pmatrix} = \int_0^1 \begin{pmatrix} \Phi_1 \\ \Phi_2 \end{pmatrix}\mathrm{d}\xi \tag{1.20}$$

由式 (1.4) 积分得到

$$\int_0^1 \Phi_1 \mathrm{d}\xi = \int_0^1 (1-\xi)\mathrm{d}\xi = \left.\left(\xi - \frac{1}{2}\xi^2\right)\right|_0^1 = \frac{1}{2} \tag{1.21}$$

$$\int_0^1 \Phi_2 \mathrm{d}\xi = \int_0^1 \xi \mathrm{d}\xi = \left.\frac{1}{2}\xi^2\right|_0^1 = \frac{1}{2} \tag{1.22}$$

将式 (1.21) 和式 (1.22) 代入式 (1.20)，且单元长度 $\Delta x^e = 1/5$，得到

$$\begin{pmatrix} -\frac{1}{2} & \frac{1}{2} \\ -\frac{1}{2} & \frac{1}{2} \end{pmatrix}\begin{pmatrix} u_1^e \\ u_2^e \end{pmatrix} = \left(\frac{1}{5}\right)\begin{pmatrix} \frac{1}{2} \\ \frac{1}{2} \end{pmatrix} \tag{1.23}$$

写成简化矩阵形式：

$$\boldsymbol{K}^e \boldsymbol{u}_I^e = \boldsymbol{b}^e \tag{1.24}$$

5. 总体方程的组合

建立单元有限元方程后，进行总体方程的组合。总体方程形式为

$$\boldsymbol{K}\boldsymbol{u}_I = \boldsymbol{b} \tag{1.25}$$

式中，$\boldsymbol{K}$ 为 $N \times N$ 矩阵；$\boldsymbol{u}_I$ 为 $N \times 1$ 向量；$\boldsymbol{b}$ 为 $N \times 1$ 向量；N 为总体结点数。

（1）$\boldsymbol{K}$ 矩阵的组合

就本节研究实例来讲，第 $i-1$，i 和 $i+1$ 个单元的系数矩阵 $\boldsymbol{K}^e$ 可写成：

$$\boldsymbol{K}^{e(i-1)} = \begin{pmatrix} K_{11}^{e(i-1)} & K_{12}^{e(i-1)} \\ K_{21}^{e(i-1)} & K_{22}^{e(i-1)} \end{pmatrix} = \begin{pmatrix} K_{i-1,i-1}^{e(i-1)} & K_{i-1,i}^{e(i-1)} \\ K_{i,i-1}^{e(i-1)} & K_{ii}^{e(i-1)} \end{pmatrix} \quad (1.26)$$

$$\boldsymbol{K}^{e(i)} = \begin{pmatrix} K_{11}^{e(i)} & K_{12}^{e(i)} \\ K_{21}^{e(i)} & K_{22}^{e(i)} \end{pmatrix} = \begin{pmatrix} K_{ii}^{e(i)} & K_{i,i+1}^{e(i)} \\ K_{i+1,i}^{e(i)} & K_{i+1,i+1}^{e(i)} \end{pmatrix} \quad (1.27)$$

$$\boldsymbol{K}^{e(i+1)} = \begin{pmatrix} K_{11}^{e(i+1)} & K_{12}^{e(i+1)} \\ K_{21}^{e(i+1)} & K_{22}^{e(i+1)} \end{pmatrix} = \begin{pmatrix} K_{i+1,i+1}^{e(i+1)} & K_{i+1,i+2}^{e(i+1)} \\ K_{i+2,i+1}^{e(i+1)} & K_{i+2,i+2}^{e(i+1)} \end{pmatrix} \quad (1.28)$$

三个系数矩阵中第二项表达式内 $\boldsymbol{K}^e$ 的下标为单元内部结点序号，第三项表达式内 $\boldsymbol{K}^e$ 的下标为总体结点序号。将每个单元的单元方程系数矩阵 $\boldsymbol{K}^e$，按照总体结点序号对应的位置放置到总体方程的系数矩阵 $\boldsymbol{K}$ 中。如图 1-1 所示，第 i 个结点共用于第 $i-1$ 和 i 个单元，所以 $\boldsymbol{K}^{e(i-1)}$ 和 $\boldsymbol{K}^{e(i)}$ 中均出现下标为 (ii) 的项，在 $\boldsymbol{K}$ 的 (ii) 位置要进行 $K_{ii}^{e(i-1)}$ 和 $K_{ii}^{e(i)}$ 的求和，即

$$K_{ii} = K_{ii}^{e(i-1)} + K_{ii}^{e(i)} \quad (1.29)$$

对于编写程序完成上述组合时，需要利用 JM 数据进行对位求和。对于第 i 个单元来说，进行双层循环求和，第一层循环指标 m 等于 1 到 JM 的列数（本例为 2），第二层循环指标 n 也是由 1 到 JM 的列数（本例为 2），对于一组 m 和 n，查找 JM(i,m) 和 JM(i,n) 对应数值，并完成如下累加计算：

$$\boldsymbol{K}(\mathrm{JM}(i,m),\mathrm{JM}(i,n)) = \boldsymbol{K}(\mathrm{JM}(i,m),\mathrm{JM}(i,n)) + \boldsymbol{K}_{(m,n)}^{e(i)} \quad (1.30)$$

值得注意的是，m 和 n 就是第 i 个单元系数矩阵各个元素对应的单元内部结点序号，JM(i,m) 和 JM(i,n) 对应数值即为第 i 个单元系数矩阵各个元素对应的总体结点序号。组合后，总体方程系数矩阵 $\boldsymbol{K}$ 可写成：

$$\boldsymbol{K} = \begin{pmatrix} -\frac{1}{2} & \frac{1}{2} & 0 & 0 & 0 & 0 \\ -\frac{1}{2} & 0 & \frac{1}{2} & 0 & 0 & 0 \\ 0 & -\frac{1}{2} & 0 & \frac{1}{2} & 0 & 0 \\ 0 & 0 & -\frac{1}{2} & 0 & \frac{1}{2} & 0 \\ 0 & 0 & 0 & -\frac{1}{2} & 0 & \frac{1}{2} \\ 0 & 0 & 0 & 0 & -\frac{1}{2} & \frac{1}{2} \end{pmatrix} \quad (1.31)$$

（2）$\boldsymbol{b}$ 向量的组合

对于第 $i-1$，i 和 $i+1$ 个单元，单元右边向量可写成 $\boldsymbol{b}^e$：

$$\boldsymbol{b}^{e(i-1)} = \begin{pmatrix} b_1^{e(i-1)} \\ b_2^{e(i-1)} \end{pmatrix} = \begin{pmatrix} b_{i-1}^{e(i-1)} \\ b_i^{e(i-1)} \end{pmatrix} \quad (1.32)$$

$$\boldsymbol{b}^{e(i)} = \begin{pmatrix} b_1^{e(i)} \\ b_2^{e(i)} \end{pmatrix} = \begin{pmatrix} b_i^{e(i)} \\ b_{i+1}^{e(i)} \end{pmatrix} \tag{1.33}$$

$$\boldsymbol{b}^{e(i+1)} = \begin{pmatrix} b_1^{e(i+1)} \\ b_2^{e(i+1)} \end{pmatrix} = \begin{pmatrix} b_{i+1}^{e(i+1)} \\ b_{i+2}^{e(i+1)} \end{pmatrix} \tag{1.34}$$

三个 $\boldsymbol{b}^e$ 向量的第二项表达式内 $\boldsymbol{b}^e$ 的下标为单元内部结点序号，第三项表达式内 $\boldsymbol{b}^e$ 的下标为总体结点序号。同样，对于第 i 个结点共用于 $i-1$ 和 i 个单元来说，$\boldsymbol{b}$ 向量相应位置也要体现两个结点的共同作用：

$$b_i = b_i^{e(i-1)} + b_i^{e(i)} \tag{1.35}$$

对于编写程序完成上述组合时，需要利用 JM 数据进行对位求和。对于第 i 个单元来说，进行循环求和时，循环指标 m 等于 1 到 JM 的列数（本例为 2），查找 JM(i,m) 对应数值，并完成如下累加计算：

$$\boldsymbol{b}(\text{JM}(i,m),1) = \boldsymbol{b}(\text{JM}(i,m),1) + \boldsymbol{b}_{(m,1)}^{e(i)} \tag{1.36}$$

值得注意的是，m 为第 i 个单元右边向量各个元素对应的单元内部结点序号，JM(i,m) 对应数值即为第 i 个单元右边向量各个元素对应的总体结点序号。组合后得到

$$\boldsymbol{b} = \begin{pmatrix} \dfrac{1}{10} & \dfrac{1}{5} & \dfrac{1}{5} & \dfrac{1}{5} & \dfrac{1}{5} & \dfrac{1}{10} \end{pmatrix}^{\text{T}} \tag{1.37}$$

总体方程最终可以写成：

$$\begin{pmatrix} -\dfrac{1}{2} & \dfrac{1}{2} & 0 & 0 & 0 & 0 \\ -\dfrac{1}{2} & 0 & \dfrac{1}{2} & 0 & 0 & 0 \\ 0 & -\dfrac{1}{2} & 0 & \dfrac{1}{2} & 0 & 0 \\ 0 & 0 & -\dfrac{1}{2} & 0 & \dfrac{1}{2} & 0 \\ 0 & 0 & 0 & -\dfrac{1}{2} & 0 & \dfrac{1}{2} \\ 0 & 0 & 0 & 0 & -\dfrac{1}{2} & \dfrac{1}{2} \end{pmatrix} \begin{pmatrix} u_1 \\ u_2 \\ u_3 \\ u_4 \\ u_5 \\ u_6 \end{pmatrix} = \begin{pmatrix} \dfrac{1}{10} \\ \dfrac{1}{5} \\ \dfrac{1}{5} \\ \dfrac{1}{5} \\ \dfrac{1}{5} \\ \dfrac{1}{10} \end{pmatrix} \tag{1.38}$$

6. 代入边界条件求解

这一步将第一类边界条件数据 JB1 代入到式（1.38），第一类边界条件的数据见表 1-3。查表 1-3，可知结点 1 处于第一类边界条件上，且边界数值为零。这里先介绍消行移列法，具体代入步骤为：

1）将已知场值结点对应行删除，即

$$\begin{pmatrix} -\frac{1}{2} & \frac{1}{2} & 0 & 0 & 0 & 0 \\ -\frac{1}{2} & 0 & \frac{1}{2} & 0 & 0 & 0 \\ 0 & -\frac{1}{2} & 0 & \frac{1}{2} & 0 & 0 \\ 0 & 0 & -\frac{1}{2} & 0 & \frac{1}{2} & 0 \\ 0 & 0 & 0 & -\frac{1}{2} & 0 & \frac{1}{2} \\ 0 & 0 & 0 & 0 & -\frac{1}{2} & \frac{1}{2} \end{pmatrix} \begin{pmatrix} u_1 \\ u_2 \\ u_3 \\ u_4 \\ u_5 \\ u_6 \end{pmatrix} = \begin{pmatrix} \frac{1}{10} \\ \frac{1}{5} \\ \frac{1}{5} \\ \frac{1}{5} \\ \frac{1}{5} \\ \frac{1}{10} \end{pmatrix}$$

2）将其他行中与有已知结点对应的项与已知数值相乘并移动到等号右边，即

$$\begin{pmatrix} 0 & \frac{1}{2} & 0 & 0 & 0 \\ -\frac{1}{2} & 0 & \frac{1}{2} & 0 & 0 \\ 0 & -\frac{1}{2} & 0 & \frac{1}{2} & 0 \\ 0 & 0 & -\frac{1}{2} & 0 & \frac{1}{2} \\ 0 & 0 & 0 & -\frac{1}{2} & \frac{1}{2} \end{pmatrix} \begin{pmatrix} u_2 \\ u_3 \\ u_4 \\ u_5 \\ u_6 \end{pmatrix} = \begin{pmatrix} \frac{1}{5} \\ \frac{1}{5} \\ \frac{1}{5} \\ \frac{1}{5} \\ \frac{1}{10} \end{pmatrix} - \begin{pmatrix} -\frac{1}{2} \\ 0 \\ 0 \\ 0 \\ 0 \end{pmatrix} \times 0$$

则式（1.38）变为

$$\begin{pmatrix} 0 & \frac{1}{2} & 0 & 0 & 0 \\ -\frac{1}{2} & 0 & \frac{1}{2} & 0 & 0 \\ 0 & -\frac{1}{2} & 0 & \frac{1}{2} & 0 \\ 0 & 0 & -\frac{1}{2} & 0 & \frac{1}{2} \\ 0 & 0 & 0 & -\frac{1}{2} & \frac{1}{2} \end{pmatrix} \begin{pmatrix} u_2 \\ u_3 \\ u_4 \\ u_5 \\ u_6 \end{pmatrix} = \begin{pmatrix} \frac{1}{5} \\ \frac{1}{5} \\ \frac{1}{5} \\ \frac{1}{5} \\ \frac{1}{10} \end{pmatrix} \quad (1.39)$$

计算结果为

$$(u_2 \quad u_3 \quad u_4 \quad u_5 \quad u_6) = (0.2 \quad 0.4 \quad 0.6 \quad 0.8 \quad 1) \quad (1.40)$$

这一方法能够让方程降阶，对于结点较少的求解问题，适合于读者手工求解。但是当结点个数较多时，手工求解就无法实现了，同时由于方程降阶，也不适合编程，所以这里给大家介绍一种适合于编程的代入 JB1 的方法——对角线归一代入法。该方法的代入步骤为：

1) 将已知 $u_i = \hat{u}_i$ 对应的系数矩阵的列与 $\hat{u}_i$ 相乘，并移动到方程等号右边；
2) 将已知 $u_i = \hat{u}_i$ 对应的系数矩阵的行全部置零；
3) 将已知 $u_i = \hat{u}_i$ 对应的系数矩阵的列全部置零；
4) 将已知 $u_i = \hat{u}_i$ 对应的系数矩阵的对角线元素置1；
5) 将已知 $u_i = \hat{u}_i$ 对应的右边向量元素置为 $\hat{u}_i$。

使用这一方法处理式（1.38）后，得到

$$\begin{pmatrix} 1 & 0 & 0 & 0 & 0 & 0 \\ 0 & 0 & \frac{1}{2} & 0 & 0 & 0 \\ 0 & -\frac{1}{2} & 0 & \frac{1}{2} & 0 & 0 \\ 0 & 0 & -\frac{1}{2} & 0 & \frac{1}{2} & 0 \\ 0 & 0 & 0 & -\frac{1}{2} & 0 & \frac{1}{2} \\ 0 & 0 & 0 & 0 & -\frac{1}{2} & \frac{1}{2} \end{pmatrix} \begin{pmatrix} u_1 \\ u_2 \\ u_3 \\ u_4 \\ u_5 \\ u_6 \end{pmatrix} = \begin{pmatrix} \frac{1}{10} \\ \frac{1}{5} \\ \frac{1}{5} \\ \frac{1}{5} \\ \frac{1}{5} \\ \frac{1}{10} \end{pmatrix} \qquad (1.41)$$

求解结果为

$$\boldsymbol{u}_I = \begin{pmatrix} u_1 & u_2 & u_3 & u_4 & u_5 & u_6 \end{pmatrix} = \begin{pmatrix} 0 & 0.2 & 0.4 & 0.6 & 0.8 & 1 \end{pmatrix} \qquad (1.42)$$

图 1-3 给出了本节实例的有限元数值解与精确解的对比，数据点与曲线完全重合，可见有限元方法求解正确。

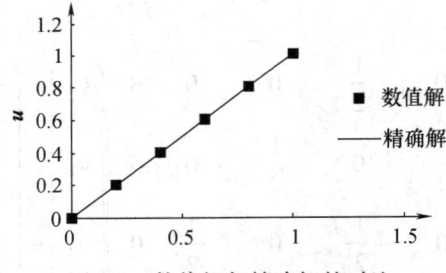

图 1-3　数值解与精确解的对比

1.1.3　程序编写

```
clc
clear
format short
%%%%%%%%%%%%%%%%%%%%%%%%%%%%%%%%%%%%%%%%%%%%
%%%%%%%%%%%%%%    网格离散数据    %%%%%%%%%%%%%%%%%%
%%%%%%%%%%%%%%%%%%%%%%%%%%%%%%%%%%%%%%%%%%%%
```

```
JM = [1 2; 2 3; 3 4; 4 5; 5 6];
JX = [0; 0.2; 0.4; 0.6; 0.8; 1];
JB1 = [1,0];
N = 6;    % 结点总数
E = 5;    % 单元总数
%%%%%%%%%%%%%%%%%%%%%%%%%%%%%%%%%%%%%%%%%%
%%%%%%%%%%%%       网格离散数据       %%%%%%%%%%%%%%%%%%%
%%%%%%%%%%%%%%%%%%%%%%%%%%%%%%%%%%%%%%%%%%

%%%%%%%%%%%%%%%%%%%%%%%%%%%%%%%%%%%%%%%%%%
%%%%%%%%%%%%       单元方程计算       %%%%%%%%%%%%%%%%%%%
%%%%%%%%%%%%%%%%%%%%%%%%%%%%%%%%%%%%%%%%%%
ke = [ -1/2  1/2;    % 见式(1.23)
       -1/2  1/2];   % 本例中由于采用等距网格划分所有单元 ke 和 be 一致
delta_x = 1/5;
be = delta_x * [1/2;1/2];  % 见式(1.23)
%%%%%%%%%%%%%%%%%%%%%%%%%%%%%%%%%%%%%%%%%%
%%%%%%%%%%%%       单元方程计算       %%%%%%%%%%%%%%%%%%%
%%%%%%%%%%%%%%%%%%%%%%%%%%%%%%%%%%%%%%%%%%

%%%%%%%%%%%%%%%%%%%%%%%%%%%%%%%%%%%%%%%%%%
%%%%%%%%%%%%       总体方程组合       %%%%%%%%%%%%%%%%%%%
%%%%%%%%%%%%%%%%%%%%%%%%%%%%%%%%%%%%%%%%%%
K = zeros(6,6);    % 初始化 K,结点总数为6
b = zeros(6,1);    % 初始化 b
for i = 1:E
    for m = 1:2    % 单元内双层循环
        for n = 1:2
            K(JM(i,m),JM(i,n)) = K(JM(i,m),JM(i,n)) + ke(m,n);    % 式(1.30)
        end
    end
    for m = 1:2    % 单元内单层循环
        b(JM(i,m),1) = b(JM(i,m),1) + be(m,1);    % 式(1.35)
    end
end
%%%%%%%%%%%%%%%%%%%%%%%%%%%%%%%%%%%%%%%%%%
%%%%%%%%%%%%       总体方程组合       %%%%%%%%%%%%%%%%%%%
%%%%%%%%%%%%%%%%%%%%%%%%%%%%%%%%%%%%%%%%%%
```

```
%%%%%%%%%%%%%%%%%%%%%%%%%%%%%%%%%%%%%%%
%%%%%%%%%%%         代入 JB1 求解        %%%%%%%%%%%%%%
%%%%%%%%%%%%%%%%%%%%%%%%%%%%%%%%%%%%%%%
for i = 1:length(JB1(:,1));
    II = JB1(i,1);    % 提取边界结点序号
    b = b - K(:,II) * JB1(i,2);  % 对角线归一法第一步
    K(II,:) = K(II,:) *0;    % 对角线归一法第二步
    K(:,II) = K(:,II) *0;    % 对角线归一法第三步
    K(II,II) = 1;    % 对角线归一法第四步
    b(II,I) = 0;    % 对角线归一法第五步
end
%%%%%%%%%%%%%%%%%%%%%%%%%%%%%%%%%%%%%%%
%%%%%%%%%%%         代入 JB1 求解        %%%%%%%%%%%%%%
%%%%%%%%%%%%%%%%%%%%%%%%%%%%%%%%%%%%%%%


%%%%%%%%%%%%%%%%%%%%%%%%%%%%%%%%%%%%%%%
%%%%%%%%%%%%%%         求解方程         %%%%%%%%%%%%%%
%%%%%%%%%%%%%%%%%%%%%%%%%%%%%%%%%%%%%%%
u = K\b;    % 求解方程
result = [JX,u]    %  显示结果
%%%%%%%%%%%%%%%%%%%%%%%%%%%%%%%%%%%%%%%
%%%%%%%%%%%         求解方程            %%%%%%%%%%%%%%
%%%%%%%%%%%%%%%%%%%%%%%%%%%%%%%%%%%%%%%
```

1.2 一维二次常微分方程的有限元数值求解

1.2.1 方程及精确解

本节我们讲解一维二次常微分方程的求解方法，方程为

$$\frac{d^2 u}{dx^2} - 1 = 0, \quad 0 \leqslant x \leqslant 1 \tag{1.43}$$

边界条件为

$$x = 0 \text{ 时}, \quad u = 1 \tag{1.44a}$$

$$x = 1 \text{ 时}, \quad \frac{du}{dx} = 2 \tag{1.44b}$$

该方程的精确解为

$$u = \frac{1}{2}x^2 + x + 1 \tag{1.45}$$

通过本节学习，让读者更加深入体会有限元方法相关的编程思路。

1.2.2 有限元方法求解

1. 计算区域的离散

对于该问题，我们采用一维二次单元对计算区域进行离散，总结点数 $N=7$，总单元数 $E=3$，如图1-4所示，离散得到的单元结点数据 JM、结点坐标数据 JX、第一类边界条件数据 JB1 和第二类边界条件 JB2，见表1-4～表1-7。编写 JB2 数据时，应考虑所有处于第二类边界条件上的单元，数据包括边界单元、边界点的单元内部结点序号和边界值。

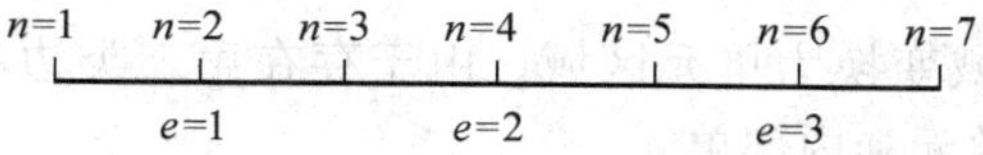

图1-4 一维二次单元离散结果

表1-4 JM 数据表

1	2	3
3	4	5
5	6	7

表1-5 JX 数据表

0
1/6
1/3
1/2
2/3
5/6
1

表1-6 JB1 数据表

1	1

表1-7 JB2 数据表

3	3	2

2. 插值函数和权函数

对应一维二次单元的插值函数为

$$\boldsymbol{\Phi} = (\Phi_1 \quad \Phi_2 \quad \Phi_3)^{\mathrm{T}} \tag{1.46}$$

其中，$\Phi_1 = \frac{1}{2}\xi(\xi-1)$，$\Phi_2 = (1-\xi)(1+\xi)$，$\Phi_3 = \frac{1}{2}\xi(\xi+1)$。

这里我们先求解插值函数对局部坐标 ξ 的导数，后边计算我们会用到

$$\frac{\partial \Phi_1}{\partial \xi} = \xi - \frac{1}{2} \tag{1.47a}$$

$$\frac{\partial \Phi_2}{\partial \xi} = -2\xi \tag{1.47b}$$

$$\frac{\partial \Phi_3}{\partial \xi} = \xi + \frac{1}{2} \tag{1.47c}$$

这样单元内任意一点函数值可表示为

$$u = \Phi_1 u_1^e + \Phi_2 u_2^e + \Phi_3 u_3^e = \boldsymbol{\Phi}^{\mathrm{T}} \boldsymbol{u}_I^e \tag{1.48}$$

3. 加权余量方程的建立

伽辽金（Galerkin）有限元方法中权函数等于插值函数。权函数与式（1.43）相乘，并在定义域内积分，有

$$\int_0^1 \boldsymbol{\Phi}\left(\frac{\mathrm{d}^2 u}{\mathrm{d} x^2} - 1\right)\mathrm{d}x = 0 \tag{1.49}$$

采用分部积分法，式（1.49）中第一部分可作如下变换：

$$\int_0^1 \boldsymbol{\Phi}\left(\frac{d^2 u}{dx^2}\right)dx = \int_0^1 \frac{d}{dx}\left(\boldsymbol{\Phi}\frac{du}{dx}\right)dx - \int_0^1 \frac{d\boldsymbol{\Phi}}{dx}\frac{du}{dx}dx = \left[\boldsymbol{\Phi}\frac{du}{dx}\right]_0^1 - \int_0^1 \frac{d\boldsymbol{\Phi}}{dx}\frac{du}{dx}dx \quad (1.50)$$

将式（1.50）代入式（1.49）有

$$\left[\boldsymbol{\Phi}\frac{du}{dx}\right]_0^1 - \int_0^1 \frac{d\boldsymbol{\Phi}}{dx}\frac{du}{dx}dx - \int_0^1 \boldsymbol{\Phi}dx = 0 \quad (1.51)$$

4. 单元有限元方程的建立

建立单元方程时，要将式（1.51）的积分区域变换为单元区域。由于存在第二类边界条件，所以在建立单元方程的时候，要区分边界单元和内部单元。

（1）内部单元

对于内部单元来说，不存在第二类边界条件的影响，等式左边第一项为零，则式（1.51）简化为

$$-\int_0^1 \frac{d\boldsymbol{\Phi}}{dx}\frac{du}{dx}dx - \int_0^1 \boldsymbol{\Phi}dx = 0 \quad (1.52)$$

将式（1.48）代入式（1.52），有

$$\int_{x_1^e}^{x_2^e} \frac{d\boldsymbol{\Phi}}{dx}\frac{d\boldsymbol{\Phi}^T}{dx}dx\,\boldsymbol{u}_I^e = -\int_{x_1^e}^{x_2^e} \boldsymbol{\Phi}dx \quad (1.53)$$

本节采用数值积分的方法来求解以上方程的系数矩阵和右边向量。根据导数关系：

$$\frac{d\boldsymbol{\Phi}}{dx} = \frac{d\boldsymbol{\Phi}}{d\xi}\frac{d\xi}{dx} = \mathrm{inv}(\boldsymbol{J})\frac{d\boldsymbol{\Phi}}{d\xi} \quad (1.54)$$

式中，$\boldsymbol{J}$ 为雅可比矩阵，对于一维问题，其具体形式如下：

$$J = \frac{\partial x}{\partial \xi} \quad (1.55)$$

采用等参元进行有限元计算时，单元的坐标同样满足式（1.48）的插值关系，即这样单元内任意一结点坐标可表示为

$$x = \Phi_1 x_1^e + \Phi_2 x_2^e + \Phi_3 x_3^e = \boldsymbol{\Phi}^T \boldsymbol{x}_I^e \quad (1.56)$$

$$\frac{\partial x}{\partial \xi} = \frac{\partial \boldsymbol{\Phi}^T}{\partial \xi}\boldsymbol{x}_I^e \quad (1.57)$$

式中，$\boldsymbol{x}_I^e$ 为结点坐标向量。

由笛卡儿坐标 x 到局部坐标 ξ 的积分变换关系：

$$\int_{x_1^e}^{x_2^e} G(x)dx = \int_{-1}^1 G^*(\xi)|J|d\xi \quad (1.58)$$

将式（1.53）进行积分变换后，得

$$\int_{-1}^1 \frac{d\boldsymbol{\Phi}}{dx}\frac{d\boldsymbol{\Phi}^T}{dx}|J|d\xi\,\boldsymbol{u}_I^e = -\int_{-1}^1 \boldsymbol{\Phi}|J|d\xi \quad (1.59)$$

将式（1.54）代入式（1.59），并利用高斯数值积分公式，得

$$\sum_{i=1}^6 \left[w_i \frac{d\boldsymbol{\Phi}}{d\xi_i}\frac{d\boldsymbol{\Phi}^T}{d\xi_i}|J|J^{-1}J^{-1}\right]\boldsymbol{u}_I^e = -\sum_{i=1}^6 \left[w_i\boldsymbol{\Phi}|J|\right] \quad (1.60)$$

式中，w_i 为积分权；ξ_i 为积分点，数据见表1-8。

表 1-8 高斯积分数据

w_i	ξ_i	w_i	ξ_i
0.171324492379170	0.932469514203152	0.171324492379170	−0.932469514203152
0.360761573048139	0.661209386466265	0.360761573048139	−0.661209386466265
0.467913934572691	0.238619186083197	0.467913934572691	−0.238619186083197

简化为矩阵形式：

$$K^e u_I^e = b^e \tag{1.61}$$

式中，

$$K^e = \sum_{i=1}^{6}\left[w_i \frac{\mathrm{d}\boldsymbol{\Phi}}{\mathrm{d}\xi_i}\frac{\mathrm{d}\boldsymbol{\Phi}^{\mathrm{T}}}{\mathrm{d}\xi_i}|J|J^{-1}J^{-1}\right] \tag{1.62}$$

$$b^e = -\sum_{i=1}^{6}\left[w_i \boldsymbol{\Phi}|J|\right] \tag{1.63}$$

(2) 边界单元

对于处于第二类边界条件上的单元，需考虑边界条件的影响：

$$\boldsymbol{\Phi}\frac{\mathrm{d}u}{\mathrm{d}x}\bigg|_{S^e} - \int_e \frac{\mathrm{d}\boldsymbol{\Phi}}{\mathrm{d}x}\frac{\mathrm{d}u}{\mathrm{d}x}\mathrm{d}x - \int_e \boldsymbol{\Phi}\mathrm{d}x = 0 \tag{1.64}$$

式（1.64）的第二和第三项的求解与内部单元一致，这里我们讲述第一项的求解方法。在求解第一项时，我们要利用 JB2 的数据。从表 1-7 可知，第三个单元的第三个结点处于第二类边界条件处，且边界数值为 2。对于边界单元中第三结点处于第二类边界条件的情况来说，需取边界点的局部坐标 $\xi = 1$，将其代入式（1.46），可求出式（1.64）第一项中的 $\boldsymbol{\Phi}$，则

$$\boldsymbol{\Phi} = (0 \quad 0 \quad 1)^{\mathrm{T}} \tag{1.65}$$

这样式（1.64）的第一项可表示为

$$\boldsymbol{\Phi}\frac{\mathrm{d}u}{\mathrm{d}x}\bigg|_{x=1} = (0 \quad 0 \quad 1)^{\mathrm{T}}\frac{\mathrm{d}u}{\mathrm{d}x}\bigg|_{x=1} = (0 \quad 0 \quad 2)^{\mathrm{T}} = \boldsymbol{F}^e \tag{1.66}$$

这样，将式（1.66）代入式（1.64），并简化为矩阵形式：

$$K^e u_I^e = \boldsymbol{F}^e + b^e \tag{1.67}$$

5. 总体方程的组合

(1) 系数矩阵 $\boldsymbol{K}$ 的组合

对于第 $i-1$, i 和 $i+1$ 个单元，系数矩阵可写成 K^e：

$$\boldsymbol{K}^{e(i-1)} = \begin{pmatrix} K_{11}^{e(i-1)} & K_{12}^{e(i-1)} & K_{13}^{e(i-1)} \\ K_{21}^{e(i-1)} & K_{22}^{e(i-1)} & K_{23}^{e(i-1)} \\ K_{31}^{e(i-1)} & K_{32}^{e(i-1)} & K_{33}^{e(i-1)} \end{pmatrix} = \begin{pmatrix} K_{2i-3,2i-3}^{e(i-1)} & K_{2i-3,2i-2}^{e(i-1)} & K_{2i-3,2i-1}^{e(i-1)} \\ K_{2i-2,2i-3}^{e(i-1)} & K_{2i-2,2i-2}^{e(i-1)} & K_{2i-2,2i-1}^{e(i-1)} \\ K_{2i-1,2i-3}^{e(i-1)} & K_{2i-1,2i-2}^{e(i-1)} & K_{2i-1,2i-1}^{e(i-1)} \end{pmatrix} \tag{1.68a}$$

$$\boldsymbol{K}^{e(i)} = \begin{pmatrix} K_{11}^{e(i)} & K_{12}^{e(i)} & K_{13}^{e(i)} \\ K_{21}^{e(i)} & K_{22}^{e(i)} & K_{23}^{e(i)} \\ K_{31}^{e(i)} & K_{32}^{e(i)} & K_{33}^{e(i)} \end{pmatrix} = \begin{pmatrix} K_{2i-1,2i-1}^{e(i)} & K_{2i-1,2i}^{e(i)} & K_{2i-1,2i+1}^{e(i)} \\ K_{2i,2i-1}^{e(i)} & K_{2i,2i}^{e(i)} & K_{2i,2i+1}^{e(i)} \\ K_{2i+1,2i-1}^{e(i)} & K_{2i+1,2i}^{e(i)} & K_{2i+1,2i+1}^{e(i)} \end{pmatrix} \tag{1.68b}$$

$$\boldsymbol{K}^{e(i+1)} = \begin{pmatrix} K_{11}^{e(i+1)} & K_{12}^{e(i+1)} & K_{13}^{e(i+1)} \\ K_{21}^{e(i+1)} & K_{22}^{e(i+1)} & K_{23}^{e(i+1)} \\ K_{31}^{e(i+1)} & K_{32}^{e(i+1)} & K_{33}^{e(i+1)} \end{pmatrix} = \begin{pmatrix} K_{2i+1,2i+1}^{e(i+1)} & K_{2i+1,2i+2}^{e(i+1)} & K_{2i+1,2i+3}^{e(i+1)} \\ K_{2i+2,2i+1}^{e(i+1)} & K_{2i+2,2i+2}^{e(i+1)} & K_{2i+2,2i+3}^{e(i+1)} \\ K_{2i+3,2i+1}^{e(i+1)} & K_{2i+3,2i+2}^{e(i+1)} & K_{2i+3,2i+3}^{e(i+1)} \end{pmatrix} \quad (1.68c)$$

三个系数矩阵的第二项表达式内 $\boldsymbol{K}^e$ 的下标为单元内部结点序号，第三项表达式内 $\boldsymbol{K}^e$ 的下标为总体结点序号。将每个单元的单元方程，按照总体结点序号对应的位置放置到总体方程的系数矩阵 $\boldsymbol{K}$ 中。在 $\boldsymbol{K}$ 的 (ii) 位置要进行 $K_{ii}^{e(i-1)}$ 和 $K_{ii}^{e(i)}$ 的求和，即

$$K_{ii} = K_{ii}^{e(i-1)} + K_{ii}^{e(i)} \quad (1.69)$$

对于编写程序完成上述组合时，需要利用 JM 数据进行对位求和。对于第 i 个单元来说，进行双层循环求和，第一层循环指标 m 等于 1 到 JM 的列数（本例为 3），第二层循环指标 n 也是由 1 到 JM 的列数（本例为 3），对于一组 m 和 n，查找 JM (i, m) 和 JM (i, n) 对应数值，并完成如下累加计算：

$$\boldsymbol{K}(\mathrm{JM}(i,m), \mathrm{JM}(i,n)) = \boldsymbol{K}(\mathrm{JM}(i,m), \mathrm{JM}(i,n)) + \boldsymbol{K}_{(m,n)}^{e(i)} \quad (1.70)$$

值得注意的是，m 和 n 就是第 i 个单元系数矩阵各个元素对应的单元内部结点序号，JM (i, m) 和 JM (i, n) 对应数值即为第 i 个单元系数矩阵各个元素对应的总体结点序号。

（2）向量 $\boldsymbol{b}$ 的组合

对于第 $i-1$，i 和 $i+1$ 个单元，右边向量可写成 $\boldsymbol{b}^e$：

$$\boldsymbol{b}^{e(i-1)} = \begin{pmatrix} b_1^{e(i-1)} \\ b_2^{e(i-1)} \\ b_3^{e(i-1)} \end{pmatrix} = \begin{pmatrix} b_{2i-3}^{e(i-1)} \\ b_{2i-2}^{e(i-1)} \\ b_{2i-1}^{e(i-1)} \end{pmatrix} \quad (1.71a)$$

$$\boldsymbol{b}^{e(i)} = \begin{pmatrix} b_1^{e(i)} \\ b_2^{e(i)} \\ b_3^{e(i)} \end{pmatrix} = \begin{pmatrix} b_{2i-1}^{e(i)} \\ b_{2i}^{e(i)} \\ b_{2i+1}^{e(i)} \end{pmatrix} \quad (1.71b)$$

$$\boldsymbol{b}^{e(i+1)} = \begin{pmatrix} b_1^{e(i+1)} \\ b_2^{e(i+1)} \\ b_3^{e(i+1)} \end{pmatrix} = \begin{pmatrix} b_{2i+1}^{e(i+1)} \\ b_{2i+2}^{e(i+1)} \\ b_{2i+3}^{e(i+1)} \end{pmatrix} \quad (1.71c)$$

三个右边向量的第一个表达式内 $\boldsymbol{b}^e$ 的下标为单元内部结点序号，第二个表达式内 $\boldsymbol{b}^e$ 的下标为总体结点序号。将每个单元的单元方程，按照总体结点序号对应的位置放置到总体方程的右边向量 $\boldsymbol{b}$ 中。在 $\boldsymbol{b}$ 的 $(2i-1, 1)$ 位置要进行 $b_{2i-1}^{e(i-1)}$ 和 $b_{2i-1}^{e(i)}$ 的求和，即

$$b_{2i-1} = b_{2i-1}^{e(i-1)} + b_{2i-1}^{e(i)} \quad (1.72)$$

对于编写程序完成上述组合时，需要利用 JM 数据进行对位求和。对于第 i 个单元来说，进行循环求和时，循环指标 m 等于 1 到 JM 的列数（本例为 3），查找 JM (i, m) 对应数值，并完成如下累加计算：

$$\boldsymbol{b}(\mathrm{JM}(i,m), 1) = \boldsymbol{b}(\mathrm{JM}(i,m), 1) + \boldsymbol{b}_{(m,1)}^{e(i)} \quad (1.73)$$

值得注意的是，m 为第 i 个单元右边向量各个元素对应的单元内部结点序号，JM (i, m) 对应数值即为第 i 个单元右边向量各个元素对应的总体结点序号。

(3) 向量 F 的组合

只有边界单元才会对 F 产生影响。在计算出边界单元 F^e 后，根据 JB2 数据完成 F 的组合。编写程序时，需要利用 JB2 数据。对 JB2 第 i 行数据来说，JB2$(i,1)$ 为边界单元序号，在该单元内进行循求和时，循环指标 m 等于 1 到 JM 的列数（本例为 3），查找 JM(i,m) 对应数值，并完成如下累加计算：

$$F(\text{JM}(\text{JB2}(i,1),m),1) = F(\text{JM}(\text{JB2}(i,1),m),1) + F^{e(i)}_{(m,1)} \tag{1.74}$$

组合后的方程为

$$\begin{pmatrix} \frac{7}{6} & -\frac{4}{3} & \frac{1}{6} & 0 & 0 & 0 & 0 \\ -\frac{4}{3} & \frac{8}{3} & -\frac{4}{3} & 0 & 0 & 0 & 0 \\ \frac{1}{6} & -\frac{4}{3} & \frac{14}{6} & -\frac{4}{3} & \frac{1}{6} & 0 & 0 \\ 0 & 0 & -\frac{4}{3} & \frac{8}{3} & -\frac{4}{3} & 0 & 0 \\ 0 & 0 & \frac{1}{6} & -\frac{4}{3} & \frac{14}{6} & -\frac{4}{3} & \frac{1}{6} \\ 0 & 0 & 0 & 0 & -\frac{4}{3} & \frac{8}{3} & -\frac{4}{3} \\ 0 & 0 & 0 & 0 & \frac{1}{6} & -\frac{4}{3} & \frac{7}{6} \end{pmatrix} \begin{pmatrix} u_1 \\ u_2 \\ u_3 \\ u_4 \\ u_5 \\ u_6 \\ u_7 \end{pmatrix} = -\frac{1}{36} \begin{pmatrix} \frac{1}{3} \\ \frac{4}{3} \\ \frac{2}{3} \\ \frac{4}{3} \\ \frac{2}{3} \\ \frac{4}{3} \\ \frac{1}{3} \end{pmatrix} + \begin{pmatrix} 0 \\ 0 \\ 0 \\ 0 \\ 0 \\ 0 \\ \frac{1}{3} \end{pmatrix} \tag{1.75}$$

6. 代入边界条件求解

将 JB1 数据代入，在 1.1 节中，我们已经讲述了消行移列法和对角线归一代入法。这一节，我们讲述乘大数代入法。在方程组（1.75）中，根据 JB1 数据可知，第 1 个结点处已知函数值 $\hat{u}_1 = 1$。具体代入方法如下：

1) 将 u_1 对应系数矩阵的数据 K_{11} 乘以一个大数（如 1×10^{16}）；
2) 将 u_1 对向量元素 b_1 使用 $K_{11} \times \hat{u}_1 \times 10^{16}$ 替换。

代入完成后求解方程，结果为

$$\begin{aligned} \boldsymbol{u}_I &= (u_1 \ \cdots \ u_7)^\text{T} \\ &= \left(1 \ \frac{85}{72} \ \frac{25}{18} \ \frac{13}{8} \ \frac{17}{9} \ \frac{157}{72} \ \frac{5}{2}\right)^\text{T} \end{aligned}$$

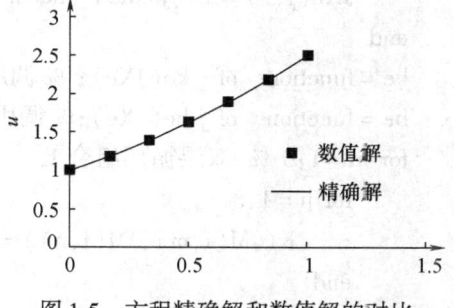

图 1-5 方程精确解和数值解的对比

图 1-5 所示为该方程精确解和数值解的对比。数据点和曲线重合，表明使用有限元方法计算得到的结果正确。

1.2.3 程序编写

1. 主函数

建立如下 main.m 文件并进行存储。

```
clc
clear
format short
%%%%%%%%%%%%%%%%%%%%%%%%%%%%%%%%%%%%%%%%%%%
%%%%%%%%%%%%%%%%        网格离散数据        %%%%%%%%%%%%%%%%
%%%%%%%%%%%%%%%%%%%%%%%%%%%%%%%%%%%%%%%%%%%
JM = [1 2 3;3 4 5;5 6 7];
JX = [0:1/6:1]';
JB1 = [1,1];
JB2 = [3,3,2];
N = 7;    % 结点总数
E = 3;    % 单元总数
%%%%%%%%%%%%%%%%%%%%%%%%%%%%%%%%%%%%%%%%%%%
%%%%%%%%%%%%%%%%        网格离散数据        %%%%%%%%%%%%%%%%
%%%%%%%%%%%%%%%%%%%%%%%%%%%%%%%%%%%%%%%%%%%


%%%%%%%%%%%%%%%%%%%%%%%%%%%%%%%%%%%%%%%%%%%
%%%%%%%%%%%%%%%%        K 和 b 的计算        %%%%%%%%%%%%%%%%
%%%%%%%%%%%%%%%%%%%%%%%%%%%%%%%%%%%%%%%%%%%
K = zeros(N,N);    % 初始化 K
b = zeros(N,1);    % 初始化 b
for i = 1:E
    for j = 1:3    % 取出第 i 个单元三个结点的坐标
        jiedian_haoma(j) = JM(i,j);
        JXe(j,1) = JX(jiedian_haoma(j),1);
    end
    ke = function_of_ke(JXe); % 调用 function_of_ke 函数,计算单元 ke
    be = function_of_be(JXe); % 调用 function_of_be 函数,计算单元 be
    for m = 1:3 % 双层循环组合 K
        for n = 1:3
            K(JM(i,m),JM(i,n)) = K(JM(i,m),JM(i,n)) + ke(m,n);
        end
    end
    for m = 1:3 % 单层循环组合 b
        b(JM(i,m),1) = b(JM(i,m),1) + be(m,1);
    end
end
%%%%%%%%%%%%%%%%%%%%%%%%%%%%%%%%%%%%%%%%%%%
```

```matlab
%%%%%%%%%%%%%          K 和 b 的计算         %%%%%%%%%%%%%%%%%
%%%%%%%%%%%%%%%%%%%%%%%%%%%%%%%%%%%%%%%%%%%%%%%%

%%%%%%%%%%%%%%%%%%%%%%%%%%%%%%%%%%%%%%%%%%%%
%%%%%%%%%%%          代入 JB2,计算 F        %%%%%%%%%%%%%%%%%
%%%%%%%%%%%%%%%%%%%%%%%%%%%%%%%%%%%%%%%%%%%%
F = zeros(7,1);   % 初始化 F
for i = 1:length(JB2(:,1))    % 循环次数为 JB2 的行数
    II = JB2(i,1);    % 取边界单元号
    Fe = function_of_Fe(JB2(i,:));   % 调用 function_of_Fe 函数,计算 Fe
    for m = 1:3   % 根据 JM,将 Fe 组合到 F 中
        F(JM(II,m),1) = F(JM(II,m),1) + Fe(m,1);    % 式(1.74)
    end
end
%%%%%%%%%%%%%%%%%%%%%%%%%%%%%%%%%%%%%%%%%%%%%%
%%%%%%%%%%%          代入 JB2,计算 F        %%%%%%%%%%%%%%%%%
%%%%%%%%%%%%%%%%%%%%%%%%%%%%%%%%%%%%%%%%%%%%%%

%%%%%%%%%%%%%%%%%%%%%%%%%%%%%%%%%%%%%%%%%%%%%
%%%%%%%%%%%%%          b 和 F 相加           %%%%%%%%%%%%%%%
%%%%%%%%%%%%%%%%%%%%%%%%%%%%%%%%%%%%%%%%%%%%%
bF = b + F;   % 将 b 和 F 相加
%%%%%%%%%%%%%%%%%%%%%%%%%%%%%%%%%%%%%%%%%%%%%%
%%%%%%%%%%%%          b 和 F 相加            %%%%%%%%%%%%%%%%%
%%%%%%%%%%%%%%%%%%%%%%%%%%%%%%%%%%%%%%%%%%%%%

%%%%%%%%%%%%%%%%%%%%%%%%%%%%%%%%%%%%%%%%%%%%%
%%%%%%%%%%%%        采用乘大数代入法,代入 JB1      %%%%%%%%%%%%%
%%%%%%%%%%%%%%%%%%%%%%%%%%%%%%%%%%%%%%%%%%%%%
for i = 1:length(JB1(:,1));   % 循环次数的 JB1 的行数
    II = JB1(i,1);   % 提取边界结点序号
    K(II,II) = K(II,II)*1e16;    % 乘大数代入法第一步
    bF(II,1) = K(II,II)*JB1(i,2);    % 乘大数代入法第二步
end
%%%%%%%%%%%%%%%%%%%%%%%%%%%%%%%%%%%%%%%%%%%%%
%%%%%%%%%%%%        采用乘大数代入法,代入 JB1      %%%%%%%%%%%%
%%%%%%%%%%%%%%%%%%%%%%%%%%%%%%%%%%%%%%%%%%%%%
```

```
%%%%%%%%%%%%%%%%%%%%%%%%%%%%%%%%%%%%%%%%%%
%%%%%%%%%%             求解方程,结果对比          %%%%%%%%%%
%%%%%%%%%%%%%%%%%%%%%%%%%%%%%%%%%%%%%%%%%%
u = K\bF；    % 方程求解
result = [JX,u]    % 结果输出
plot(JX,u,'*')    % 数值解绘图
hold on    % 保持绘图框为打开状态
x = 0:0.01:1;    % 精确解定义域
y = 1/2 * x.^2. + x + 1;    % 精确解表达式
plot(x,y)    % 精确解绘图
%%%%%%%%%%%%%%%%%%%%%%%%%%%%%%%%%%%%%%%%%%
%%%%%%%%%%             求解方程,结果对比          %%%%%%%%%%
%%%%%%%%%%%%%%%%%%%%%%%%%%%%%%%%%%%%%%%%%%
```

2. function_of_ke 函数

建立名为 function_of_ke.m 的函数文件，并保存。

```
function ke = function_of_ke(JXe)
%%% 初始化 ke
ke = zeros(3,3);
%%% 初始化 ke
%%%% 定义数值积分参数
kesi = [0.932469514203152, 0.661209386466265, 0.238619186083197, -0.932469514203152,
-0.661209386466265, -0.238619186083197];
w = [0.171324492379170, 0.360761573048139, 0.467913934572691, 0.171324492379170,
0.360761573048139, 0.467913934572691];
%%%% 定义数值积分参数
for i = 1:6
    %%%% 插值函数对 kesi 的导数
    dfy_dkesi = [kesi(i) - 1/2    % 式(1.47)
        -2 * kesi(i)
        kesi(i) + 1/2];
    %%%% 插值函数对 kesi 的导数
    %%%% Jacobi 相关计算
    dx_dkesi = dfy_dkesi' * JXe;    % 式(1.57)
    J = dx_dkesi;    % 式(1.55)
    invJ = inv(J);
    dfy_dx = dfy_dkesi * invJ;    % 式(1.54)
```

```
        %%%%    Jacobi 相关计算
        %%%%    ke 计算
        ke = ke + w(i) * dfy_dx * dfy_dx' * det(J);   %式(1.62)注
        %%%%    ke 计算
end
```

3. function_of_be 函数

建立名为 function_of_be.m 的函数文件,并保存。

```
function  be = function_of_be(JXe)
%%%   初始化 be
be = zeros(3,1);
%%%   初始化 be
%%%%   定义数值积分参数
kesi = [0.932469514203152, 0.661209386466265, 0.238619186083197, -0.932469514203152,
 -0.661209386466265, -0.238619186083197];
w  = [0.171324492379170, 0.360761573048139, 0.467913934572691, 0.171324492379170,
0.360761573048139,0.467913934572691];
%%%%    定义数值积分参数
for i = 1:6
    %%%%    插值函数及其导数
    fy = [1/2 * kesi(i) * (kesi(i) - 1);    %式(1.46)
        (1 - kesi(i)) * (1 + kesi(i))
        1/2 * kesi(i) * (kesi(i) + 1);];
    dfy_dkesi = [kesi(i) - 1/2    %式(1.47)
        -2 * kesi(i)
        kesi(i) + 1/2 ];
    %%%%    插值函数及其导数
    %%%%    Jacobi 相关计算
    dx_dkesi = dfy_dkesi' * JXe;    %式(1.57)
    J = dx_dkesi;    %式(1.55)
    invJ = inv(J);
    dfy_dx = dfy_dkesi * invJ;    %式(1.54)
    %%%%    Jacobi 相关计算
    %%%%    be 计算
    be = -w(i) * fy * det(J);    %式(1.63)
    %%%%    be 计算
end
```

4. function_of_Fe 函数

建立名为 function_of_Fe.m 的函数文件，并保存。

```
function Fe = function_of_Fe(JB2)
%%% 初始化 Fe
Fe = zeros(3,0);
%%% 初始化 Fe
%%%% 当第 1 个结点处于第二类边界上时,计算 Fe
if JB2(1,2) == 1
    kesi = -1;     % 第 1 个结点的局部坐标
    fy = [1/2*kesi*(kesi-1);     % 当 kesi = -1 时的插值函数
        (1-kesi)*(1+kesi)
        1/2*kesi*(kesi+1);];
    Fe = fy*JB2(1,3);% Fe 的计算,%式(1.66)
end
%%%% 当第 1 个结点处于第二类边界上时,计算 Fe
%%%% 当第 3 个结点处于第二类边界上时,计算 Fe
if JB2(1,2) == 3
    kesi = 1; % 第 3 个结点的局部坐标
    fy = [1/2*kesi*(kesi-1);
        (1-kesi)*(1+kesi)
        1/2*kesi*(kesi+1);];
    Fe = fy*JB2(1,3); % 式(1.66)
end
%%%% 当第 3 个结点处于第二类边界上时,计算 Fe
```

第 2 章 理想流体势流的有限元求解

上一章通过一维问题的求解，讲述了有限元方法的基本步骤。本章从理想流体的稳态定常流动分析着手，来了解一下二维问题的有限元求解过程。理想流体的稳态定常流动可由拉普拉斯（Laplace）方程描述。

2.1 求解实例和数学方程

2.1.1 求解实例

如图 2-1 所示的平行平板间通入速度为 2m/s 的空气，出口敞开。平行平板的长度为 10m，宽度 5m。计算流动区域内的速度势分布。

2.1.2 理想流体的特征及流动方程

实例中介绍的空气流动，可以忽略空气的可压缩性，这时空气满足理想流体的最基本特征，即黏度 η 为零，密度 ρ 为常数。理想流体流动的连续性方程为

$$\frac{\partial u}{\partial x} + \frac{\partial v}{\partial y} = 0 \tag{2.1}$$

x 方向的速度 u 等于速度势 ϕ 在 x 方向的导数，y 方向的速度 v 等于速度势 ϕ 在 y 方向的导数，即

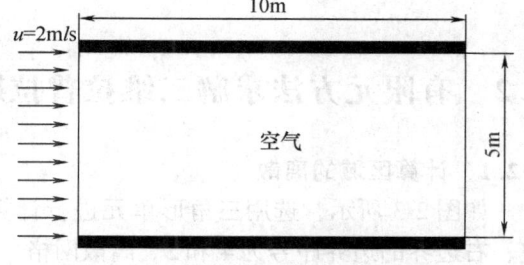

图 2-1 平行平板间空气的流动

$$u = \frac{\partial \phi}{\partial x} \tag{2.2}$$

$$v = \frac{\partial \phi}{\partial y} \tag{2.3}$$

将式（2.2）和式（2.3）代入式（2.1）得到

$$\frac{\partial^2 \phi}{\partial x^2} + \frac{\partial^2 \phi}{\partial y^2} = 0 \tag{2.4}$$

式（2.4）即为描述理想流体流动的速度势方程。其形式与拉普拉斯方程一致。

2.1.3 边界条件

该类问题存在两类边界条件：第一类边界条件是已知边界上的速度势，即

$$\phi|_\Gamma = \text{const} \tag{2.5}$$

第二类边界条件是已知边界外法线方向上速度势的导数，即

$$\left.\frac{\partial \phi}{\partial n}\right|_\Gamma = \boldsymbol{v} \cdot \boldsymbol{n} = u\cos\theta_x + v\cos\theta_y = ul + vm \tag{2.6}$$

式中，速度向量 $\boldsymbol{v} = (u\ \ v)$；边界边外法线方向余弦 $\boldsymbol{n} = (\cos\theta_x\ \ \cos\theta_y) = (l\ \ m)$；$u$ 和 v 为结点在 x 和 y 轴方向的速度分量，u 和 v 的方向与坐标轴方向一致时速度分量的数值为正；θ_x，θ_y 为边界外法线方向与坐标轴 x，y 之间的夹角。如图 2-2 所示，边界微元 $\mathrm{d}\varGamma$ 及其法向微元 $\mathrm{d}n$ 与 $\mathrm{d}x$ 和 $\mathrm{d}y$ 之间的关系为

$$\frac{\mathrm{d}y}{\mathrm{d}\varGamma} = \cos\theta_x = l \tag{2.7a}$$

$$\frac{\mathrm{d}x}{\mathrm{d}\varGamma} = \cos\theta_y = m \tag{2.7b}$$

$$\frac{\mathrm{d}n}{\mathrm{d}x} = \cos\theta_x = l \tag{2.7c}$$

$$\frac{\mathrm{d}n}{\mathrm{d}y} = \cos\theta_y = m \tag{2.7d}$$

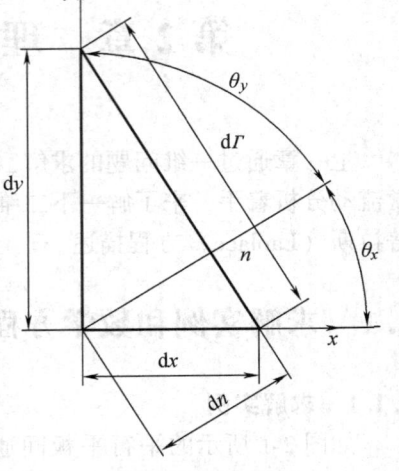

图 2-2　边界微元的方向余弦

2.2　有限元方法求解二维拉普拉斯方程

2.2.1　计算区域的离散

如图 2-3 所示，选用三角形单元进行计算区域离散。上、下边界的边界序号为 3 和 1；左、右边界的边界序号为 4 和 2。离散网格总数 $E = 16$，结点总数 $N = 15$。编写单元结点数据 JM 时，每一个单元内部结点序号的排列满足逆时针方向排序原则。本实例中，单元总数为 16，每个单元内有 3 个结点，所以 JM 的大小为 16 行 3 列，数据见表 2-1。JXY 为结点坐标数据，按照结点序号逐行存储结点坐标。本实例中，结点总数为 15，单元坐标包括两个数据，所以 JXY 的大小为 15 行 2 列，数据见表 2-2。

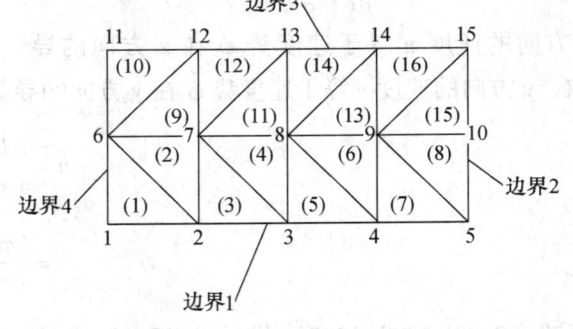

图 2-3　网格离散及边界图

表 2-1　单元信息数据 JM

单元序号	结点号			单元序号	结点号		
1	1	2	6	9	12	6	7
2	7	6	2	10	6	12	11
3	2	3	7	11	13	7	8
4	8	7	3	12	7	13	12
5	3	4	8	13	14	8	9
6	9	8	4	14	8	14	13
7	4	5	9	15	15	9	10
8	10	9	5	16	9	15	14

表 2-2 结点坐标数据 JXY

0	0	2.5	5	7.5	2.5
0	2.5	5	0	7.5	5
0	5	5	2.5	10	0
2.5	0	5	5	10	2.5
2.5	2.5	7.5	0	10	5

边界 1 和边界 3 为壁面，不会有流体从壁面流出，流体在垂直壁面的法向速度为零，即壁面法线方向 $d\phi/dn$ 为零，为第二类边界条件；边界 2 处，已知速度势等于零，为第一类边界条件；边界 4 处，垂直边界法线方向速度为 2，即壁面法线方向 $d\phi/dn = 2$，为第二类边界条件。第一类边界条件数据 JB1 存储处于第一类边界条件上的结点序号及边界值。如上所述，共有 3 个结点处于第一类边界上，所以 JB1 共有 3 行 2 列，见表 2-3。第二类边界条件数据 JB2，共由六列组成，第一列为处于第二类边界条件上的单元序号；第二列为处于第二类边界条件上的边界边序号；第三列为边界边的外法线方向与 x 轴夹角的方向余弦；第四列为边界边的外法线方向与 y 轴夹角的方向余弦；第五列为边界边 1 结点处边界条件的数值；第六列为边界边 2 结点处边界条件的数值。如前所述，3 个边界上共有 8 个单元的 10 个边界边处于第二类边界条件上，所以 JB2 共有 10 行 6 列，见表 2-4。图 2-4 给出了三角形单元内部结点序号与边序号之间的关系。单元内部结点 1 和 2 构成 1 号边；2 和 3 构成 2 号边；3 和 1 构成 3 号边。编写数据 JB2 第二列数据时需参考上述边序号编写规则。

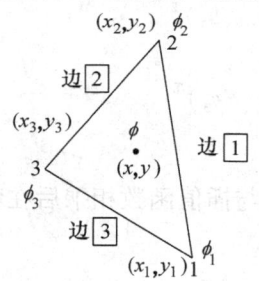

图 2-4 三角形单元内部结点序号
与边序号之间的关系

表 2-3 第一类边界条件数据 JB1

13	0
14	0
15	0

表 2-4 第二类边界条件数据 JB2

单元序号	边界边序号	$\cos\theta_x$	$\cos\theta_y$	结点 1 值	结点 2 值
1	1	0	−1	0	0
3	1	0	−1	0	0
5	1	0	−1	0	0
7	1	0	−1	0	0
10	2	0	1	0	0
12	2	0	1	0	0
14	2	0	1	0	0
16	2	0	1	0	0
1	3	−1	0	2	2
10	3	−1	0	2	2

2.2.2 插值函数及相关计算

三角形线性单元插值函数为

$$\Phi_i = a_i + b_i x + c_i y, \quad i = 1, 2, 3 \tag{2.8}$$

式中，

$$a_i = \frac{1}{2\Delta}(x_j y_k - x_k y_j) \tag{2.9a}$$

$$b_i = \frac{1}{2\Delta}(y_j - y_k) \tag{2.9b}$$

$$c_i = \frac{1}{2\Delta}(x_k - y_j) \tag{2.9c}$$

式（2.9a）~式（2.9c）在计算时，当 $i=1$，则 $j=2$，$k=3$；当 $i=2$，则 $j=3$，$k=1$；当 $i=3$，则 $j=1$，$k=2$。式中，Δ 为单元面积，可用下式计算：

$$\Delta = \frac{(x_j - x_i)(y_k - y_i) - (x_k - x_i)(y_j - y_i)}{2} \tag{2.9d}$$

单元内任意一点速度势 ϕ 可表示为结点处速度势 ϕ_i 和插值函数 Φ_i 乘积求和的形式，即

$$\phi = \Phi_1 \phi_1 + \Phi_2 \phi_2 + \Phi_3 \phi_3 = \boldsymbol{\Phi}^T \boldsymbol{\phi}_i^e \tag{2.10}$$

式中，ϕ_1，ϕ_2 和 ϕ_3 分别为三角形单元三个结点处的速度势。

插值函数对 x 和 y 的导数可表示为

$$\frac{\partial \boldsymbol{\Phi}}{\partial x} = \left(\frac{\partial \Phi_1}{\partial x} \quad \frac{\partial \Phi_2}{\partial x} \quad \frac{\partial \Phi_3}{\partial x} \right)^T = (b_1 \quad b_2 \quad b_3)^T \tag{2.11}$$

$$\frac{\partial \boldsymbol{\Phi}}{\partial y} = \left(\frac{\partial \Phi_1}{\partial y} \quad \frac{\partial \Phi_2}{\partial y} \quad \frac{\partial \Phi_3}{\partial y} \right)^T = (c_1 \quad c_2 \quad c_3)^T \tag{2.12}$$

2.2.3 加权余量方程

伽辽金有限元方法中权函数等于插值函数。式（2.4）与插值函数相乘后在整个计算区域内积分，得

$$\iint_\Omega \boldsymbol{\Phi} \left(\frac{\partial^2 \phi}{\partial x^2} + \frac{\partial^2 \phi}{\partial y^2} \right) dx dy = 0 \tag{2.13}$$

上式左边两项用格林(Green)公式展开，并代入方向余弦式(2.7)得到

$$\iint_\Omega \boldsymbol{\Phi} \left(\frac{\partial^2 \phi}{\partial x^2} \right) dx dy = \iint_\Omega \frac{\partial}{\partial x} \left(\boldsymbol{\Phi} \frac{\partial \phi}{\partial x} \right) dx dy - \iint_\Omega \left(\frac{\partial \boldsymbol{\Phi}}{\partial x} \frac{\partial \phi}{\partial x} \right) dx dy$$

$$= \int_\Gamma \boldsymbol{\Phi} \frac{\partial \phi}{\partial x} \frac{dy}{d\Gamma} d\Gamma - \iint_\Omega \left(\frac{\partial \boldsymbol{\Phi}}{\partial x} \frac{\partial \phi}{\partial x} \right) dx dy$$

$$= \int_\Gamma \boldsymbol{\Phi} \frac{\partial \phi}{\partial n} \frac{\partial n}{\partial x} \frac{\partial y}{\partial \Gamma} d\Gamma - \iint_\Omega \left(\frac{\partial \boldsymbol{\Phi}}{\partial x} \frac{\partial \phi}{\partial x} \right) dx dy$$

$$= \int_\Gamma \boldsymbol{\Phi} \frac{\partial \phi}{\partial n} l^2 d\Gamma - \iint_\Omega \left(\frac{\partial \boldsymbol{\Phi}}{\partial x} \frac{\partial \phi}{\partial x} \right) dx dy \tag{2.14}$$

同理可推得

$$\iint_\Omega \boldsymbol{\Phi} \left(\frac{\partial^2 \phi}{\partial y^2} \right) dx dy = \int_\Gamma \boldsymbol{\Phi} \frac{\partial \phi}{\partial n} m^2 d\Gamma - \iint_\Omega \left(\frac{\partial \boldsymbol{\Phi}}{\partial y} \frac{\partial \phi}{\partial y} \right) dx dy \tag{2.15}$$

将以上两式代入式(2.13)得

$$\iint_\Omega \left[\left(\frac{\partial \boldsymbol{\Phi}}{\partial x}\frac{\partial \phi}{\partial x}\right)+\left(\frac{\partial \boldsymbol{\Phi}}{\partial y}\frac{\partial \phi}{\partial y}\right)\right]\mathrm{d}x\mathrm{d}y = \int_\Gamma \left[\boldsymbol{\Phi}\frac{\partial \phi}{\partial n}(l^2+m^2)\right]\mathrm{d}\Gamma = \int_\Gamma \left(\boldsymbol{\Phi}\frac{\partial \phi}{\partial n}\right)\mathrm{d}\Gamma \qquad (2.16)$$

式（2.16）即为式（2.4）的加权余量方程。

2.2.4 单元方程的建立

将式（2.16）的积分区域从整个计算区域转变为单元区域，对于每个单元有

$$\iint_{\Omega^e}\left[\left(\frac{\partial \boldsymbol{\Phi}}{\partial x}\frac{\partial \phi}{\partial x}\right)+\left(\frac{\partial \boldsymbol{\Phi}}{\partial y}\frac{\partial \phi}{\partial y}\right)\right]\mathrm{d}x\mathrm{d}y = \int_{\Gamma^e}\left(\boldsymbol{\Phi}\frac{\partial \phi}{\partial n}\right)\mathrm{d}\Gamma \qquad (2.17)$$

由于存在第二类边界条件，所以在建立单元方程时，应区分内部单元和边界单元。

1. 内部单元

内部单元为所有边都不处在第二类边界条件上的单元。内部单元的单元方程中，式（2.17）等式右边项为零，即

$$\iint_{\Omega^e}\left[\left(\frac{\partial \boldsymbol{\Phi}}{\partial x}\frac{\partial \phi}{\partial x}\right)+\left(\frac{\partial \boldsymbol{\Phi}}{\partial y}\frac{\partial \phi}{\partial y}\right)\right]\mathrm{d}x\mathrm{d}y = 0 \qquad (2.18)$$

将式（2.10）~式（2.12）代入式（2.18）得到

$$\begin{aligned}
&\iint_{\Omega^e}\left[\frac{\partial \boldsymbol{\Phi}}{\partial x}\left(\frac{\partial \phi}{\partial x}\right)+\frac{\partial \boldsymbol{\Phi}}{\partial y}\left(\frac{\partial \phi}{\partial y}\right)\right]\mathrm{d}x\mathrm{d}y \\
&= \iint_{\Omega^e}\left[\frac{\partial \boldsymbol{\Phi}}{\partial x}\left(\frac{\partial \boldsymbol{\Phi}^\mathrm{T}}{\partial x}\right)+\frac{\partial \boldsymbol{\Phi}}{\partial y}\left(\frac{\partial \boldsymbol{\Phi}^\mathrm{T}}{\partial y}\right)\right]\mathrm{d}x\mathrm{d}y\,\boldsymbol{\phi}_I^e \\
&= \iint_{\Omega^e}\begin{pmatrix} b_1b_1+c_1c_1 & b_1b_2+c_1c_2 & b_1b_3+c_1c_3 \\ b_2b_1+c_2c_1 & b_2b_2+c_2c_2 & b_2b_3+c_2c_3 \\ b_3b_1+c_3c_1 & b_3b_2+c_3c_2 & b_3b_3+c_3c_3 \end{pmatrix}\mathrm{d}x\mathrm{d}y\begin{pmatrix}\phi_1^e\\\phi_2^e\\\phi_3^e\end{pmatrix} \\
&= \Delta\begin{pmatrix} b_1b_1+c_1c_1 & b_1b_2+c_1c_2 & b_1b_3+c_1c_3 \\ b_2b_1+c_2c_1 & b_2b_2+c_2c_2 & b_2b_3+c_2c_3 \\ b_3b_1+c_3c_1 & b_3b_2+c_3c_2 & b_3b_3+c_3c_3 \end{pmatrix}\begin{pmatrix}\phi_1^e\\\phi_2^e\\\phi_3^e\end{pmatrix}=0 \qquad (2.19)
\end{aligned}$$

这样，对于内部单元得到

$$\boldsymbol{K}^e\boldsymbol{\phi}_I^e = 0 \qquad (2.20)$$

式中，

$$\boldsymbol{K}^e = \Delta\begin{pmatrix} b_1b_1+c_1c_1 & b_1b_2+c_1c_2 & b_1b_3+c_1c_3 \\ b_2b_1+c_2c_1 & b_2b_2+c_2c_2 & b_2b_3+c_2c_3 \\ b_3b_1+c_3c_1 & b_3b_2+c_3c_2 & b_3b_3+c_3c_3 \end{pmatrix} \qquad (2.21)$$

2. 边界单元

边界单元为至少有一个边处于第二类边界条件上的单元。在内部单元的基础上，还要计算式（2.17）的右边项。其中，插值函数 $\boldsymbol{\Phi}$ 用边界单元插值函数 $\boldsymbol{\Phi}_\Gamma$ 替换，边界值 $\frac{\partial \phi}{\partial n}$ 可以表示为边界单元插值函数向量 $\boldsymbol{\Phi}_\Gamma$ 和边界单元结点边界值向量 $\left.\frac{\partial \phi}{\partial n}\right|_\Gamma^e$ 的乘积。即

$$\frac{\partial \phi}{\partial n} = \boldsymbol{\Phi}_\Gamma^{\mathrm{T}} \frac{\partial \phi}{\partial n}\bigg|_\Gamma^e \qquad (2.22)$$

处于第二类边界上边序号不同，右边项中插值函数和边界值的处理方法也不同，下面分别讨论。

（1）单元内 1 号边处于第二类边界条件上

如图 2-5 所示，单元内 1，2 结点组成的 1 号边处于边界上，定义局部坐标为

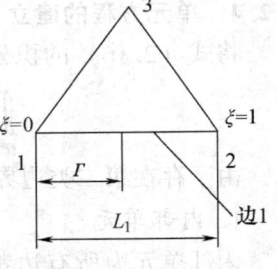

$$\xi = \frac{\Gamma}{L_1} \qquad (2.23)$$

对式（2.23）求导，可得

$$\frac{\mathrm{d}\Gamma}{\mathrm{d}\xi} = L_1 \qquad (2.24)$$

图 2-5　边 1 处于第二类边界上

式中，L_1 为 $\overline{12}$ 边的长度。边界单元插值函数向量 $\boldsymbol{\Phi}_\Gamma$ 用 $\overline{12}$ 边上的局部坐标表示为

$$\Phi_{\Gamma 1} = 1 - \xi \qquad (2.25\text{a})$$
$$\Phi_{\Gamma 2} = \xi \qquad (2.25\text{b})$$
$$\Phi_{\Gamma 3} = 0 \qquad (2.25\text{c})$$

边界单元结点边界值向量 $\dfrac{\partial \phi}{\partial n}\bigg|_\Gamma^e$ 表示为

$$\frac{\partial \phi}{\partial n}\bigg|_{\Gamma 1}^e = \hat{q}_1 \qquad (2.26\text{a})$$

$$\frac{\partial \phi}{\partial n}\bigg|_{\Gamma 2}^e = \hat{q}_2 \qquad (2.26\text{b})$$

$$\frac{\partial \phi}{\partial n}\bigg|_{\Gamma 3}^e = 0 \qquad (2.26\text{c})$$

在局部坐标下，式（2.17）的右边项可表示为

$$\boldsymbol{F}^e = \int_{\Gamma^e} \left(\boldsymbol{\Phi} \frac{\partial \phi}{\partial n}\right) \mathrm{d}\Gamma = \int_{\Gamma^e} \boldsymbol{\Phi}_\Gamma \left[\boldsymbol{\Phi}_\Gamma^{\mathrm{T}} \frac{\partial \phi}{\partial n}\bigg|_\Gamma^e\right] \frac{\mathrm{d}\Gamma}{\mathrm{d}\xi}\mathrm{d}\xi \qquad (2.27)$$

展开后得到

$$F_1^e = L_1 \int_0^1 \Phi_{\Gamma 1}[\hat{q}_1(1-\xi) + \hat{q}_2\xi]\mathrm{d}\xi = L_1 \int_0^1 (1-\xi)[\hat{q}_1(1-\xi) + \hat{q}_2\xi]\mathrm{d}\xi$$
$$= \frac{L_1}{6}(2\hat{q}_1 + \hat{q}_2) \qquad (2.28\text{a})$$

$$F_2^e = L_1 \int_0^1 \Phi_{\Gamma 2}[\hat{q}_1(1-\xi) + \hat{q}_2\xi]\mathrm{d}\xi = L_1 \int_0^1 \xi[\hat{q}_1(1-\xi) + \hat{q}_2\xi]\mathrm{d}\xi$$
$$= \frac{L_1}{6}(\hat{q}_1 + 2\hat{q}_2) \qquad (2.28\text{b})$$

$$F_3^e = 0 \qquad (2.28\text{c})$$

（2）单元内 2 号边处于第二类边界条件上

对于如图 2-6 所示单元内 2，3 结点组成的 2 号边处于边界上的情况，定义局部坐标为

$$\xi = \frac{\Gamma}{L_2} \tag{2.29}$$

对式（2.29）求导，可得

$$\frac{\mathrm{d}\Gamma}{\mathrm{d}\xi} = L_2 \tag{2.30}$$

式中，L_2 为 $\overline{23}$ 边的长度。边界单元插值函数向量 $\boldsymbol{\Phi}_\Gamma$ 用 $\overline{23}$ 边上的局部坐标表示为

$$\boldsymbol{\Phi}_\Gamma = (0 \quad 1-\xi \quad \xi)^\mathrm{T} \tag{2.31}$$

边界单元结点边界值向量 $\left.\dfrac{\partial \phi}{\partial \boldsymbol{n}}\right|_\Gamma^e$ 表示为

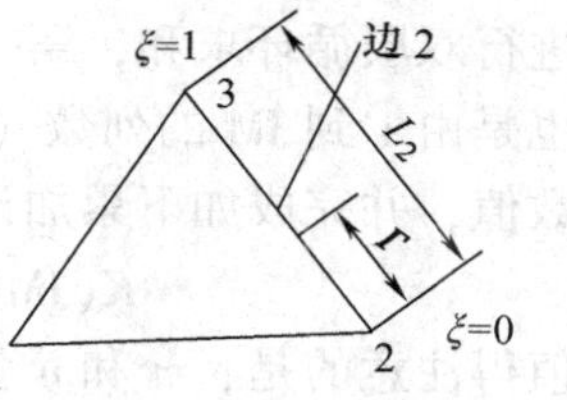

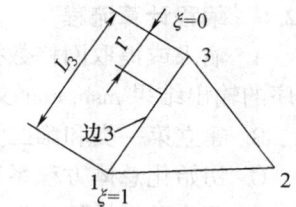

图 2-6 边 2 处于第二类边界上

$$\left.\frac{\partial \phi}{\partial \boldsymbol{n}}\right|_\Gamma^e = (0 \quad \hat{q}_2 \quad \hat{q}_3)^\mathrm{T} \tag{2.32}$$

在局部坐标下，式（2.17）的右边项可表示为

$$\boldsymbol{F}^e = \left(0 \quad \frac{L_2}{6}(2\hat{q}_2 + \hat{q}_3) \quad \frac{L_2}{6}(\hat{q}_2 + 2\hat{q}_3)\right)^\mathrm{T} \tag{2.33}$$

（3）单元内 3 号边处于第二类边界条件上

对于如图 2-7 所示单元内 3，1 结点组成的 3 号边处于边界上的情况，定义局部坐标为

$$\xi = \frac{\Gamma}{L_3} \tag{2.34}$$

对式（2.34）求导，可得

$$\frac{\mathrm{d}\Gamma}{\mathrm{d}\xi} = L_3 \tag{2.35}$$

图 2-7 边 3 处于第二类边界上

式中，L_3 为 $\overline{31}$ 边的长度。边界单元插值函数向量 $\boldsymbol{\Phi}_\Gamma$ 用 $\overline{31}$ 边上的局部坐标表示为

$$\boldsymbol{\Phi}_\Gamma = (\xi \quad 0 \quad 1-\xi)^\mathrm{T} \tag{2.36}$$

边界单元结点边界值向量 $\left.\dfrac{\partial \phi}{\partial \boldsymbol{n}}\right|_\Gamma^e$ 表示为

$$\left.\frac{\partial \phi}{\partial \boldsymbol{n}}\right|_\Gamma^e = (\hat{q}_1 \quad 0 \quad \hat{q}_3)^\mathrm{T} \tag{2.37}$$

在局部坐标下，式（2.17）的右边项可表示为

$$\boldsymbol{F}^e = \left(\frac{L_3}{6}(\hat{q}_3 + 2\hat{q}_1) \quad 0 \quad \frac{L_3}{6}(2\hat{q}_3 + \hat{q}_1)\right)^\mathrm{T} \tag{2.38}$$

这样，对于边界单元得到单元方程：

$$\boldsymbol{K}^e \boldsymbol{\phi}_I^e = \boldsymbol{F}^e \tag{2.39}$$

2.2.5 总体方程的组合

组合后的方程其形式为

$$\boldsymbol{K}\boldsymbol{\phi}_I = \boldsymbol{F} \tag{2.40}$$

式中，$\boldsymbol{K}$ 为系数矩阵，其大小为 $N \times N$，N 为结点总数；$\boldsymbol{F}$ 为系数向量，其大小为 $N \times 1$。

1. K 的组合

对于编写程序完成上述组合时,需要利用 JM 数据进行对位求和。对于第 i 个单元来说,进行双层循环求和,第一层循环指标 m 等于 1 到 JM 的列数(本例为 3),第二层循环指标 n 也是由 1 到 JM 的列数(本例为 3),对于一组 m 和 n,查找 JM(i,m) 和 JM(i,n) 对应数值,并完成如下累加计算:

$$K(\text{JM}(i,m),\text{JM}(i,n)) = K(\text{JM}(i,m),\text{JM}(i,n)) + K_{(m,n)}^{e(i)} \quad (2.41)$$

值得注意的是,m 和 n 就是第 i 个单元系数矩阵各个元素对应的单元内部结点序号,JM(i,m) 和 JM(i,n) 对应数值即为第 i 个单元系数矩阵各个元素对应的总体结点序号。

2. F 的组合

F 只有在存在第二类边界单元时才进行计算,需要利用 JB2 数据进行对位求和。将 F^e 组合到 F 时需要进行循环累加。对于 JB2 的第 i 行数据,循环指标 m 等于从 1 到 JM 的列数(本例为 3),根据 JB2 第 i 行第一列数据为处于第二类边界条件下单元序号,将该数据赋值给变量 Π,即 $\Pi = \text{JB2}(i,1)$,然后在 JM 的第 Π 行查找该单元内部结点序号,并完成如下累加:

$$F(\text{JM}(\Pi,m),1) = F(\text{JM}(\Pi,m),1) + F_{(m,1)}^{e(i)} \quad (2.42)$$

2.2.6 编程计算流程

A. 输入或提取网格数据,读者可以输入表 2-1 ~ 表 2-4 中的数据,也可以提取网格生成程序的输出结果 msh.mat 文件中的结果数据。

B. 建立第一类和第二类边界条件数据 JB1 和 JB2。

C. 初始化总体方程系数矩阵 K 和右边向量 F,K 为 $N \times N$ 矩阵;F 为 $N \times 1$ 向量。

D. 逐个单元计算单元方程系数矩阵并根据 JM 数据进行组装。

E. 如果存在第二类边界条件,则需要对每一个边界单元,根据处于第二类边界上的边号,计算单元方程的向量 F^e,并根据 JB2 数据和 JM 数据进行组装。

F. 利用乘大数代入法,将第一类边界条件数据 JB1 代入到总体方程 $K\phi_I = F$ 中。

G. 求解方程,计算未知量 Φ_I。

2.3 程序编写

2.3.1 主程序

根据 2.2.6 小节编程流程编写计算程序。其中第一步可以根据表 2-1 ~ 表 2-4 中的数据自行输入,或调用 grid_generation-tri.m 网格生成程序所生成的结果。创建 main.m 文件,并录入如下代码。

```
clc;
clear;
%%%%%%%%%%%%%%%%%%%%%%%%%%%%%%%%%%%%%%%%%%
%%%%%%%%%%%%%%%%%%   迭代步骤 A 开始   %%%%%%%%%%%%%%%%%%
%%%%%%%%%%%%%%%%%%   读取网格数据     %%%%%%%%%%%%%%%%%%
%%%%%%%%%%%%%%%%%%%%%%%%%%%%%%%%%%%%%%%%%%
load msh
```

```
%%%%%%%%%%%%%%%%%%%%%%%%%%%%%%%%%%%%%%%%%%%%%
%%%%%%%%%%%%%%%         迭代步骤 A 结束        %%%%%%%%%%%%%%
%%%%%%%%%%%%%%%%%%%%%%%%%%%%%%%%%%%%%%%%%%%%%


%%%%%%%%%%%%%%%%%%%%%%%%%%%%%%%%%%%%%%%%%%%%%
%%%%%%%%%%%%%%%         迭代步骤 B 开始        %%%%%%%%%%%%%%
%%%%%%%%%%%%%%%           设定边界条件          %%%%%%%%%%%%%%
%%%%%%%%%%%%%%%%%%%%%%%%%%%%%%%%%%%%%%%%%%%%%
fy2 = 0;    %构建第一类边界条件数据 JB1
JB12 = [BP2,fy2 * ones(size(BP2))];    %BP 及 BE 的定义见 2.3.2 小节
JB1 = [JB12];
dfy_dn1 = 0;    %构建第二类边界条件数据 JB2
dfy_dn3 = 0;
dfy_dn4 = 2;
JB21 = [BE1,ones(size(BE1(:,1))) * dfy_dn1,ones(size(BE1(:,1))) * dfy_dn1];
JB23 = [BE3,ones(size(BE3(:,1))) * dfy_dn3,ones(size(BE3(:,1))) * dfy_dn3];
JB24 = [BE4,ones(size(BE4(:,1))) * dfy_dn4,ones(size(BE4(:,1))) * dfy_dn4];
JB2 = [JB21;JB23;JB24];
%%%%%%%%%%%%%%%%%%%%%%%%%%%%%%%%%%%%%%%%%%%%%
%%%%%%%%%%%%%%%         迭代步骤 B 结束        %%%%%%%%%%%%%%
%%%%%%%%%%%%%%%%%%%%%%%%%%%%%%%%%%%%%%%%%%%%%
clear JBV2 JBV4 JBV1 JBV3 BP1 BP2 BP3 BP4
clear JBP1 JBP2 JBP3 JBP4 P1 P2 P3 P4
clear BE1 BE2 BE3 BE4 JB12 JB21 JB22 JB23 JB24
clear thetax1 thetax2 thetax3 thetax4
clear thetay1 thetay2 thetay3 thetay4
clear dfy_dn1 dfy_dn2 dfy_dn3 dfy_dn4
clear fy2


%%%%%%%%%%%%%%%%%%%%%%%%%%%%%%%%%%%%%%%%%%%%%
%%%%%%%%%%%%%%%         迭代步骤 C 开始        %%%%%%%%%%%%%%
%%%%%%%%%     初始化总体系数矩阵 K 和右边向量 F      %%%%%%%%%%%%%%
%%%%%%%%%%%%%%%%%%%%%%%%%%%%%%%%%%%%%%%%%%%%%
K = zeros(N,N);
F = zeros(N,1);
%%%%%%%%%%%%%%%%%%%%%%%%%%%%%%%%%%%%%%%%%%%%%
%%%%%%%%%%%%%%%         迭代步骤 C 结束        %%%%%%%%%%%%%%
%%%%%%%%%%%%%%%%%%%%%%%%%%%%%%%%%%%%%%%%%%%%%
```

```
%%%%%%%%%%%%%%%%%%%%%%%%%%%%%%%%%%%%%%%%%
%%%%%%%%%%%%        迭代步骤 D 开始        %%%%%%%%%%%%
%%%%%%%%%%%     逐个单元计算 Ke 并组合      %%%%%%%%%%%%
%%%%%%%%%%%%%%%%%%%%%%%%%%%%%%%%%%%%%%%%%
for i = 1:E
    % 提取单元内三个结点的坐标,存入 Jx 和 Jy
    for j = 1:3
        Jx(j) = JXY(JM(i,j),1);
        Jy(j) = JXY(JM(i,j),2);
    end
    % 计算三角形单元的面积
    Area = ((Jx(2) - Jx(1)) * (Jy(3) - Jy(1)) - (Jx(3) - Jx(1)) * (Jy(2) - Jy(1)))/2.0;
    % 计算单元中 a1,a2,a3,b1,b2,b3,c1,c2,c3
    a1 = (Jx(2) * Jy(3) - Jx(3) * Jy(2))/(2.0 * Area);
    a2 = (Jx(3) * Jy(1) - Jx(1) * Jy(3))/(2.0 * Area);
    a3 = (Jx(1) * Jy(2) - Jx(2) * Jy(1))/(2.0 * Area);
    b1 = (Jy(2) - Jy(3))/(2.0 * Area);
    b2 = (Jy(3) - Jy(1))/(2.0 * Area);
    b3 = (Jy(1) - Jy(2))/(2.0 * Area);
    c1 = (Jx(3) - Jx(2))/(2.0 * Area);
    c2 = (Jx(1) - Jx(3))/(2.0 * Area);
    c3 = (Jx(2) - Jx(1))/(2.0 * Area);
    a = [a1,a2,a3];
    b = [b1,b2,b3];
    c = [c1,c2,c3];
    % 根据以上的 b,c 向量,我们可以求出单元的单元系数矩阵
    for ki = 1:3
        for kj = 1:3
            Ke(ki,kj) = Area * (b(ki) * b(kj) + c(ki) * c(kj));
        end
    end
    % 总体方程组合
    for m = 1:3
        for n = 1:3
            K(JM(i,m),JM(i,n)) = K(JM(i,m),JM(i,n)) + Ke(m,n);
        end
    end
end
```

```matlab
%%%%%%%%%%%%%%%%%%%%%%%%%%%%%%%%%%%%%%%
%%%%%%%%%%%%%         迭代步骤 D 结束       %%%%%%%%%%%%%
%%%%%%%%%%%%%%%%%%%%%%%%%%%%%%%%%%%%%%%

%%%%%%%%%%%%%%%%%%%%%%%%%%%%%%%%%%%%%%%
%%%%%%%%%%%%%         迭代步骤 E 开始       %%%%%%%%%%%%%
%%%%%%%%%%%         逐个单元计算 Fe 并组合     %%%%%%%%%%%
%%%%%%%%%%%%%%%%%%%%%%%%%%%%%%%%%%%%%%%
for i = 1:length(JB2(:,1))
    II = JB2(i,1);         %  提取单元序号
    bondary_side_number = JB2(i,2);   %提取边界边序号
    Fe = [0;0;0];          %  Fe 初始化
    for j = 1:3            %  提取单元结点坐标
        Jx(j) = JXY(JM(II,j),1);
        Jy(j) = JXY(JM(II,j),2);
    end
    %  单元边号为 1 时计算 Fe
    if bondary_side_number == 1
        q1 = JB2(i,5);
        q2 = JB2(i,5);
        L = sqrt((Jx(1) - Jx(2))^2 + (Jy(1) - Jy(2))^2);
        Fe(1,1) = L/6 * (2 * q1 + q2);
        Fe(2,1) = L/6 * (q1 + 2 * q2);
    end
    %  单元边号为 1 时计算 Fe
    %  单元边号为 2 时计算 Fe
    if bondary_side_number == 2
        q2 = JB2(i,5);
        q3 = JB2(i,5);
        L = sqrt((Jx(2) - Jx(3))^2 + (Jy(2) - Jy(3))^2);
        Fe(2,1) = L/6 * (2 * q2 + q3);
        Fe(3,1) = L/6 * (q2 + 2 * q3);
    end
    %  单元边号为 2 时计算 Fe
    %  单元边号为 3 时计算 Fe
    if bondary_side_number == 3
        q3 = JB2(i,5);
        q1 = JB2(i,5);
```

```
            L = sqrt((Jx(3) - Jx(1))^2 + (Jy(3) - Jy(1))^2);
            Fe(3,1) = L/6 * (2 * q3 + q1);
            Fe(1,1) = L/6 * (q3 + 2 * q1);
        end
        % 单元边号为3时计算Fe
        % F的组合
        for s = 1:3
            F(JM(II,s),1) = F(JM(II,s),1) + Fe(s,1);
        end
        % F的组合
end
%%%%%%%%%%%%%%%%%%%%%%%%%%%%%%%%%%%%%%%%%%%%%%%%%%
%%%%%%%%%%%%%%         迭代步骤E结束         %%%%%%%%%%%%%%%%
%%%%%%%%%%%%%%%%%%%%%%%%%%%%%%%%%%%%%%%%%%%%%%%%%%


%%%%%%%%%%%%%%%%%%%%%%%%%%%%%%%%%%%%%%%%%%%%%%%%%%
%%%%%%%%%%%%%%         迭代步骤F开始         %%%%%%%%%%%%%%%%
%%%%%%%%%%%%%%%   采用乘大数代入法,代入JB1   %%%%%%%%%%%%%%%
%%%%%%%%%%%%%%%%%%%%%%%%%%%%%%%%%%%%%%%%%%%%%%%%%%
dashu = 1e16;
for i = 1:length(JB1(:,1))
    K(JB1(i,1),JB1(i,1)) = K(JB1(i,1),JB1(i,1)) * dashu;
    F(JB1(i,1)) = JB1(i,2) * K(JB1(i,1),JB1(i,1));
end
%%%%%%%%%%%%%%%%%%%%%%%%%%%%%%%%%%%%%%%%%%%%%%%%%%
%%%%%%%%%%%%%%         迭代步骤F结束         %%%%%%%%%%%%%%%%
%%%%%%%%%%%%%%%%%%%%%%%%%%%%%%%%%%%%%%%%%%%%%%%%%%


%%%%%%%%%%%%%%%%%%%%%%%%%%%%%%%%%%%%%%%%%%%%%%%%%%
%%%%%%%%%%%%%%         迭代步骤G开始         %%%%%%%%%%%%%%%%
%%%%%%%%%%%%%%%       求解方程,显示结果      %%%%%%%%%%%%%%%%
%%%%%%%%%%%%%%%%%%%%%%%%%%%%%%%%%%%%%%%%%%%%%%%%%%
sudushi = inv(K) * F;
N = N
E = E
result = [JXY, sudushi]
JM
%%%%%%%%%%%%%%%%%%%%%%%%%%%%%%%%%%%%%%%%%%%%%%%%%%
```

%%%%%%%%%%%%%   迭代步骤 G 结束   %%%%%%%%%%%%
%%

2.3.2 网格划分程序

本程序采用三角形单元将矩形区域进行离散。运行程序时需按照实例中区域尺寸将 H 设定为 5m，L 设定为 10m，x 方向分段数 N_x 设定为 4，y 方向分段数 N_y 设定为 2。运行程序后产生 msh.mat 文件，存储单元总数 E、结点总数 N、单元结点数据 JM、结点坐标数据 JXY、边界结点数据 BP1~BP4 和边界单元数据 BE1~BE4。其中，BP1~BP4 分别存储四边形区域底边、右边、上边和左边所包含的结点序号，用于构造 JB1 数据；BE1~BE4 分别存储四边形底边、右边、上边和左边所包含的边界单元序号、边界边序号及边界边外法线方向余弦，用于构造 JB2 数据。创建 grid_generation_tri.m 文件，并录入如下代码。

```
clc
clear
clf
%%%%%%%   区域几何尺寸及网格划分参数
H = 5;    % 区域总高
L = 10;   % 区域总长
Nx = 4;   % 水平方向的网格数量
Ny = 2;   % 竖直方向的网格数量,选择能被 2 整除的数
%%%%%%%   区域几何尺寸及网格划分参数
%%%%%%%   总单元数和结点总数
E = 2 * Nx * Ny;        % 总单元数
N = (Nx + 1) * (Ny + 1);  % 结点总数
%%%%%%%   总单元数和结点总数
%%%%%%%   单元间距
Dx = L/Nx;    % 水平方向网格间距
Dy = H/Ny;    % 竖直方向网格间距
%%%%%%%   单元间距
%%%%%%%   结点分布拓扑
AAA = zeros(Ny + 1, Nx + 1);
AAA(1,:) = 1:Nx + 1;
for i = 2:Ny + 1
    AAA(i,:) = AAA(i - 1,:) + (Nx + 1) * ones(1, Nx + 1);
end
%%%%%%%   结点分布拓扑
%%%%%%%三角形单元 JXY 生成
for i = 1:1 * Ny + 1
```

```
        for j = 1:1*Nx+1
            JXY(AAA(i,j),1) = Dx*(j-1);
            JXY(AAA(i,j),2) = Dy*(i-1);
        end
end
%%%%%%%    三角形单元 JXY 生成
%%%%%%%    网格平面旋转
t = 0;
for i = 1:length(JXY(:,1))
    R = sqrt((JXY(i,1)+1)^2+JXY(i,2)^2);
    t1 = atan(JXY(i,2)/(JXY(i,1)+1));
    JXY(i,1) = R*cos(t/180*pi+t1);
    JXY(i,2) = R*sin(t/180*pi+t1);
end
%%%%%%%    网格平面旋转
%%%%%%%    三角形单元 JM 生成
k = 0;
for i = 1:Ny/2
    for j = 1:Nx
        k = k+1;
        JM(k,:) = [AAA(i,j),AAA(i,j+1),AAA(i+1,j)];
        k = k+1;
        JM(k,:) = [AAA(i+1,j+1),AAA(i+1,j),AAA(i,j+1)];
    end
end
for i = Ny/2+1:Ny
    for j = 1:Nx
        k = k+1;
        JM(k,:) = [AAA(i+1,j+1),AAA(i,j),AAA(i,j+1)];
        k = k+1;
        JM(k,:) = [AAA(i,j),AAA(i+1,j+1),AAA(i+1,j)];
    end
end
%%%%%%%    三角形单元 JM 生成
%%%%%%%    BP 数据生成
BP1 = AAA(1,:);
BP2 = AAA(:,Nx+1);
BP3 = AAA(Ny+1,:);
```

```
BP4 = AAA(:,1);
%%%%%%   BP 数据生成
%%%%%%   BE 数据生成
tx1 = pi/2 - t/180 * pi;    % 1 号边界外法线方向与 x 轴夹角
ty1 = pi - t/180 * pi;      % 1 号边界外法线方向与 y 轴夹角
tx2 = t/180 * pi;           % 2 号边界外法线方向与 x 轴夹角
ty2 = pi/2 - tx2;           % 2 号边界外法线方向与 y 轴夹角
tx3 = pi - pi/2 + t/180 * pi;  % 3 号边界外法线方向与 x 轴夹角
ty3 = pi - t/180 * pi + pi;    % 3 号边界外法线方向与 y 轴夹角
tx4 = (180 + t)/180 * pi;   % 4 号边界外法线方向与 x 轴夹角
ty4 = pi/2 + t/180 * pi;    % 4 号边界外法线方向与 y 轴夹角
BE1 = [[1:2:2*Nx]',ones(size([1:Nx]')),ones(Nx,1)*cos(tx1),ones(Nx,1)*cos(ty1)];
BBB = [[2*Nx:2*Nx:Ny*Nx]';[Ny*Nx+2:2*Nx:2*Ny*Nx]'];
BE2 = [BBB,3*ones(size([1:Ny]')),ones(Ny,1)*cos(tx2),ones(Ny,1)*cos(ty2)];
CCC = [2*Nx*(Ny-1)+2:2:2*Nx*Ny]';
BE3 = [CCC,2*ones(size([1:Nx]')),ones(Nx,1)*cos(tx3),ones(Nx,1)*cos(ty3)];
DDD = [[1:2*Nx:Nx*(Ny-1)+1]';[Nx*Ny+2:2*Nx:2*Nx*Ny]'];
BE4 = [DDD,3*ones(size([1:Ny]')),ones(Ny,1)*cos(tx4),ones(Ny,1)*cos(ty4)];
%%%%%%   BE 数据生成
%%%%%%   调用三角形网格绘制程序
triangle_grid(JM,JXY);
%%%%%%   调用三角形网格绘制程序
%%%%%%   清除多余变量,存储网格数据
clear Dx Dy  H L Nx Ny i j k
clear t t1 R   AAA BBB CCC DDD
clear tx1 tx2 tx3 tx4
clear ty1 ty2 ty3 ty4
save msh
%%%%%%   清除多余变量,存储网格数据
```

2.3.3 网格图形显示程序

本程序用于绘制三角形网格图形,以验证网格数据是否正确。调用该程序时,需要给定调用参数 JM 和 JXY。创建 triangle_grid.m 文件,并录入如下代码。

```
function triangle_grid(JM,JXY)
E = length(JM); % 读取结点信息矩阵的行数,即单元总数
N = length(JXY);% 读取结点坐标矩阵的函数,即结点总数
x = JXY(:,1); % 建立总的 x 向量
```

```
y = JXY(:,2);% 建立总的 y 向量
ele_num_prnt = 1;% 是否显示单元号码
pnt_num_prnt = 1;% 是否显示结点号码
axis equal;
hold on
del_x = 0.001;del_y = 0;% 单元号放置的位置调整变量
for k = 1:E
    for l = 1:3
        p = JM(k,l);
        xx(l) = x(p);yy(l) = y(p);% 读取一个单元中的对应点的坐标
    end
    xx(4) = xx(1); yy(4) = yy(1);
    plot(xx,yy);
    x_cen = sum(xx(1:3))/3; y_cen = sum(yy(1:3))/3;
    if (ele_num_prnt = =1)% 标记每个单元的单元号码
        text(x_cen-del_x,y_cen-del_y,int2str(k));
    end
end
if (pnt_num_prnt = =1)% 打印结点号
    for n = 1:N
        text(x(n),y(n),['(',int2str(n),')'])
    end
end
axis off
```

2.4 计算结果

求解速度势分布结果如图 2-8 所示。入口和出口速度势差为 $20m^2/s$，相应距离为 $10m$，流场中速度 $u = 2m/s$。

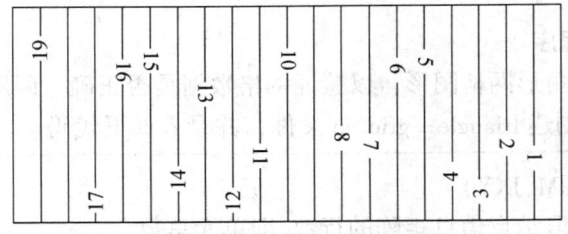

图 2-8 速度势分布

第3章 牛顿流体流动的有限元求解

本章以平行平板间牛顿流体压力拖曳流为例,讲述描述牛顿流体流动的纳维-斯托克斯(Navier-Stocks)方程组的速度-压力有限元法和罚函数有限元法。本章是后续章节的基础,为之后学习打好基础。

3.1 求解实例和数学方程

3.1.1 求解实例

图3-1所示为平行平板空间内牛顿流体进行缓慢定常流动,矩形上表面拖曳速度为 $u = 0.01\text{m/s}$,入口压力为 $p = 1000\text{Pa}$,出口压力为 $p = 0$,底边为固定壁面。流体黏度 $\mu = 1000\text{Pa·s}$。

3.1.2 数学方程

上述问题实际上就是求解定常且忽略惯性项影响情况下的牛顿流体在压力和拖曳复合作用下的二维流场分布。可以使用 Navier-Stocks 方程组描述流体的流动,它是由连续性方程和运动方程组成的。

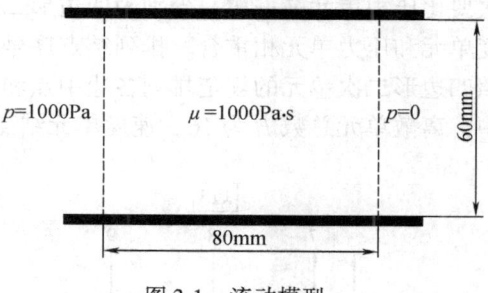

图3-1 流动模型

连续性方程:$\dfrac{\partial u}{\partial x} + \dfrac{\partial v}{\partial y} = 0$ （3.1）

x 方向运动方程:$-\dfrac{\partial p}{\partial x} + \left(\dfrac{\partial \tau_{xx}}{\partial x} + \dfrac{\partial \tau_{xy}}{\partial y}\right) = 0$ （3.2a）

y 方向运动方程:$-\dfrac{\partial p}{\partial y} + \left(\dfrac{\partial \tau_{yx}}{\partial x} + \dfrac{\partial \tau_{yy}}{\partial y}\right) = 0$ （3.2b）

式(3.2)中 τ 为切应力,满足牛顿流体本构方程,即

$$\tau = \begin{pmatrix} \tau_{xx} & \tau_{xy} \\ \tau_{yx} & \tau_{yy} \end{pmatrix} = \mu \dot{\gamma} = \mu \begin{pmatrix} 2\dfrac{\partial u}{\partial x} & \dfrac{\partial u}{\partial y} + \dfrac{\partial v}{\partial x} \\ \dfrac{\partial v}{\partial x} + \dfrac{\partial u}{\partial y} & 2\dfrac{\partial v}{\partial y} \end{pmatrix} \quad (3.3)$$

式中,$\dot{\gamma}$ 为剪切速率,单位为 s^{-1};μ 为黏度,单位为 Pa·s。

3.1.3 边界条件

本章实例涉及两种边界条件——速度边界条件和压力边界条件。

1. 速度边界条件

当已知壁面对流体有拖曳驱动时、壁面固定时或已知入口流量时,所涉及的边界条件均为速度边界条件。值得注意的是,本书中所有涉及壁面的问题均假定满足壁面无滑移假设,即流体速度与壁面速度一致:

$$u|_\Gamma = \hat{u}, \quad v|_\Gamma = \hat{v} \tag{3.4}$$

式中，$\hat{u}$ 和 $\hat{v}$ 为壁面的速度。本实例中，上平板处 $\hat{u} = 0.01$，$\hat{v} = 0$；下平板处 $\hat{u} = 0$，$\hat{v} = 0$。

2. 压力边界条件

当已知入口压力、出口压力时，需要设定壁面法向压力边界条件：

$$p_n|_\Gamma = \hat{p}_n \tag{3.5}$$

式中，$\hat{p}_n$ 为边界处的法向压力。压力方向不同，还需规定压力的正负号：压力方向垂直边界指向流体区域内时，压力数值为正；反之为负。本例中，入口边界压力 $\hat{p}_n = 1000\text{Pa}$、出口边界压力 $\hat{p}_n = 0$。

3.2 速度-压力有限元求解

3.2.1 计算区域的离散

本章求解使用四边形单元对计算区域进行网格离散。为了提高计算精度，速度单元的阶次要比压力单元高一次，分别为四边形二次单元（图3-2）和四边形线性单元（图3-3）。速度单元和压力单元相重合。排列结点序号时，先排列所有四边形线性单元结点号码，然后按照四边形二次单元的规定排列各边中点和单元中心的结点序号，结果如图3-4所示。本实例中，离散单元总数 E 为16，速度单元结点总数 N_z 为81，压力单元结点总数 N_d 为25。

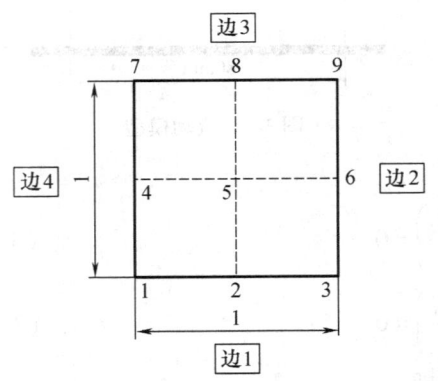

图3-2 标准四边形二次单元

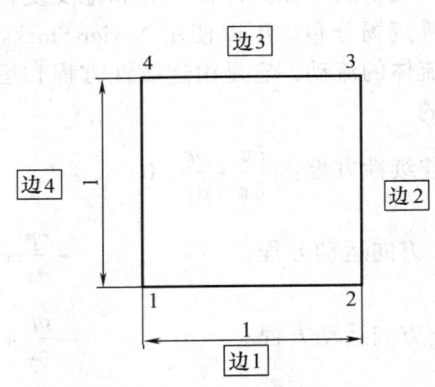

图3-3 标准四边形线性单元

用于有限元计算的网格数据包括速度单元结点数据 JMV、压力单元结点数据 JMP、速度单元结点坐标数据 JXYV、压力单元结点坐标数据 JXYP、速度边界条件 JBV、压力边界条件 JBP、总单元数 E、速度单元总结点数 N_z 和压力单元总结点数 N_d。从图3-4所示的离散网格图可见，JMV 共有 16 行 9 列，JMP 由 JMV 第一列、第四列、第九列和第七列组成。JMV 和 JMP 分别存储速度单元和压力单元所包含的结点序号（见表3-1和表3-2）。JXYV 共计 81 行 2 列，JXYP 为 JXYV 的前 25 行，存储各个结点的坐标数据（见表3-3和表3-4）。JBV 共计 18 行 3 列，存储边界结点号及相应 x 和 y 方向的速度（见表3-5）。JBV 的第一列定义为边界结点数据 BP，BP 数据是在网格离散程序中生成的。主程序中根据计算实例的速度边界情况，调用 BP 数据构成 JBV 数据。有关网格离散程序参见本章3.3.1小节。JBP 共计 8 行 6

列,分别存储处于压力边界条件上的单元号、边界单元的边界边号、边界边的外法线方向余弦 $\cos\theta_x$、边界边的外法线方向余弦 $\cos\theta_y$、边界边第一点处压力值、边界边第二点处压力值(见表3-6)。JBP 的前四列为边界单元数据 BE,BE 数据也是在网格离散程序中生成的。主程序根据计算实例的压力边界情况,调用 BE 数据构成 JBP 数据。

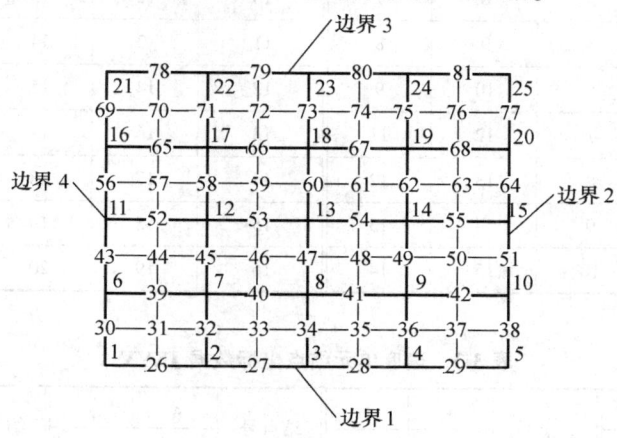

图 3-4 网格离散

表 3-1 速度单元结点数据 JMV

单元号	结点号(JMV 数据)								
1	1	26	2	30	31	32	6	39	7
2	2	27	3	32	33	34	7	40	8
3	3	28	4	34	35	36	8	41	9
4	4	29	5	36	37	38	9	42	10
5	6	39	7	43	44	45	11	52	12
6	7	40	8	45	46	47	12	53	13
7	8	41	9	47	48	49	13	54	14
8	9	42	10	49	50	51	14	55	15
9	11	52	12	56	57	58	16	65	17
10	12	53	13	58	59	60	17	66	18
11	13	54	14	60	61	62	18	67	19
12	14	55	15	62	63	64	19	68	20
13	16	65	17	69	70	71	21	78	22
14	17	66	18	71	72	73	22	79	23
15	18	67	19	73	74	75	23	80	24
16	19	68	20	75	76	77	24	81	25

表 3-2 压力单元结点数据 JMP

单元号	结点号（JMP 数据）				单元号	结点号（JMP 数据）			
1	1	2	7	6	9	11	12	17	16
2	2	3	8	7	10	12	13	18	17
3	3	4	9	8	11	13	14	19	18
4	4	5	10	9	12	14	15	20	19
5	6	7	12	11	13	16	17	22	21
6	7	8	13	12	14	17	18	23	22
7	8	9	14	13	15	18	19	24	23
8	9	10	15	14	16	19	20	25	24

表 3-3 速度单元结点坐标数据 JXYV

| 结点号 | x | y | 结点号 | x | y | 结点号 | x | y | 结点号 | x | y |
	JXYV 数据			JXYV 数据			JXYV 数据			JXYV 数据	
1	0	0	22	2	6	43	0	2.25	64	8	3.75
2	2	0	23	4	6	44	1	2.25	65	1	4.5
3	4	0	24	6	6	45	2	2.25	66	3	4.5
4	6	0	25	8	6	46	3	2.25	67	5	4.5
5	8	0	26	1	0	47	4	2.25	68	7	4.5
6	0	1.5	27	3	0	48	5	2.25	69	0	5.25
7	2	1.5	28	5	0	49	6	2.25	70	1	5.25
8	4	1.5	29	7	0	50	7	2.25	71	2	5.25
9	6	1.5	30	0	0.75	51	8	2.25	72	3	5.25
10	8	1.5	31	1	0.75	52	1	3	73	4	5.25
11	0	3	32	2	0.75	53	3	3	74	5	5.25
12	2	3	33	3	0.75	54	5	3	75	6	5.25
13	4	3	34	4	0.75	55	7	3	76	7	5.25
14	6	3	35	5	0.75	56	0	3.75	77	8	5.25
15	8	3	36	6	0.75	57	1	3.75	78	1	6
16	0	4.5	37	7	0.75	58	2	3.75	79	3	6
17	2	4.5	38	8	0.75	59	3	3.75	80	5	6
18	4	4.5	39	1	1.5	60	4	3.75	81	7	6
19	6	4.5	40	3	1.5	61	5	3.75			
20	8	4.5	41	5	1.5	62	6	3.75			
21	0	6	42	7	1.5	63	7	3.75			

表 3-4 压力单元结点坐标数据 JXYP

结点号	x	y	结点号	x	y	结点号	x	y
	JXYP 数据			JXYP 数据			JXYF 数据	
1	0	0	10	8	1.5	19	6	4.5
2	2	0	11	0	3	20	8	4.5
3	4	0	12	2	3	21	0	6
4	6	0	13	4	3	22	2	6
5	8	0	14	6	3	23	4	6
6	0	1.5	15	8	3	24	6	6
7	2	1.5	16	0	4.5	25	8	6
8	4	1.5	17	2	4.5			
9	6	1.5	18	4	4.5			

表 3-5 速度边界条件 JBV

结点号	u	v	结点号	u	v	结点号	u	v
1	0	0	27	0	0	24	1	0
2	0	0	28	0	0	25	1	0
3	0	0	29	0	0	78	1	0
4	0	0	21	1	0	79	1	0
5	0	0	22	1	0	80	1	0
26	0	0	23	1	0	81	1	0

表 3-6 压力边界条件 JBP

单元号	边界单元的边界边号	$\cos\theta_x$	$\cos\theta_y$	第一点处压力值	第二点处压力值
1	4	1	0	1000	1000
5	4	1	0	1000	1000
9	4	1	0	1000	1000
13	4	1	0	1000	1000
4	2	1	0	0	0
8	2	1	0	0	0
12	2	1	0	0	0
16	2	1	0	0	0

3.2.2 插值函数及其相关计算

确定离散单元类型后,单元内任意一点的速度和压力可分别表示为结点数据与插值函数的乘积之和,即

$$u = \sum_{i=1}^{9} u_i \Phi_i = \boldsymbol{\Phi}^{\mathrm{T}} \boldsymbol{u}_I^e, v = \sum_{i=1}^{9} v_i \Phi_i = \boldsymbol{\Phi}^{\mathrm{T}} \boldsymbol{v}_I^e \tag{3.6}$$

$$p = \sum_{i=1}^{4} p_i \Psi_i = \boldsymbol{\Psi}^T \boldsymbol{p}_I^e \tag{3.7}$$

式中，$\boldsymbol{u}_I^e$ 为单元内各结点 x 方向速度组成的向量；$\boldsymbol{v}_I^e$ 为单元内各结点 y 方向速度组成的向量；$\boldsymbol{p}_I^e$ 为单元内各结点压力组成的向量；$\boldsymbol{\Phi}$ 为速度单元插值函数；$\boldsymbol{\Psi}$ 为压力单元插值函数。速度单元插值函数 $\boldsymbol{\Phi}$ 可表示为

$$\Phi_1 = \frac{1}{4}\xi\eta(\xi-1)(\eta-1) \tag{3.8a}$$

$$\Phi_2 = \frac{1}{2}\eta(1-\xi^2)(\eta-1) \tag{3.8b}$$

$$\Phi_3 = \frac{1}{4}\xi\eta(\xi+1)(\eta-1) \tag{3.8c}$$

$$\Phi_4 = \frac{1}{2}\xi(\xi-1)(1-\eta^2) \tag{3.8d}$$

$$\Phi_5 = (1-\xi^2)(1-\eta^2) \tag{3.8e}$$

$$\Phi_6 = \frac{1}{2}\xi(\xi+1)(1-\eta^2) \tag{3.8f}$$

$$\Phi_7 = \frac{1}{4}\xi\eta(\xi-1)(\eta+1) \tag{3.8g}$$

$$\Phi_8 = \frac{1}{2}\eta(1-\xi^2)(\eta+1) \tag{3.8h}$$

$$\Phi_9 = \frac{1}{4}\xi\eta(\xi+1)(\eta+1) \tag{3.8i}$$

压力单元插值函数 $\boldsymbol{\Psi}$ 可表示为

$$\Psi_1 = \frac{1}{4}(1-\xi)(1-\eta) \tag{3.9a}$$

$$\Psi_2 = \frac{1}{4}(1+\xi)(1-\eta) \tag{3.9b}$$

$$\Psi_3 = \frac{1}{4}(1+\xi)(1+\eta) \tag{3.9c}$$

$$\Psi_4 = \frac{1}{4}(1-\xi)(1+\eta) \tag{3.9d}$$

式（3.8）和式（3.9）列出的单元插值函数均为标准四边形单元插值函数的无量纲形式，式中 $-1 \leqslant \xi \leqslant 1$，$-1 \leqslant \eta \leqslant 1$。任意四边形单元与标准四边形单元的映射关系如图 3-5 所示。

笛卡儿坐标 (x, y) 与无量纲坐标 (ξ, η) 之间的转换关系为

$$\boldsymbol{J} = \begin{pmatrix} \dfrac{\partial x}{\partial \xi} & \dfrac{\partial y}{\partial \xi} \\ \dfrac{\partial x}{\partial \eta} & \dfrac{\partial y}{\partial \eta} \end{pmatrix} \tag{3.10}$$

式中，$\boldsymbol{J}$ 为雅可比矩阵。

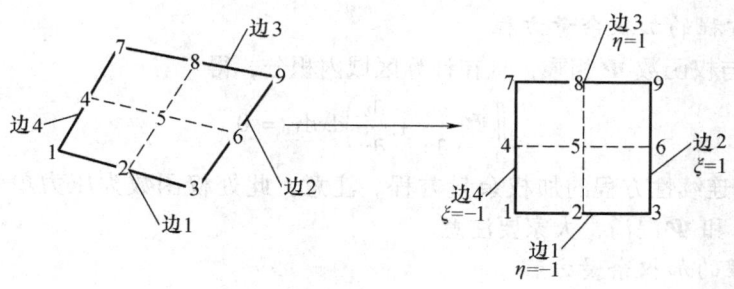

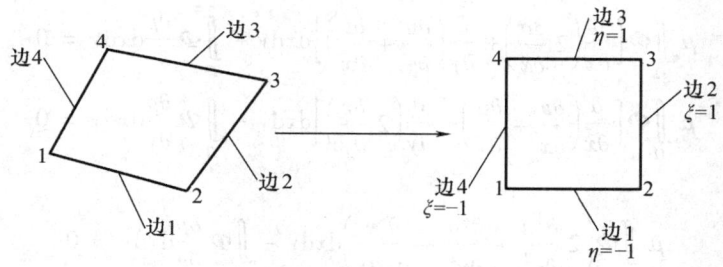

图 3-5 任意四边形单元与标准四边形单元的映射关系

本章我们选用的单元为等参元，单元内任意一点的坐标可以用速度单元插值函数和结点坐标的乘积之和表示，即

$$x = \sum_{i=1}^{9} x_i \Phi_i = \Phi^T x_I^e, \quad y = \sum_{i=1}^{9} y_i \Phi_i = \Phi^T y_I^e \tag{3.11}$$

式中，x_I^e 为单元内各结点 x 坐标组成的向量；y_I^e 为单元内各结点 y 坐标组成的向量。Φ_i 是 ξ 和 η 的函数。所以式（3.10）中 x，y 对 ξ，η 的导数可以表示为

$$\frac{\partial x}{\partial \xi} = \frac{\partial \Phi_1}{\partial \xi} x_1 + \cdots + \frac{\partial \Phi_9}{\partial \xi} x_9 \tag{3.12a}$$

$$\frac{\partial y}{\partial \xi} = \frac{\partial \Phi_1}{\partial \xi} y_1 + \cdots + \frac{\partial \Phi_9}{\partial \xi} y_9 \tag{3.12b}$$

$$\frac{\partial x}{\partial \eta} = \frac{\partial \Phi_1}{\partial \eta} x_1 + \cdots + \frac{\partial \Phi_9}{\partial \eta} x_9 \tag{3.12c}$$

$$\frac{\partial y}{\partial \eta} = \frac{\partial \Phi_1}{\partial \eta} y_1 + \cdots + \frac{\partial \Phi_9}{\partial \eta} y_9 \tag{3.12d}$$

此外，插值函数 Φ 对 x 和 y 的导数与 Φ 对 ξ 和 η 的导数之间的关系满足：

$$\begin{pmatrix} \dfrac{\partial \Phi}{\partial x} \\ \dfrac{\partial \Phi}{\partial y} \end{pmatrix} = J^{-1} \begin{pmatrix} \dfrac{\partial \Phi}{\partial \xi} \\ \dfrac{\partial \Phi}{\partial \eta} \end{pmatrix} \tag{3.13}$$

3.2.3 加权余量方程

本章采用伽辽金有限元方法，其权函数与插值函数一致。

1. 连续性方程的加权余量方程

式（3.1）与权函数 Ψ 相乘，且在计算区域内积分，得

$$\iint_\Omega \Psi \left(\frac{\partial u}{\partial x} + \frac{\partial v}{\partial y} \right) dxdy = 0 \tag{3.14}$$

式（3.14）即为连续性方程的加权余量方程。注意，此处权函数为压力单元插值函数 Ψ，很多同学会把 Φ 和 Ψ 混淆，大家要注意。

2. 运动方程的加权余量方程

将式（3.3）代入式（3.2）后，与权函数 Φ 相乘，且在计算区域内积分，有

$$\mu \iint_\Omega \Phi \left[\frac{\partial}{\partial x}\left(2\frac{\partial u}{\partial x}\right) + \frac{\partial}{\partial y}\left(\frac{\partial u}{\partial y} + \frac{\partial v}{\partial x}\right)\right]dxdy - \iint_\Omega \Phi \frac{\partial p}{\partial x}dxdy = 0 \tag{3.15a}$$

$$\mu \iint_\Omega \Phi \left[\frac{\partial}{\partial x}\left(\frac{\partial v}{\partial x} + \frac{\partial u}{\partial y}\right) + \frac{\partial}{\partial y}\left(2\frac{\partial v}{\partial y}\right)\right]dxdy - \iint_\Omega \Phi \frac{\partial p}{\partial y}dxdy = 0 \tag{3.15b}$$

归纳整理后，得

$$\mu \iint_\Omega \Phi \left(2\frac{\partial^2 u}{\partial x^2} + \frac{\partial^2 u}{\partial y^2} + \frac{\partial^2 v}{\partial x \partial y}\right)dxdy - \iint_\Omega \Phi \frac{\partial p}{\partial x}dxdy = 0 \tag{3.16a}$$

$$\mu \iint_\Omega \Phi \left(\frac{\partial^2 u}{\partial y \partial x} + \frac{\partial^2 v}{\partial x^2} + 2\frac{\partial^2 v}{\partial y^2}\right)dxdy - \iint_\Omega \Phi \frac{\partial p}{\partial y}dxdy = 0 \tag{3.16b}$$

对式（3.16a）中各部分分别进行展开计算：

$$\iint_\Omega \Phi \left(\frac{\partial^2 u}{\partial x^2}\right)dxdy = \iint_\Omega \frac{\partial}{\partial x}\left(\Phi \frac{\partial u}{\partial x}\right)dxdy - \iint_\Omega \frac{\partial \Phi}{\partial x}\frac{\partial u}{\partial x}dxdy$$

$$= \int_\Gamma \left(\Phi \frac{\partial u}{\partial x}\right)\frac{dy}{d\Gamma}d\Gamma - \iint_\Omega \frac{\partial \Phi}{\partial x}\frac{\partial u}{\partial x}dxdy \tag{3.17a}$$

$$\iint_\Omega \Phi \left(\frac{\partial^2 u}{\partial y^2}\right)dxdy = \int_\Gamma \left(\Phi \frac{\partial u}{\partial y}\right)\frac{dx}{d\Gamma}d\Gamma - \iint_\Omega \frac{\partial \Phi}{\partial y}\frac{\partial u}{\partial y}dxdy \tag{3.17b}$$

$$\iint_\Omega \Phi \left(\frac{\partial^2 v}{\partial x \partial y}\right)dxdy = \iint_\Omega \frac{1}{\partial x}\left(\Phi \frac{\partial v}{\partial y}\right)dxdy - \iint_\Omega \frac{\partial \Phi}{\partial x}\frac{\partial v}{\partial y}dxdy$$

$$= \int_\Gamma \left(\Phi \frac{\partial v}{\partial y}\right)\frac{dy}{d\Gamma}d\Gamma - \iint_\Omega \frac{\partial \Phi}{\partial x}\frac{\partial v}{\partial y}dxdy \tag{3.17c}$$

$$\iint_\Omega \Phi \frac{\partial p}{\partial x}dxdy = \iint_\Omega \frac{\partial}{\partial x}(\Phi p)dxdy - \iint_\Omega \left(\frac{\partial \Phi}{\partial x}p\right)dxdy$$

$$= \int_\Gamma (\Phi p)\frac{dy}{d\Gamma}d\Gamma - \iint_\Omega \left(\frac{\partial \Phi}{\partial x}p\right)dxdy$$

$$= \int_\Gamma (\Phi p)\cos\theta_x d\Gamma - \iint_\Omega \left(\frac{\partial \Phi}{\partial x}p\right)dxdy \tag{3.17d}$$

对式（3.16b）中各部分分别进行展开计算：

$$\iint_\Omega \Phi \left(\frac{\partial^2 u}{\partial y \partial x}\right)dxdy = \iint_\Omega \frac{1}{\partial y}\left(\Phi \frac{\partial u}{\partial x}\right)dxdy - \iint_\Omega \frac{\partial \Phi}{\partial y}\frac{\partial u}{\partial x}dxdy$$

$$= \int_\Gamma \left(\Phi \frac{\partial u}{\partial x}\right)\frac{dx}{d\Gamma}d\Gamma - \iint_\Omega \frac{\partial \Phi}{\partial y}\frac{\partial u}{\partial x}dxdy \tag{3.18a}$$

$$\iint_{\Omega} \boldsymbol{\Phi} \left(\frac{\partial^2 v}{\partial x^2} \right) \mathrm{d}x \mathrm{d}y = \int_{\Gamma} \left(\boldsymbol{\Phi} \frac{\partial v}{\partial x} \right) \frac{\mathrm{d}y}{\mathrm{d}\Gamma} \mathrm{d}\Gamma - \iint_{\Omega} \frac{\partial \boldsymbol{\Phi}}{\partial x} \frac{\partial v}{\partial x} \mathrm{d}x \mathrm{d}y \tag{3.18b}$$

$$\iint_{\Omega} \boldsymbol{\Phi} \left(\frac{\partial^2 v}{\partial y^2} \right) \mathrm{d}x \mathrm{d}y = \int_{\Gamma} \left(\boldsymbol{\Phi} \frac{\partial v}{\partial y} \right) \frac{\mathrm{d}x}{\mathrm{d}\Gamma} \mathrm{d}\Gamma - \iint_{\Omega} \frac{\partial \boldsymbol{\Phi}}{\partial y} \frac{\partial v}{\partial y} \mathrm{d}x \mathrm{d}y \tag{3.18c}$$

$$\iint_{\Omega} \boldsymbol{\Phi} \frac{\partial p}{\partial y} \mathrm{d}x \mathrm{d}y = \iint_{\Omega} \frac{\partial}{\partial y} (\boldsymbol{\Phi} p) \mathrm{d}x \mathrm{d}y - \iint_{\Omega} \left(\frac{\partial \boldsymbol{\Phi}}{\partial y} \right) p \, \mathrm{d}x \mathrm{d}y$$

$$= \int_{\Gamma} (\boldsymbol{\Phi} p) \frac{\mathrm{d}x}{\mathrm{d}\Gamma} \mathrm{d}\Gamma - \iint_{\Omega} \left(\frac{\partial \boldsymbol{\Phi}}{\partial y} \right) p \, \mathrm{d}x \mathrm{d}y$$

$$= \int_{\Gamma} (\boldsymbol{\Phi} p) \cos\theta_y \mathrm{d}\Gamma - \iint_{\Omega} \left(\frac{\partial \boldsymbol{\Phi}}{\partial y} \right) p \, \mathrm{d}x \mathrm{d}y \tag{3.18d}$$

将式(3.17)和式(3.18)代入式(3.16)进行整理后得到

$$2\mu \iint_{\Omega} \frac{\partial \boldsymbol{\Phi}}{\partial x} \frac{\partial u}{\partial x} \mathrm{d}x\mathrm{d}y + \mu \iint_{\Omega} \frac{\partial \boldsymbol{\Phi}}{\partial y} \frac{\partial u}{\partial y} \mathrm{d}x\mathrm{d}y + \mu \iint_{\Omega} \frac{\partial \boldsymbol{\Phi}}{\partial x} \frac{\partial v}{\partial y} \mathrm{d}x\mathrm{d}y - \iint_{\Omega} \left(\frac{\partial \boldsymbol{\Phi}}{\partial x} \right) p \, \mathrm{d}x\mathrm{d}y =$$

$$2\mu \int_{\Gamma} \left(\boldsymbol{\Phi} \frac{\partial u}{\partial x} \right) \frac{\mathrm{d}y}{\mathrm{d}\Gamma} \mathrm{d}\Gamma + \mu \int_{\Gamma} \left(\boldsymbol{\Phi} \frac{\partial u}{\partial y} \right) \frac{\mathrm{d}x}{\mathrm{d}\Gamma} \mathrm{d}\Gamma + \mu \int_{\Gamma} \left(\boldsymbol{\Phi} \frac{\partial v}{\partial y} \right) \frac{\mathrm{d}y}{\mathrm{d}\Gamma} \mathrm{d}\Gamma - \int_{\Gamma} (\boldsymbol{\Phi} p) \cos\theta_x \mathrm{d}\Gamma$$

$$\tag{3.19a}$$

$$\mu \iint_{\Omega} \frac{\partial \boldsymbol{\Phi}}{\partial y} \frac{\partial u}{\partial x} \mathrm{d}x\mathrm{d}y + \mu \iint_{\Omega} \frac{\partial \boldsymbol{\Phi}}{\partial x} \frac{\partial v}{\partial x} \mathrm{d}x\mathrm{d}y + 2\mu \iint_{\Omega} \frac{\partial \boldsymbol{\Phi}}{\partial y} \frac{\partial v}{\partial y} \mathrm{d}x\mathrm{d}y - \iint_{\Omega} \left(\frac{\partial \boldsymbol{\Phi}}{\partial y} \right) p \, \mathrm{d}x\mathrm{d}y =$$

$$\mu \int_{\Gamma} \left(\boldsymbol{\Phi} \frac{\partial u}{\partial x} \right) \frac{\mathrm{d}x}{\mathrm{d}\Gamma} \mathrm{d}\Gamma + \mu \int_{\Gamma} \left(\boldsymbol{\Phi} \frac{\partial v}{\partial x} \right) \frac{\mathrm{d}y}{\mathrm{d}\Gamma} \mathrm{d}\Gamma + 2\mu \int_{\Gamma} \left(\boldsymbol{\Phi} \frac{\partial v}{\partial y} \right) \frac{\mathrm{d}x}{\mathrm{d}\Gamma} \mathrm{d}\Gamma - \int_{\Gamma} (\boldsymbol{\Phi} p) \cos\theta_y \mathrm{d}\Gamma$$

$$\tag{3.19b}$$

式(3.19)即为运动方程(3.2)的加权余量方程。通常情况下,等式右边前三项为零,第四项作为压力边界条件项,在给定压力边界时可进行计算。

3.2.4 单元方程的建立

1. 连续性方程的单元方程

将式(3.14)的积分区域由整个区域转换为单元区域,得到

$$\iint_{\Omega^e} \boldsymbol{\Psi} \left(\frac{\partial u}{\partial x} + \frac{\partial v}{\partial y} \right) \mathrm{d}x\mathrm{d}y = 0 \tag{3.20}$$

将式(3.6)代入式(3.20)得到

$$\iint_{\Omega^e} \boldsymbol{\Psi} \left(\frac{\partial \boldsymbol{\Phi}^\mathrm{T} \boldsymbol{u}_I^e}{\partial x} + \frac{\partial \boldsymbol{\Phi}^\mathrm{T} \boldsymbol{v}_I^e}{\partial y} \right) \mathrm{d}x\mathrm{d}y = 0 \tag{3.21}$$

进一步展开得到

$$\left[\iint_{\Omega^e} \boldsymbol{\Psi} \left(\frac{\partial \boldsymbol{\Phi}^\mathrm{T}}{\partial x} \right) \mathrm{d}x\mathrm{d}y \right] \boldsymbol{u}_I^e + \left[\iint_{\Omega^e} \boldsymbol{\Psi} \left(\frac{\partial \boldsymbol{\Phi}^\mathrm{T}}{\partial y} \right) \mathrm{d}x\mathrm{d}y \right] \boldsymbol{v}_I^e = 0 \tag{3.22}$$

简化形式为

$$B_1^e \boldsymbol{u}_I^e + B_2^e \boldsymbol{v}_I^e = 0 \tag{3.23}$$

式中,

$$B_1^e = \iint_{\Omega^e} \boldsymbol{\Psi} \left(\frac{\partial \boldsymbol{\Phi}^\mathrm{T}}{\partial x} \right) \mathrm{d}x\mathrm{d}y = \int_{-1}^{1} \int_{-1}^{1} \left[\boldsymbol{\Psi} \left(\frac{\partial \boldsymbol{\Phi}}{\partial x} \right) \right] |\boldsymbol{J}| \mathrm{d}\xi\mathrm{d}\eta \tag{3.24}$$

$$B_2^e = \iint_{\Omega^e} \boldsymbol{\Psi}\left(\frac{\partial \boldsymbol{\Phi}^T}{\partial y}\right) dxdy = \int_{-1}^{1}\int_{-1}^{1} \left[\boldsymbol{\Psi}\left(\frac{\partial \boldsymbol{\Phi}}{\partial y}\right)\right]|\boldsymbol{J}|d\xi d\eta \qquad (3.25)$$

根据式（3.9）、式（3.10）和式（3.13）可知，以上两式中 $\boldsymbol{\Psi}$，$\boldsymbol{J}$，$\dfrac{\partial \boldsymbol{\Phi}}{\partial x}$ 和 $\dfrac{\partial \boldsymbol{\Phi}}{\partial y}$ 均为 ξ 和 η 的函数。为进行编程计算，需使用数值积分方法完成相关积分。高斯积分是常用的数值积分方法：

$$\int_{-1}^{1}\int_{-1}^{1} f(\xi,\eta) d\xi d\eta = \sum_{i=1}^{6}\sum_{j=1}^{6} w_i w_j f(\xi_i,\eta_j) \qquad (3.26)$$

式中，w_i 和 w_j 为积分权；ξ_i 和 η_j 为积分点：

$$w_i = w_j：0.17132 \quad 0.36076 \quad 0.46791 \quad 0.17132 \quad 0.36076 \quad 0.46791$$
$$\xi_i = \eta_j：0.93247 \quad 0.66121 \quad 0.23862 \quad -0.93247 \quad -0.66121 \quad -0.23862$$

将 B_1^e 和 B_2^e 积分转换为数值积分：

$$B_1^e = \sum_{i=1}^{6}\sum_{j=1}^{6} w_i w_j \left[\boldsymbol{\Psi}\left(\frac{\partial \boldsymbol{\Phi}}{\partial x}\right)\right]|\boldsymbol{J}| \qquad (3.27)$$

$$B_2^e = \sum_{i=1}^{6}\sum_{j=1}^{6} w_i w_j \left[\boldsymbol{\Psi}\left(\frac{\partial \boldsymbol{\Phi}}{\partial y}\right)\right]|\boldsymbol{J}| \qquad (3.28)$$

2. 运动方程的单元方程

将式（3.19a）的积分区域转换为单元区域，得到

$$2\mu\iint_{\Omega^e}\frac{\partial \boldsymbol{\Phi}}{\partial x}\frac{\partial u}{\partial x}dxdy + \mu\iint_{\Omega^e}\frac{\partial \boldsymbol{\Phi}}{\partial y}\frac{\partial u}{\partial y}dxdy + \mu\iint_{\Omega^e}\frac{\partial \boldsymbol{\Phi}}{\partial x}\frac{\partial v}{\partial y}dxdy - \iint_{\Omega^e}\left(\frac{\partial \boldsymbol{\Phi}}{\partial x}p\right)dxdy$$
$$= -\int_{\Gamma^e}(\boldsymbol{\Phi}p)\cos\theta_x d\Gamma \qquad (3.29)$$

将式（3.6）和式（3.7）代入式（3.29）等式左边得到

$$\left[2\mu\iint_{\Omega^e}\frac{\partial \boldsymbol{\Phi}}{\partial x}\frac{\partial \boldsymbol{\Phi}^T}{\partial x}dxdy + \mu\iint_{\Omega^e}\frac{\partial \boldsymbol{\Phi}}{\partial y}\frac{\partial \boldsymbol{\Phi}^T}{\partial y}dxdy\right]\boldsymbol{u}_I^e + \left[\mu\iint_{\Omega^e}\frac{\partial \boldsymbol{\Phi}}{\partial x}\frac{\partial \boldsymbol{\Phi}^T}{\partial y}dxdy\right]\boldsymbol{v}_I^e$$
$$- \left[\iint_{\Omega^e}\left(\frac{\partial \boldsymbol{\Phi}}{\partial x}\boldsymbol{\Psi}^T\right)dxdy\right]\boldsymbol{p}_I^e = D_{11}^e \boldsymbol{u}_I^e + D_{12}^e \boldsymbol{v}_I^e - C_1 \boldsymbol{p}_I^e \qquad (3.30a)$$

将式（3.7）代入式（3.29）等式右边得到

$$-\int_{\Gamma^e}(\boldsymbol{\Phi}p)\cos\theta_x d\Gamma = -\int_{\Gamma^e}(\boldsymbol{\Phi}\boldsymbol{\Psi}^T \boldsymbol{p}_I^e)\cos\theta_x d\Gamma = -F_1^e \qquad (3.30b)$$

这样，式（3.19a）转换为

$$D_{11}^e \boldsymbol{u}_I^e + D_{12}^e \boldsymbol{v}_I^e - C_1 \boldsymbol{p}_I^e = -F_1^e \qquad (3.31a)$$

同样过程，处理式（3.19b）得到

$$D_{21}^e \boldsymbol{u}_I^e + D_{22}^e \boldsymbol{v}_I^e - C_2 \boldsymbol{p}_I^e = -F_2^e \qquad (3.31b)$$

式中，

$$D_{11}^e = 2\mu\iint_{\Omega^e}\frac{\partial \boldsymbol{\Phi}}{\partial x}\frac{\partial \boldsymbol{\Phi}^T}{\partial x}dxdy + \mu\iint_{\Omega^e}\frac{\partial \boldsymbol{\Phi}}{\partial y}\frac{\partial \boldsymbol{\Phi}^T}{\partial y}dxdy \qquad (3.32a)$$

$$D_{12}^e = \mu\iint_{\Omega^e}\frac{\partial \boldsymbol{\Phi}}{\partial x}\frac{\partial \boldsymbol{\Phi}^T}{\partial y}dxdy \qquad (3.32b)$$

$$D_{21}^e = \mu \iint_{\Omega^e} \frac{\partial \boldsymbol{\Phi}}{\partial y} \frac{\partial \boldsymbol{\Phi}^{\mathrm{T}}}{\partial x} \mathrm{d}x\mathrm{d}y \tag{3.32c}$$

$$D_{22}^e = 2\mu \iint_{\Omega^e} \frac{\partial \boldsymbol{\Phi}}{\partial y} \frac{\partial \boldsymbol{\Phi}^{\mathrm{T}}}{\partial y} \mathrm{d}x\mathrm{d}y + \mu \iint_{\Omega^e} \frac{\partial \boldsymbol{\Phi}}{\partial x} \frac{\partial \boldsymbol{\Phi}^{\mathrm{T}}}{\partial x} \mathrm{d}x\mathrm{d}y \tag{3.32d}$$

$$C_1^e = \iint_{\Omega^e} \left(\frac{\partial \boldsymbol{\Phi}}{\partial x} \boldsymbol{\Psi}^{\mathrm{T}} \right) \mathrm{d}x\mathrm{d}y \tag{3.32e}$$

$$C_2^e = \iint_{\Omega^e} \left(\frac{\partial \boldsymbol{\Phi}}{\partial y} \boldsymbol{\Psi}^{\mathrm{T}} \right) \mathrm{d}x\mathrm{d}y \tag{3.32f}$$

$$F_1^e = \int_{\Gamma^e} (\boldsymbol{\Phi}\boldsymbol{\Psi}^{\mathrm{T}} \boldsymbol{p}_I^e) \cos\theta_x \mathrm{d}\Gamma \tag{3.32g}$$

$$F_2^e = \int_{\Gamma^e} (\boldsymbol{\Phi}\boldsymbol{\Psi}^{\mathrm{T}} \boldsymbol{p}_I^e) \cos\theta_y \mathrm{d}\Gamma \tag{3.32h}$$

在编程时,需将以上各单元方程子块积分转换为数值积分:

$$D_{11}^e = \mu \sum_{i=1}^{6} \sum_{j=1}^{6} w_i w_j \left(2 \frac{\partial \boldsymbol{\Phi}}{\partial x} \frac{\partial \boldsymbol{\Phi}^{\mathrm{T}}}{\partial x} + \frac{\partial \boldsymbol{\Phi}}{\partial y} \frac{\partial \boldsymbol{\Phi}^{\mathrm{T}}}{\partial y} \right) |\boldsymbol{J}| \tag{3.33a}$$

$$D_{12}^e = \mu \sum_{i=1}^{6} \sum_{j=1}^{6} w_i w_j \left(\frac{\partial \boldsymbol{\Phi}}{\partial x} \frac{\partial \boldsymbol{\Phi}^{\mathrm{T}}}{\partial y} \right) |\boldsymbol{J}| \tag{3.33b}$$

$$D_{21}^e = \mu \sum_{i=1}^{6} \sum_{j=1}^{6} w_i w_j \left(\frac{\partial \boldsymbol{\Phi}}{\partial y} \frac{\partial \boldsymbol{\Phi}^{\mathrm{T}}}{\partial x} \right) |\boldsymbol{J}| \tag{3.33c}$$

$$D_{22}^e = \mu \sum_{i=1}^{6} \sum_{j=1}^{6} w_i w_j \left(2 \frac{\partial \boldsymbol{\Phi}}{\partial y} \frac{\partial \boldsymbol{\Phi}^{\mathrm{T}}}{\partial y} + \frac{\partial \boldsymbol{\Phi}}{\partial x} \frac{\partial \boldsymbol{\Phi}^{\mathrm{T}}}{\partial x} \right) |\boldsymbol{J}| \tag{3.33d}$$

$$C_1^e = \sum_{i=1}^{6} \sum_{j=1}^{6} w_i w_j \left(\frac{\partial \boldsymbol{\Phi}}{\partial x} \boldsymbol{\Psi}^{\mathrm{T}} \right) |\boldsymbol{J}| \tag{3.33e}$$

$$C_2^e = \sum_{i=1}^{6} \sum_{j=1}^{6} w_i w_j \left(\frac{\partial \boldsymbol{\Phi}}{\partial y} \boldsymbol{\Psi}^{\mathrm{T}} \right) |\boldsymbol{J}| \tag{3.33f}$$

$$F_1^e = \sum_{i=1}^{6} w_i [(\boldsymbol{\Phi}\boldsymbol{\Psi}^{\mathrm{T}} \boldsymbol{p}_I^e) \cos\theta_x] |\boldsymbol{J}| \tag{3.33g}$$

$$F_2^e = \sum_{i=1}^{6} w_i [(\boldsymbol{\Phi}\boldsymbol{\Psi}^{\mathrm{T}} \boldsymbol{p}_I^e) \cos\theta_y] |\boldsymbol{J}| \tag{3.33h}$$

综合式 (3.23) 和式 (3.31) 有

$$\begin{pmatrix} D_{11}^e & D_{12}^e & -C_1^e \\ D_{21}^e & D_{22}^e & -C_2^e \\ B_1^e & B_2^e & 0 \end{pmatrix} \begin{pmatrix} \boldsymbol{u}_I^e \\ \boldsymbol{v}_I^e \\ \boldsymbol{p}_I^e \end{pmatrix} = \begin{pmatrix} -F_1^e \\ -F_2^e \\ 0 \end{pmatrix} \tag{3.34}$$

F_i^e 的计算需要查阅 JBP 数据。以表 3-6 中 JBP 的第 1 行为例,第 1 列显示边界单元序号为 1,第 2 列显示边界边号为 4。也就是说,压力单元 1 第 4 个边处于压力边界条件上。根据标准四边形单元规定 (图 3-3),单元边 4 上为单元内第 4 结点和第 1 结点;第 3 列和第 4 列分别给出了边界边外法线方向与 x 轴正向和 y 轴正向夹角的方向余弦;第 5 列和第 6 列给出了单元内第 4 结点和第 1 结点处的压力值 1000Pa 和 1000Pa。根据边界边的单元内序号,F_i^e 表达式中速度插值函数和压力插值函数需要进行适当处理。当边界边号为 4,此边特征值为 $\xi = -1$,代入插值函数式 (3.8) 和式 (3.9),得到

$$\boldsymbol{\Phi} = \begin{pmatrix} \frac{1}{2}\eta(\eta-1) \\ 0 \\ 0 \\ (1-\eta^2) \\ 0 \\ 0 \\ \frac{1}{2}\eta(\eta+1) \\ 0 \\ 0 \end{pmatrix} \quad (3.35)$$

$$\boldsymbol{\Psi} = \begin{pmatrix} \frac{1}{2}(1-\eta) \\ 0 \\ 0 \\ \frac{1}{2}(1+\eta) \end{pmatrix} \quad (3.36)$$

当边界边号为 1，此边特征值为 $\eta = -1$；当边界边号为 2，此边特征值为 $\xi = 1$；当边界边号为 3，此边特征值为 $\eta = 1$。分别将其代入插值函数式 (3.8) 和式 (3.9) 进行处理结果不再累述。F_i^e 中 $\boldsymbol{p}_I^e$ 同样需要根据边界边号进行编写。对于边界边号为 4 的情况，第 4 结点和第 1 结点处于边界上，这样 $\boldsymbol{p}_I^e$ 为

$$\boldsymbol{p}_I^e = (1000 \quad 0 \quad 0 \quad 1000)^T \quad (3.37)$$

3.2.5 总体方程的组合

对应单元方程 (3.34) 的总体方程为

$$\begin{pmatrix} D_{11} & D_{12} & -C_1 \\ D_{21} & D_{22} & -C_2 \\ B_1 & B_2 & 0 \end{pmatrix} \begin{pmatrix} u_I \\ v_I \\ p_I \end{pmatrix} = \begin{pmatrix} -F_1 \\ -F_2 \\ 0 \end{pmatrix} \quad (3.38)$$

式中，对于 $\boldsymbol{B}$，$\boldsymbol{C}$，$\boldsymbol{D}$ 和 $\boldsymbol{F}$ 要分别进行组合。

1. **$\boldsymbol{D}$ 子块的组合**

组合前，需初始化 D_{ij} 子块各元素全部为零，其大小为 $N_z \times N_z$。组合时需要利用 JMV 数据进行对位求和。对于第 i 个单元来说，进行双层循环求和，第一层循环指标 m 等于 1 到 JMV 的列数（本例为 9），第二层循环指标 n 也是由 1 到 JMV 的列数（本例为 9），对于一组 m 和 n，查找 JMV (i, m) 和 JMV (i, n) 对应数值，并完成如下累加计算：

$$D(\mathrm{JMV}(i,m), \mathrm{JMV}(i,n)) = D(\mathrm{JMV}(i,m), \mathrm{JMV}(i,n)) + D_{(m,n)}^{e(i)} \quad (3.39)$$

值得注意的是，m 和 n 就是第 i 个单元 D_{ij}^e 数据各个元素对应的单元内部结点序号，JMV (i, m) 和 JMV (i, n) 对应数值为第 i 个单元 D_{ij}^e 数据各元素对应的总体结点序号。

2. **$\boldsymbol{C}$ 子块的组合**

组合前，需初始化 C_i 子块各元素全部为零，其大小为 $N_z \times N_d$。组合时需要利用 JMV 数

据和 JMP 数据进行对位求和。对于第 i 个单元来说,进行双层循环求和,第一层循环指标 m 等于 1 到 JMV 的列数(本例为 9),第二层循环指标 n 是由 1 到 JMP 的列数(本例为 4),对于一组 m 和 n,查找 JMV(i,m) 和 JMP(i,n) 对应数值,并完成如下累加计算:

$$C(\text{JMV}(i,m),\text{JMP}(i,n)) = C(\text{JMV}(i,m),\text{JMP}(i,n)) + C_{(m,n)}^{e(i)} \quad (3.40)$$

值得注意的是,m 和 n 就是第 i 个单元 C_i^e 数据各个元素对应的单元内部结点序号,JMV(i,m) 和 JMP(i,n) 对应数值为第 i 个单元 C_i^e 数据各元素对应的总体结点序号。

3. $\boldsymbol{B}$ 子块的组合

组合前,需初始化 B_i 子块各元素全部为零,其大小为 $N_d \times N_z$。组合时需要利用 JMV 数据和 JMP 数据进行对位求和。对于第 i 个单元来说,进行双层循环求和,第一层循环指标 m 等于 1 到 JMP 的列数(本例为 4),第二层循环指标 n 是由 1 到 JMV 的列数(本例为 9),对于一组 m 和 n,查找 JMV(i,m) 和 JMP(i,n) 对应数值,并完成如下累加计算:

$$B(\text{JMV}(i,m),\text{JMP}(i,n)) = B(\text{JMV}(i,m),\text{JMP}(i,n)) + B_{(m,n)}^{e(i)} \quad (3.41)$$

值得注意的是,m 和 n 就是第 i 个单元 B_i^e 数据各个元素对应的单元内部结点序号,JMV(i,m) 和 JMP(i,n) 对应数值为第 i 个单元 B_i^e 数据各元素对应的总体结点序号。

4. $\boldsymbol{F}$ 子块的组合

组合前,需初始化 F_i 子块各元素全部为零,其大小为 $N_d \times N_z$。组合时需要利用 JBP 数据和 JMV 数据进行对位求和。对于第 i 个处于压力边界条件上的单元来说,根据 JBP 中第 i 行的第一个元素 JBP$(i,1)$ 确定单元序号。然后根据单元序号,查找 JMV 对应行,并进行循环求和。循环指标 m 等于 1 到 JMV 的列数(本例为 9),对应每一个 m,查找 JMV(JBP$(i,1),m$) 对应数值,并完成如下累加计算:

$$F(\text{JMV}(\text{JBP}(i,1),m),1) = F(\text{JMV}(\text{JBP}(i,1),m),1) + F_{(m,1)}^{e(i)} \quad (3.42)$$

值得注意的是,m 是第 i 个边界单元 F_i^e 数据各个元素对应的单元内部结点序号,JMV(JBP$(i,1),m$) 对应数值为该边界单元 F_i^e 数据各元素对应的总体结点序号。

3.2.6 求解流程

使用速度-压力有限元的求解流程为:

A. 读取网格数据,数据中包括速度单元结点数据 JMV、速度单元结点坐标数据 JXYV、压力单元结点数据 JMP、压力单元坐标数据 JXYP、单元总数 E、结点总数 N_z、各边界结点数据 BP$_i$ 和各边界单元数据 BE$_i$。

B. 设定物料黏度。

C. 根据实际情况编写边界条件数据 JBV 和 JBP。如果某个边界存在速度边界条件,则将该边界对应的 BP$_i$ 数据与边界结点 x 和 y 方向速度数值一起组成 JBV 数据;如果某个边界存在压力边界条件,则将该边界对应的 BE$_i$ 数据与边界单元边界边上的各个结点压力值一起组成 JBP 数据。

D. 初始化总体方程各个数据子块。

E. 逐个单元计算单元方程系数矩阵各子块 D_{11}^e,D_{12}^e,D_{21}^e,D_{22}^e,C_1^e 和 C_2^e,并组合到总体方程系数矩阵子块 D_{11},D_{12},D_{21},D_{22},C_1 和 C_2 中。

F. 如果存在压力边界条件,则需根据 JBP 数据,计算每一个含有压力边界单元的 F_1^e 和 F_2^e 子块,并组合到总体方程右边向量子块 F_1 和 F_2 中。

G. 将 D_{11}，D_{12}，D_{21}，D_{22}，C_1，C_2，F_1 和 F_2 组合成总体方程。

H. 采用乘大数代入法或对角线归一法将速度边界条件数据 JBV 代入总体方程；对于结点 x 方向速度分量 u，对应总体方程行（列）号为结点序号；对于结点 y 方向速度分量 v，对应总体方程行（列）号为结点序号加上 N_z。

I. 清除内存中多余变量，并计算方程。

J. 输出后处理所用数据结果后，清除多余变量，并存储计算结果。

3.3 速度-压力有限元程序

3.3.1 网格离散程序

本程序使用四边形二次单元对矩形区域进行网格划分。程序中可以通过修改长度 L、宽度 H 及平面旋转角度 θ，改变计算区域的大小和旋转角度。通过调整长度方向网格分段数 N_x 和宽度方向网格分段数 N_y，可调整离散网格数量。运行程序后，使用本章 3.3.9 小节矩形网格绘制程序"rectangle_grid.m"验证网格数据是否正确，并将结果保存为 msh.mat 文件，供主程序调用。网格数据中包括速度单元结点数据 JMV、压力单元结点数据 JMP、速度单元结点坐标数据 JXYV、压力单元结点坐标数据 JXYP、单元总数 E、速度单元结点总数 N_z、压力单元结点总数 N_d、边界结点数据 BP1～BP4 和边界单元数据 BE1～BE4。其中 BP1～BP4 存储如图 3-4 所示 1～4 边界上结点序号，BE1～BE4 存储 1～4 边界上的边界单元序号、边界单元中处于边界上的边的序号和边界单元边界边的外法线方向余弦。针对图 3-4 所示的网格划分结果，上述各组数据的相关信息见表 3-7。创建 grid_generation_juxing.m 文件，并录入以下代码。

表 3-7 网格数据基本信息

名 称	符号	数值	数据量
单元总数	E	16	1×1
速度单元结点总数	N_z	25	1×1
压力单元结点总数	N_d	81	1×1
速度单元结点数据	JMV	—	16×9
压力单元结点数据	JMP	—	16×4
速度单元结点坐标数据	JXYV	—	81×2
压力单元结点坐标数据	JXYP	—	25×2
边界结点数据	BP1	—	1×9
边界结点数据	BP2	—	9×1
边界结点数据	BP3	—	1×9
边界结点数据	BP4	—	9×1
边界单元数据	BE1	—	1×4
边界单元数据	BE2	—	4×1
边界单元数据	BE3	—	1×4
边界单元数据	BE4	—	4×1

```
clc
clear
clf
%%%%%%%   区域几何尺寸及网格划分参数
H = 0.06;    %区域总高,单位为 m
L = 0.08;    %区域总长,单位为 m
Nx = 4;      %水平方向的网格数量
Ny = 4;      %竖直方向的网格数量
theta = 0;   %网格平面旋转角度
%%%%%%%   区域几何尺寸及网格划分参数
%%%%%%%   总单元数和结点数
E = Nx * Ny;              %总单元数
Nz = (2 * Nx + 1) * (2 * Ny + 1);    %二次单元结点总数
Nd = (Nx + 1) * (Ny + 1);            %线性单元结点总数
%%%%%%%   总单元数和结点数
%%%%%%%   单元间距
Dx = L/Nx/2;   %水平方向网格间距
Dy = H/Ny/2;   %竖直方向网格间距
%%%%%%%   单元间距
%%%%%%%   结点分布拓扑
AAA = zeros(Ny * 2 + 1, Nx * 2 + 1);
for i = 1:2:2 * Nx + 1
    AAA(1,i) = (i + 1)/2;
end
for i = 1:Nx
    AAA(1, 2 * i) = (Nx + 1) * (Ny + 1) + i;
end
for i = 1:2 * Nx + 1
    AAA(2,i) = (Nx + 1) * (Ny + 1) + Nx + i;
end
  for j = 3:2:2 * Ny + 1
    for i = 1:2:2 * Nx + 1
        AAA(j,i) = (i + 1)/2 + (Nx + 1) * (j - 1)/2;
    end
  end
end
for j = 3:2:2 * Ny + 1
  for i = 1:Nx
      AAA(j, 2 * i) = (Nx + 1) * (Ny + 1) + (Nx + 2 * Nx + 1) * (j - 1)/2 + i;
```

```
            end
        end
for j = 4:2:2 * Ny
    for i = 1:2 * Nx + 1
        AAA(j,i) = (Nx + 1) * (Ny + 1) + (j/2) * Nx + (2 * Nx + 1) * (j/2 - 1) + i;
    end
end
%%%%%%%    结点分布拓扑
%%%%%%%    四边形二次单元 JXYV 生成
for i = 1:2 * Ny + 1
    for j = 1:2 * Nx + 1
        JXYV(AAA(i,j),1) = Dx * (j - 1);
        JXYV(AAA(i,j),2) = Dy * (i - 1);
    end
end
%%%%%%%    四边形二次单元 JXYV 生成
%%%%%%%    网格平面旋转
for i = 1:length(JXYV(:,1))
    R = sqrt((JXYV(i,1) + 1)^2 + JXYV(i,2)^2);
    theta1 = atan(JXYV(i,2)/(JXYV(i,1) + 1));
    JXYV(i,1) = R * cos(theta/180 * pi + theta1);
    JXYV(i,2) = R * sin(theta/180 * pi + theta1);
end
%%%%%%%    网格平面旋转
%%%%%%%    四边形二次单元 JMV 生成
k = 0;
for i = 1:Ny
    for j = 1:Nx
        k = k + 1;
        JMV(k,:) = [AAA(2 * i - 1,2 * j - 1),AAA(2 * i - 1,2 * j),...
            AAA(2 * i - 1,2 * j + 1),AAA(2 * i,2 * j - 1),AAA(2 * i,2 * j),...
            AAA(2 * i,2 * j + 1),AAA(2 * i + 1,2 * j - 1),AAA(2 * i + 1,2 * j),...
            AAA(2 * i + 1,2 * j + 1),];
    end
end
%%%%%%%    四边形二次单元 JMV 生成
%%%%%%%    四边形线性单元 JMP 和 JXYP 生成
JMP = [JMV(:,1),JMV(:,3),JMV(:,9),JMV(:,7)];
```

```
JXYP = JXYV([1:Nd],:);
%%%%%% 四边形线性单元 JMP 和 JXYP 生成
%%%%%% BP 数据生成
BP1 = AAA(1,:);
BP2 = AAA(:,2*Nx+1);
BP3 = AAA(2*Ny+1,:);
BP4 = AAA(:,1);
%%%%%% BP 数据生成
%%%%%% BE 数据生成
thetax1 = pi/2 - theta/180*pi;        % 1 号边界外法线方向与 x 轴夹角
thetay1 = pi - theta/180*pi;          % 1 号边界外法线方向与 y 轴夹角
thetax2 = theta/180*pi;               % 2 号边界外法线方向与 x 轴夹角
thetay2 = pi/2 - thetax2;             % 2 号边界外法线方向与 y 轴夹角
thetax3 = pi - pi/2 + theta/180*pi;   % 3 号边界外法线方向与 x 轴夹角
thetay3 = pi - theta/180*pi + pi;     % 3 号边界外法线方向与 y 轴夹角
thetax4 = (180 + theta)/180*pi;       % 4 号边界外法线方向与 x 轴夹角
thetay4 = pi/2 + theta/180*pi;        % 4 号边界外法线方向与 y 轴夹角
AAA1 = ones(Nx,1)*cos(thetax1);% 底边方向余弦
AAA2 = ones(Nx,1)*cos(thetay1);% 底边方向余弦
BBB1 = ones(Ny,1)*cos(thetax2);% 右侧边方向余弦
BBB2 = ones(Ny,1)*cos(thetay2);% 右侧边方向余弦
CCC1 = ones(Nx,1)*cos(thetax3);% 上边方向余弦
CCC2 = ones(Nx,1)*cos(thetay3);% 上边方向余弦
DDD1 = ones(Ny,1)*cos(thetax4);% 左侧边方向余弦
DDD2 = ones(Ny,1)*cos(thetay4);% 左侧边方向余弦
BE1 = [[1:Nx]',ones(size([1:Nx]')),AAA1,AAA2];
BE2 = [[Nx:Nx:Ny*Nx]',2*ones(size([1:Ny]')),BBB1,BBB2];
BE3 = [[Nx*(Ny-1)+1:Nx*Ny]',3*ones(size([1:Nx]')),CCC1,CCC2];
BE4 = [[1:Nx:(Ny-1)*Nx+1]',4*ones(size([1:Ny]')),DDD1,DDD2];
%%%%%% BE 数据生成
%%%%%% 调用四边形网格绘制程序
rectangle_grid(JMP,JXYV);
%%%%%% 调用四边形网格绘制程序
%%%%%% 清除多余变量,存储网格数据
clear Dx Dy   H L Nx Ny i j k
clear theta theta1 R   AAA
clear thetax1 thetax2 thetax3 thetax4
clear thetay1 thetay2 thetay3 thetay4
```

```
save msh
%%%%%%  清除多余变量,存储网格数据
```

3.3.2 主程序

主程序按照 3.2.6 小节流程编写。其中单元方程系数矩阵和右边向量各子块的计算都有独立的子程序。主程序将单元结点坐标数据作为调用这些函数的实参调用子函数,完成单元子块的计算,并根据 JMV 和 JMP 数据将单元子块组装到总体子块中。主程序计算得到的压力为压力单元各个结点的压力值,为了后处理方便,调用 Pding2Pzong.m 程序进行单元内压力插值计算所有速度结点上的压力值。计算完成后,按照 Tecplot 后处理软件所需的数据要求,输出计算结果,并存储计算结果。最后,为进行对比分析,编写了出口结点速度输出代码。创建 main_newton.m 文件,并录入以下代码。

```
clc
clear
%%%%%%%%%%%%%%%%%%%%%%%%%%%%%%%%%%%%%%%
%%%%%%%%%%%%%%%         迭代步骤 A 开始      %%%%%%%%%%%%%%%
%%%%%%%%%%%%%%%          读取网格数据        %%%%%%%%%%%%%%%
%%%%%%%%%%%%%%%%%%%%%%%%%%%%%%%%%%%%%%%
load msh
%%%%%%%%%%%%%%%         迭代步骤 A 结束      %%%%%%%%%%%%%%%
%%%%%%%%%%%%%%%%%%%%%%%%%%%%%%%%%%%%%%%

%%%%%%%%%%%%%%%%%%%%%%%%%%%%%%%%%%%%%%%
%%%%%%%%%%%%%%%         迭代步骤 B 开始      %%%%%%%%%%%%%%%
%%%%%%%%%%%%%%%          设定物料黏度        %%%%%%%%%%%%%%%
%%%%%%%%%%%%%%%%%%%%%%%%%%%%%%%%%%%%%%%
niandu = 1000;
%%%%%%%%%%%%%%%%%%%%%%%%%%%%%%%%%%%%%%%
%%%%%%%%%%%%%%%         迭代步骤 B 结束      %%%%%%%%%%%%%%%
%%%%%%%%%%%%%%%%%%%%%%%%%%%%%%%%%%%%%%%

%%%%%%%%%%%%%%%%%%%%%%%%%%%%%%%%%%%%%%%
%%%%%%%%%%%%%%%         迭代步骤 C 开始      %%%%%%%%%%%%%%%
%%%%%%%%%%%%%%%          设定边界条件        %%%%%%%%%%%%%%%
%%%%%%%%%%%%%%%%%%%%%%%%%%%%%%%%%%%%%%%
u1 = 0; v1 = 0;
u3 = 0.01; v3 = 0;
JBV1 = [BP1',u1 * ones(size(BP1))',v1 * ones(size(BP1))'];
```

```
JBV3 = [BP3',u3*ones(size(BP3))',v3*ones(size(BP3))'];
JBV = [JBV1;JBV3];
P2 = 0;
P4 = 1000;
JBP2 = [BE2,ones(size(BE2(:,1)))*P2,ones(size(BE2(:,1)))*P2];
JBP4 = [BE4,ones(size(BE4(:,1)))*P4,ones(size(BE4(:,1)))*P4];
JBP = [JBP2;JBP4];
clear JBV1 JBV3 BP1 BP3 BP4
clear JBP2 JBP4 P2 P4
clear BE1 BE2 BE3 BE4
clear u1 v1 u3 v3
%%%%%%%%%%%%%%%%%%%%%%%%%%%%%%%%%%%%%%%%%%
%%%%%%%%%%%%%          迭代步骤 C 结束          %%%%%%%%%%%%%%
%%%%%%%%%%%%%%%%%%%%%%%%%%%%%%%%%%%%%%%%%%


%%%%%%%%%%%%%%%%%%%%%%%%%%%%%%%%%%%%%%%%%%
%%%%%%%%%%%%          迭代步骤 D 开始          %%%%%%%%%%%%%%
%%%%%%%%%%%        初始化总体方程各个数据子块        %%%%%%%%%%%
B1 = zeros(Nd,Nz);
B2 = zeros(Nd,Nz);
D11 = zeros(Nz,Nz);
D12 = zeros(Nz,Nz);
D21 = zeros(Nz,Nz);
D22 = zeros(Nz,Nz);
C1 = zeros(Nz,Nd);
C2 = zeros(Nz,Nd);
F1 = zeros(Nz,1);
F2 = zeros(Nz,1);
%%%%%%%%%%%%%%%%%%%%%%%%%%%%%%%%%%%%%%%%%%
%%%%%%%%%%%%          迭代步骤 D 结束          %%%%%%%%%%%%%%
%%%%%%%%%%%%%%%%%%%%%%%%%%%%%%%%%%%%%%%%%%


%%%%%%%%%%%%%%%%%%%%%%%%%%%%%%%%%%%%%%%%%%
%%%%%%%%%%%%          迭代步骤 E 开始          %%%%%%%%%%%%%%
%%%%%%%%%%      计算单元方程系数矩阵各子块并组装      %%%%%%%%%%
%%%%%%%%%%%%%%%%%%%%%%%%%%%%%%%%%%%%%%%%%%
for i = 1:E
```

```
        for ie = 1:9;
            JXYe(ie,:) = JXYV(JMV(i,ie),:);
        end
        [Be1,Be2] = function_of_Be(JXYe);   % 调用 function_of_Be 函数
        [De11,De12,De21,De22] = function_of_De(JXYe,niandu);   % 调用 function_of_
                                                                De 函数
        [Ce1,Ce2] = function_of_Ce(JXYe);   % 调用 function_of_Ce 函数
        for m = 1:4
            for n = 1:9
                B1(JMP(i,m),JMV(i,n)) = B1(JMP(i,m),…
                    JMV(i,n)) + Be1(m,n);
                B2(JMP(i,m),JMV(i,n)) = B2(JMP(i,m),…
                    JMV(i,n)) + Be2(m,n);
            end
        end
        for m = 1:9
            for n = 1:9
                D11(JMV(i,m),JMV(i,n)) = D11(JMV(i,m),JMV(i,n)) + De11(m,n);
                D12(JMV(i,m),JMV(i,n)) = D12(JMV(i,m),JMV(i,n)) + De12(m,n);
                D21(JMV(i,m),JMV(i,n)) = D21(JMV(i,m),JMV(i,n)) + De21(m,n);
                D22(JMV(i,m),JMV(i,n)) = D22(JMV(i,m),JMV(i,n)) + De22(m,n);
            end
        end
        for m = 1:9
            for n = 1:4
                C1(JMV(i,m),JMP(i,n)) = C1(JMV(i,m),…
                    JMP(i,n)) + Ce1(m,n);
                C2(JMV(i,m),JMP(i,n)) = C2(JMV(i,m),…
                    JMP(i,n)) + Ce2(m,n);
            end
        end
end
%%%%%%%%%%%%%%%%%%%%%%%%%%%%%%%%%%%%%%%
%%%%%%%%%%%%%%%%        迭代步骤 E 结束        %%%%%%%%%%%%%%%%
%%%%%%%%%%%%%%%%%%%%%%%%%%%%%%%%%%%%%%%


%%%%%%%%%%%%%%%%%%%%%%%%%%%%%%%%%%%%%%%
%%%%%%%%%%%%%%%%        迭代步骤 F 开始        %%%%%%%%%%%%%%%%
%%%%%%%%%%        计算单元方程右边向量子块并组装        %%%%%%%%%%
```

```matlab
%%%%%%%%%%%%%%%%%%%%%%%%%%%%%%%%%%%%%%%%
for i = 1:length(JBP(:,1))
    for ie = 1:9
        JXYe(ie,:) = JXYV(JMV(JBP(i,1),ie),:);
    end
    [Fe1,Fe2] = function_of_Fe(JXYe,JBP(i,:));    % 调用 function_of_Fe 函数
    for m = 1:9
        F1(JMV(JBP(i,1),m),1) = F1(JMV(JBP(i,1),m),1) + Fe1(m,1);
        F2(JMV(JBP(i,1),m),1) = F2(JMV(JBP(i,1),m),1) + Fe2(m,1);
    end
end
%%%%%%%%%%%%%%%%%%%%%%%%%%%%%%%%%%%%%%%%
%%%%%%%%%%%%%%          迭代步骤 F 结束          %%%%%%%%%%%%%
%%%%%%%%%%%%%%%%%%%%%%%%%%%%%%%%%%%%%%%%


%%%%%%%%%%%%%%%%%%%%%%%%%%%%%%%%%%%%%%%%
%%%%%%%%%%%%%%          迭代步骤 G 开始          %%%%%%%%%%%%%
%%%%%%%%%%%%%%          组合总体方程             %%%%%%%%%%%%%
%%%%%%%%%%%%%%%%%%%%%%%%%%%%%%%%%%%%%%%%
K = [D11  D12  -C1
     D21  D22  -C2
     B1   B2   zeros(Nd,Nd)];
B = [-F1;-F2;zeros(Nd,1)];
%%%%%%%%%%%%%%%%%%%%%%%%%%%%%%%%%%%%%%%%
%%%%%%%%%%%%%%          迭代步骤 G 结束          %%%%%%%%%%%%%
%%%%%%%%%%%%%%%%%%%%%%%%%%%%%%%%%%%%%%%%


%%%%%%%%%%%%%%%%%%%%%%%%%%%%%%%%%%%%%%%%
%%%%%%%%%%%%%%          迭代步骤 H 开始          %%%%%%%%%%%%%
%%%%%%%%%%%%%%          代入 JBV 数据            %%%%%%%%%%%%%
%%%%%%%%%%%%%%%%%%%%%%%%%%%%%%%%%%%%%%%%
N_matrix = 2*Nz + Nd;
for i = 1:length(JBV(:,1))
    II = JBV(i,1);
    u = JBV(i,2);
    for J = 1:N_matrix
        B(J) = B(J) - K(J,II)*u;
    end
end
```

```
        K(Ⅱ,:) = zeros(1,N_matrix);
        K(:,Ⅱ) = zeros(N_matrix,1);
        K(Ⅱ,Ⅱ) = 1;
        B(Ⅱ) = u;
end
for i = 1: length(JBV(:,1))
        Ⅱ = Nz + JBV(i,1);
        v = JBV(i,3);
        for J = 1:N_matrix
                B(J) = B(J) - K(J,Ⅱ)*v;
        end
        K(Ⅱ,:) = zeros(1,N_matrix);
        K(:,Ⅱ) = zeros(N_matrix,1);
        K(Ⅱ,Ⅱ) = 1;
        B(Ⅱ) = v;
end
%%%%%%%%%%%%%%%%%%%%%%%%%%%%%%%%%%%%%%%%
%%%%%%%%%%%%%%         迭代步骤 H 结束       %%%%%%%%%%%%
%%%%%%%%%%%%%%%%%%%%%%%%%%%%%%%%%%%%%%%%


%%%%%%%%%%%%%%%%%%%%%%%%%%%%%%%%%%%%%%%%
%%%%%%%%%%%%%%         迭代步骤 I 开始       %%%%%%%%%%%%
%%%%%%%%%%%%%%         清理内存,求解方程      %%%%%%%%%%%%
%%%%%%%%%%%%%%%%%%%%%%%%%%%%%%%%%%%%%%%%
clear D11 D12 D21 D22 C1 C2 B1 B2
clear F1 F2 De11 De12 De21 De22 JXYe
clear Be1 Be2 Ce1 Ce2 JBP JMP JXYP
clear Fe1 Fe2   P_element P_side P_value
clear i i_JBP ie l_cos_theta_x m_cos_theta_y r s
x = K\B;
ux_k_1 = x(1:Nz);
vy_k_1 = x(1 + Nz:2*Nz);
p4 = x(1 + 2*Nz:2*Nz + Nd);
p_k_1 = [Pding2Pzong(p4,JMV)]';% 压力插值计算
%%%%%%%%%%%%%%%%%%%%%%%%%%%%%%%%%%%%%%%%
%%%%%%%%%%%%%%         迭代步骤 I 结束       %%%%%%%%%%%%
%%%%%%%%%%%%%%%%%%%%%%%%%%%%%%%%%%%%%%%%
```

```
%%%%%%%%%%%%%%%%%%%%%%%%%%%%%%%%%%%%%%%
%%%%%%%%%%%%%%%       迭代步骤 J 开始        %%%%%%%%%%%%%%
%%%%%%%%%%%%%%%%%%%%%%%%%%%%%%%%%%%%%%%
%  输出 Tecplot 后处理结果
E = E * 4
Nz = Nz
data = [JXYV,ux_k_1,vy_k_1,sqrt(ux_k_1.^2+vy_k_1.^2),p_k_1]
JMV4 = JMV_9to4(JMV)
%  清除多余变量
clear B E II J JBV JMV JMV4 JXYV K N_matrix Nd Nz
clear data niandu p4 u v x
%  存储结果
save result_of_n1
%%%%%%%%%%%%%%%%%%%%%%%%%%%%%%%%%%%%%%%
%%%%%%%%%%%%%%%       迭代步骤 J 结束        %%%%%%%%%%%%%%
%%%%%%%%%%%%%%%%%%%%%%%%%%%%%%%%%%%%%%%

%%%%%%%%%%%%%%%%%%%%%%%%%%%%%%%%%%%%%%%
%%%%%%%%%%%%%%%        出口速度提取          %%%%%%%%%%%%%%
%%%%%%%%%%%%%%%%%%%%%%%%%%%%%%%%%%%%%%%
for i = 1:length(BP2)
    UB2(i,1) = ux_k_1(BP2(i),1);
end
UB2 = UB2
%%%%%%%%%%%%%%%%%%%%%%%%%%%%%%%%%%%%%%%
%%%%%%%%%%%%%%%        出口速度提取          %%%%%%%%%%%%%%
%%%%%%%%%%%%%%%%%%%%%%%%%%%%%%%%%%%%%%%
```

3.3.3 单元 B_i^e 子块计算程序

创建 function_of_Be.m 程序，并录入以下程序。根据式（3.27）和式（3.28）编写程序，计算单元方程系数矩阵 B_i^e 子块。

```
function [Be1,Be2] = function_of_Be(e_JXY)
%%%%%%%  初始化 Be1 和 Be2
Be1 = zeros(4,9);
Be2 = zeros(4,9);
%%%%%%%  初始化 Be1 和 Be2
%%%%%%%  高斯积分数据
```

```
gp = [0.932469514203152, 0.661209386466265, 0.238619186083197, -0.932469514203152,
    -0.661209386466265, -0.238619186083197];
gw = [0.171324492379170, 0.360761573048139, 0.467913934572691, 0.171324492379170,
0.360761573048139, 0.467913934572691];
kesi = gp;
ita = gp;
%%%%%%%  高斯积分数据
%%%%%%%  Be1 和 Be2 的数值积分
for i = 1:6
    for j = 1:6
        %%%%%%%  压力插值函数
        Fyp = [1/4 * (1 - kesi(i)) * (1 - ita(j))
            1/4 * (1 + kesi(i)) * (1 - ita(j))
            1/4 * (1 + kesi(i)) * (1 + ita(j))
            1/4 * (1 - kesi(i)) * (1 + ita(j))];
        %%%%%%%  压力插值函数
        %%%%%%%  速度插值函数对 kesi 和 ita 的导数
        fy_kesi = [1/4 * ita(j) * (kesi(i) -1) * (ita(j) -1) +1/4 * kesi(i) * ita(j) * (ita(j) -1)
            - ita(j) * kesi(i) * (ita(j) -1)
            1/4 * ita(j) * (kesi(i) +1) * (ita(j) -1) +1/4 * kesi(i) * ita(j) * (ita(j) -1)
            1/2 * (kesi(i) -1) * (1 - ita(j)^2) +1/2 * kesi(i) * (1 - ita(j)^2)
            -2 * kesi(i) * (1 - ita(j)^2)
            1/2 * (kesi(i) +1) * (1 - ita(j)^2) +1/2 * kesi(i) * (1 - ita(j)^2)
            1/4 * ita(j) * (kesi(i) -1) * (ita(j) +1) +1/4 * kesi(i) * ita(j) * (ita(j) +1)
            - ita(j) * kesi(i) * (ita(j) +1)
            1/4 * ita(j) * (kesi(i) +1) * (ita(j) +1) +1/4 * kesi(i) * ita(j) * (ita(j) +1)];
        fy_ita = [1/4 * kesi(i) * (kesi(i) -1) * (ita(j) -1) +1/4 * kesi(i) * ita(j) *
            (kesi(i) -1)
            1/2 * (1 - kesi(i)^2) * (ita(j) -1) +1/2 * ita(j) * (1 - kesi(i)^2)
            1/4 * kesi(i) * (kesi(i) +1) * (ita(j) -1) +1/4 * kesi(i) * ita(j) * (kesi(i) +1)
            - kesi(i) * ita(j) * (kesi(i) -1)
            -2 * (1 - kesi(i)^2) * ita(j)
            - kesi(i) * ita(j) * (kesi(i) +1)
            1/4 * kesi(i) * (kesi(i) -1) * (ita(j) +1) +1/4 * kesi(i) * ita(j) * (kesi(i) -1)
            1/2 * (1 - kesi(i)^2) * (ita(j) +1) +1/2 * ita(j) * (1 - kesi(i)^2)
            1/4 * kesi(i) * (kesi(i) +1) * (ita(j) +1) +1/4 * kesi(i) * ita(j) * (kesi(i)
            +1)];
        %%%%%%%  速度插值函数对 kesi 和 ita 的导数
```

```
          %%%%%%% Jacobi 相关计算
          dx_dkesi = fy_kesi' * e_JXY(:,1);
          dx_dita = fy_ita' * e_JXY(:,1);
          dy_dkesi = fy_kesi' * e_JXY(:,2);
          dy_dita = fy_ita' * e_JXY(:,2);
          Jacobi = [dx_dkesi dy_dkesi
              dx_dita dy_dita];
          AAAA = inv(Jacobi) * [fy_kesi';fy_ita'];
          fy_x = AAAA(1,:)';
          fy_y = AAAA(2,:)';
          det_Jacobi = det(Jacobi);
          %%%%%%% Jacobi 相关计算
          %%%%%%% Be1 和 Be2 单元方程子块计算
          Be1 = Be1 + gw(i) * gw(j) * Fyp * fy_x' * det_Jacobi;
          Be2 = Be2 + gw(i) * gw(j) * Fyp * fy_y' * det_Jacobi;
          %%%%%%% Be1 和 Be2 单元方程子块计算
     end
end
%%%%%%% Be1 和 Be2 的数值积分
```

3.3.4 单元 C_i^e 子块计算程序

创建 function_of_Ce.m 程序，并录入以下程序。根据式（3.33e）和式（3.33f）编写程序，计算 C_i^e 子块。

```
function [Ce1,Ce2] = function_of_Ce(e_JXY)
%%%%%%% 初始化 Ce1 和 Ce2
Ce1 = zeros(9,4);
Ce2 = zeros(9,4);
%%%%%%% 初始化 Ce1 和 Ce2
%%%%%%% 高斯积分数据
gp = [0.932469514203152,0.661209386466265,0.238619186083197, -0.932469514203152,
    -0.661209386466265, -0.238619186083197];
gw = [0.171324492379170, 0.360761573048139, 0.467913934572691, 0.171324492379170,
0.360761573048139,0.467913934572691];
kesi = gp;
ita = gp;
%%%%%%% 高斯积分数据
%%%%%%% Ce1 和 Ce2 的数值积分
```

```
for i = 1:6
    for j = 1:6
        %%%%%%% 压力插值函数
        Fyp = [1/4*(1-kesi(i))*(1-ita(j))
            1/4*(1+kesi(i))*(1-ita(j))
            1/4*(1+kesi(i))*(1+ita(j))
            1/4*(1-kesi(i))*(1+ita(j))];
        %%%%%%% 压力插值函数
        %%%%%%% 速度插值函数对 kesi 和 ita 的导数
        fy_kesi = [1/4*ita(j)*(kesi(i)-1)*(ita(j)-1)+1/4*kesi(i)*ita(j)*(ita(j)-1)
            -ita(j)*kesi(i)*(ita(j)-1)
            1/4*ita(j)*(kesi(i)+1)*(ita(j)-1)+1/4*kesi(i)*ita(j)*(ita(j)-1)
            1/2*(kesi(i)-1)*(1-ita(j)^2)+1/2*kesi(i)*(1-ita(j)^2)
            -2*kesi(i)*(1-ita(j)^2)
            1/2*(kesi(i)+1)*(1-ita(j)^2)+1/2*kesi(i)*(1-ita(j)^2)
            1/4*ita(j)*(kesi(i)-1)*(ita(j)+1)+1/4*kesi(i)*ita(j)*(ita(j)+1)
            -ita(j)*kesi(i)*(ita(j)+1)
            1/4*ita(j)*(kesi(i)+1)*(ita(j)+1)+1/4*kesi(i)*ita(j)*(ita(j)+1)];
        fy_ita = [1/4*kesi(i)*(kesi(i)-1)*(ita(j)-1)+1/4*kesi(i)*ita(j)*(kesi(i)-1)
            1/2*(1-kesi(i)^2)*(ita(j)-1)+1/2*ita(j)*(1-kesi(i)^2)
            1/4*kesi(i)*(kesi(i)+1)*(ita(j)-1)+1/4*kesi(i)*ita(j)*(kesi(i)+1)
            -kesi(i)*ita(j)*(kesi(i)-1)
            -2*(1-kesi(i)^2)*ita(j)
            -kesi(i)*ita(j)*(kesi(i)+1)
            1/4*kesi(i)*(kesi(i)-1)*(ita(j)+1)+1/4*kesi(i)*ita(j)*(kesi(i)-1)
            1/2*(1-kesi(i)^2)*(ita(j)+1)+1/2*ita(j)*(1-kesi(i)^2)
            1/4*kesi(i)*(kesi(i)+1)*(ita(j)+1)+1/4*kesi(i)*ita(j)*(kesi(i)+1)];
        %%%%%%% 速度插值函数对 kesi 和 ita 的导数
        %%%%%%% Jacobi 相关计算
        dx_dkesi = fy_kesi'*e_JXY(:,1);
        dx_dita = fy_ita'*e_JXY(:,1);
        dy_dkesi = fy_kesi'*e_JXY(:,2);
        dy_dita = fy_ita'*e_JXY(:,2);
```

```
            Jacobi = [dx_dkesi dy_dkesi
                     dx_dita dy_dita];
            AAAA = inv(Jacobi) * [fy_kesi';fy_ita'];
            fy_x = AAAA(1,:)';
            fy_y = AAAA(2,:)';
            det_Jacobi = det(Jacobi);
            %%%%%%% Jacobi 相关计算
            %%%%%%% Ce1 和 Ce2 单元方程子块计算
            Ce1 = Ce1 + gw(i) * gw(j) * fy_x * Fyp' * det_Jacobi;
            Ce2 = Ce2 + gw(i) * gw(j) * fy_y * Fyp' * det_Jacobi;
            %%%%%%% Ce1 和 Ce2 单元方程子块计算
        end
    end
%%%%%%% Ce1 和 Ce2 的数值积分
```

3.3.5 单元 D_{ij}^e 子块计算程序

创建 function_of_De.m 程序，并录入以下程序。根据式 (3.33a) ～式 (3.33d) 编写程序，计算 D_{ij}^e 子块。

```
function [De11,De12,De21,De22] = function_of_De(e_JXY,niandu)
%%%%%%% 初始化 De11,De12,De21 和 De22
De11 = zeros(9,9);
De12 = zeros(9,9);
De21 = zeros(9,9);
De22 = zeros(9,9);
%%%%%%% 初始化 De11,De12,De21 和 De22
%%%%%%% 高斯积分数据
gp = [0.932469514203152,0.661209386466265,0.238619186083197, -0.932469514203152,
 -0.661209386466265, -0.238619186083197];
gw = [0.171324492379170, 0.360761573048139, 0.467913934572691, 0.171324492379170,
0.360761573048139,0.467913934572691];
kesi = gp;
ita = gp;
%%%%%%% 高斯积分数据
%%%%%%% De11,De12,De21 和 De22 的数值积分
for i = 1:6
    for j = 1:6
        %%%%%%% 速度插值函数对 kesi 和 ita 的导数
```

```
fy_kesi = [1/4 * ita(j) * (kesi(i) - 1) * (ita(j) - 1) + 1/4 * kesi(i) * ita(j) *
              (ita(j) - 1)
          - ita(j) * kesi(i) * (ita(j) - 1)
          1/4 * ita(j) * (kesi(i) + 1) * (ita(j) - 1) + 1/4 * kesi(i) * ita(j) * (ita(j) - 1)
          1/2 * (kesi(i) - 1) * (1 - ita(j)^2) + 1/2 * kesi(i) * (1 - ita(j)^2)
          -2 * kesi(i) * (1 - ita(j)^2)
          1/2 * (kesi(i) + 1) * (1 - ita(j)^2) + 1/2 * kesi(i) * (1 - ita(j)^2)
          1/4 * ita(j) * (kesi(i) - 1) * (ita(j) + 1) + 1/4 * kesi(i) * ita(j) * (ita(j) + 1)
          - ita(j) * kesi(i) * (ita(j) + 1)
          1/4 * ita(j) * (kesi(i) + 1) * (ita(j) + 1) + 1/4 * kesi(i) * ita(j) * (ita(j) + 1)];
fy_ita = [1/4 * kesi(i) * (kesi(i) - 1) * (ita(j) - 1) + 1/4 * kesi(i) * ita(j) *
              (kesi(i) - 1)
          1/2 * (1 - kesi(i)^2) * (ita(j) - 1) + 1/2 * ita(j) * (1 - kesi(i)^2)
          1/4 * kesi(i) * (kesi(i) + 1) * (ita(j) - 1) + 1/4 * kesi(i) * ita(j) * (kesi
              (i) + 1)
          - kesi(i) * ita(j) * (kesi(i) - 1)
          -2 * (1 - kesi(i)^2) * ita(j)
          - kesi(i) * ita(j) * (kesi(i) + 1)
          1/4 * kesi(i) * (kesi(i) - 1) * (ita(j) + 1) + 1/4 * kesi(i) * ita(j) * (kesi
              (i) - 1)
          1/2 * (1 - kesi(i)^2) * (ita(j) + 1) + 1/2 * ita(j) * (1 - kesi(i)^2)
          1/4 * kesi(i) * (kesi(i) + 1) * (ita(j) + 1) + 1/4 * kesi(i) * ita(j) * (kesi
              (i) + 1)];
%%%%%%% 速度插值函数对 kesi 和 ita 的导数
%%%%%%% Jacobi 相关计算
dx_dkesi = fy_kesi' * e_JXY(:,1);
dx_dita = fy_ita' * e_JXY(:,1);
dy_dkesi = fy_kesi' * e_JXY(:,2);
dy_dita = fy_ita' * e_JXY(:,2);
Jacobi = [dx_dkesi dy_dkesi
          dx_dita  dy_dita];
AAAA = inv(Jacobi) * [fy_kesi';fy_ita'];
fy_x = AAAA(1,:)';
fy_y = AAAA(2,:)';
det_Jacobi = det(Jacobi);
%%%%%%% Jacobi 相关计算
%%%%%%% De11,De12,De21 和 De22 单元方程子块计算
```

$$De11 = De11 + niandu * gw(i) * gw(j) * \cdots$$
$$[2 * fy\_x * fy\_x' + fy\_y * fy\_y'] * det\_Jacobi;$$
$$De12 = De12 + niandu * gw(i) * gw(j) * \cdots$$
$$fy\_x * fy\_y' * det\_Jacobi;$$
$$De21 = De21 + niandu * gw(i) * gw(j) * \cdots$$
$$fy\_y * fy\_x' * det\_Jacobi;$$
$$De22 = De22 + niandu * gw(i) * gw(j) * \cdots$$
$$[2 * fy\_y * fy\_y' + fy\_x * fy\_x'] * det\_Jacobi;$$

%%%%%% De11,De12,De21 和 De22 单元方程子块计算
  end
end
%%%%%% De11,De12,De21 和 De22 的数值积分

3.3.6 单元 F_i^e 子块计算程序

  创建 function_of_Fe.m 程序，并录入以下程序。根据式（3.33g）和式（3.33h）编写程序，计算 F_i^e 子块。

```
function [Fe1,Fe2] = function_of_Fe(JXYe,JBPe)
%%%%%% 初始化 Fe1 和 Fe2
Fe1 = zeros(9,1);
Fe2 = zeros(9,1);
%%%%%% 初始化 Fe1 和 Fe2
%%%%%% 高斯积分数据
gp = [0.932469514203152,0.661209386466265,0.238619186083197,-0.932469514203152,
-0.661209386466265,-0.238619186083197];
gw = [0.171324492379170,0.360761573048139,0.467913934572691,0.171324492379170,
0.360761573048139,0.467913934572691];
kesi = gp;
ita = gp;
%%%%%% 高斯积分数据
%%%%%% 第二类边界条件数据
P_side = JBPe(1,2);
l = JBPe(1,3);
m = JBPe(1,4);
P_value1 = JBPe(1,5);
P_value2 = JBPe(1,6);
%%%%%% 第二类边界条件数据
%%%%%% 当压力施加于单元第 1 边时,Fe1 和 Fe2 的计算
```

```matlab
if P_side == 1
    for i = 1:6
        fy = [1/4 * kesi(i) * ( -1) * (kesi(i) -1) * (( -1) -1);
              1/2 * ( -1) * (1 - kesi(i)^2) * (( -1) -1);
              1/4 * kesi(i) * ( -1) * (kesi(i) +1) * (( -1) -1);
              1/2 * kesi(i) * ( kesi(i) -1) * (1 - ( -1)^2);
              (1 - kesi(i)^2) * (1 - ( -1)^2);
              1/2 * kesi(i) * ( kesi(i) +1) * (1 - ( -1)^2);
              1/4 * kesi(i) * ( -1) * (kesi(i) -1) * (( -1) +1);
              1/2 * ( -1) * (1 - kesi(i)^2) * (( -1) +1);
              1/4 * kesi(i) * ( -1) * (kesi(i) +1) * (( -1) +1);];
        Fyp = [1/4 * (1 - kesi(i)) * (1 - ( -1))
               1/4 * (1 + kesi(i)) * (1 - ( -1))
               1/4 * (1 + kesi(i)) * (1 + ( -1))
               1/4 * (1 - kesi(i)) * (1 + ( -1))];
        P = [P_value1,P_value2,0,0]';
        le = sqrt((JXYe(1,1) - JXYe(3,1))^2 + (JXYe(1,2) - JXYe(3,2))^2);
        Fe1 = Fe1 + gw(i) * Fyp' * P * l * fy * le/2;
        Fe2 = Fe2 + gw(i) * Fyp' * P * m * fy * le/2;
    end
end
%%%%%% 当压力施加于单元第1边时,Fe1 和 Fe2 的计算
%%%%%% 当压力施加于单元第2边时,Fe1 和 Fe2 的计算
if P_side == 2
    for j = 1:6
        fy = [1/4 * 1 * ita(j) * (1 -1) * (ita(j) -1);
              1/2 * ita(j) * (1 -1^2) * (ita(j) -1);
              1/4 * 1 * ita(j) * (1 +1) * (ita(j) -1);
              1/2 * 1 * ( 1 -1) * (1 - ita(j)^2);
              (1 -1^2) * (1 - ita(j)^2);
              1/2 * 1 * ( 1 +1) * (1 - ita(j)^2);
              1/4 * 1 * ita(j) * (1 -1) * (ita(j) +1);
              1/2 * ita(j) * (1 -1^2) * (ita(j) +1);
              1/4 * 1 * ita(j) * (1 +1) * (ita(j) +1);];
        Fyp = [1/4 * (1 -1) * (1 - ita(j))
               1/4 * (1 +1) * (1 - ita(j))
               1/4 * (1 +1) * (1 + ita(j))
               1/4 * (1 -1) * (1 + ita(j))];
```

```
            P = [0, P_value1, P_value2, 0]';
            le = sqrt((JXYe(3,1) - JXYe(9,1))^2 + (JXYe(3,2) - JXYe(9,2))^2);
            Fe1 = Fe1 + gw(j) * Fyp' * P * l * fy * le/2;
            Fe2 = Fe2 + gw(j) * Fyp' * P * m * fy * le/2;
        end
end
%%%%%%%  当压力施加于单元第 2 边时, Fe1 和 Fe2 的计算
%%%%%%%  当压力施加于单元第 3 边时, Fe1 和 Fe2 的计算
if P_side == 3
    for i = 1:6
        fy = [1/4 * kesi(i) * 1 * (kesi(i) - 1) * (1 - 1);
              1/2 * 1 * (1 - kesi(i)^2) * (1 - 1);
              1/4 * kesi(i) * 1 * (kesi(i) + 1) * (1 - 1);
              1/2 * kesi(i) * (kesi(i) - 1) * (1 - 1^2);
              (1 - kesi(i)^2) * (1 - 1^2);
              1/2 * kesi(i) * (kesi(i) + 1) * (1 - 1^2);
              1/4 * kesi(i) * 1 * (kesi(i) - 1) * (1 + 1);
              1/2 * 1 * (1 - kesi(i)^2) * (1 + 1);
              1/4 * kesi(i) * 1 * (kesi(i) + 1) * (1 + 1);];
        Fyp = [1/4 * (1 - kesi(i)) * (1 - 1)
               1/4 * (1 + kesi(i)) * (1 - 1)
               1/4 * (1 + kesi(i)) * (1 + 1)
               1/4 * (1 - kesi(i)) * (1 + 1)];
        P = [0, 0, P_value1, P_value2]';
        le = sqrt((JXYe(7,1) - JXYe(9,1))^2 + (JXYe(7,2) - JXYe(9,2))^2);
        Fe1 = Fe1 + gw(i) * Fyp' * P * l * fy * le/2;
        Fe2 = Fe2 + gw(i) * Fyp' * P * m * fy * le/2;
    end
end
%%%%%%%  当压力施加于单元第 3 边时, Fe1 和 Fe2 的计算
%%%%%%%  当压力施加于单元第 4 边时, Fe1 和 Fe2 的计算
if P_side == 4
    for j = 1:6
        fy = [1/4 * (-1) * ita(j) * ((-1) - 1) * (ita(j) - 1);
              1/2 * ita(j) * (1 - (-1)^2) * (ita(j) - 1);
              1/4 * (-1) * ita(j) * ((-1) + 1) * (ita(j) - 1);
              1/2 * (-1) * ((-1) - 1) * (1 - ita(j)^2);
              (1 - (-1)^2) * (1 - ita(j)^2);
```

```
                1/2 * ( -1) * ( ( -1) +1) * (1 - ita(j)^2);
                1/4 * ( -1) * ita(j) * ( ( -1) -1) * (ita(j) +1);
                1/2 * ita(j) * (1 - ( -1)^2) * (ita(j) +1);
                1/4 * ( -1) * ita(j) * ( ( -1) +1) * (ita(j) +1);];
        Fyp = [1/4 * (1 - ( -1)) * (1 - ita(j))
                1/4 * (1 + ( -1)) * (1 - ita(j))
                1/4 * (1 + ( -1)) * (1 + ita(j))
                1/4 * (1 - ( -1)) * (1 + ita(j))];
        P = [P_value2,0,0,P_value1]';
        le = sqrt((JXYe(7,1) - JXYe(1,1))^2 + (JXYe(7,2) - JXYe(1,2))^2);
        Fe1 = Fe1 + gw(j) * Fyp' * P * l * fy * le/2;
        Fe2 = Fe2 + gw(j) * Fyp' * P * m * fy * le/2;
    end
end
%%%%%%% 当压力施加于单元第4边时,Fe1 和 Fe2 的计算
```

3.3.7 网格细化程序

创建 JMV_9to4.m 程序,并录入以下程序。根据 Tecplot 后处理软件输入数据格式的要求,必须给定四边形线性单元的单元结点数据。所以,使用本程序将一个四边形二次单元拆分为四个四边形线性单元。

```
function JM4 = JMV_9to4(JM9)
k = 0;
%%%%%%% 二次九结点单元拆分为四个线性单元
for i = 1:length(JM9(:,1))
    %%%%%%% 1254
    k = k + 1;
    JM4(k,:) = [JM9(i,1),JM9(i,2),JM9(i,5),JM9(i,4)];
    %%%%%%% 1254
    %%%%%%% 2365
    k = k + 1;
    JM4(k,:) = [JM9(i,2),JM9(i,3),JM9(i,6),JM9(i,5)];
    %%%%%%% 2365
    %%%%%%% 4587
    k = k + 1;
    JM4(k,:) = [JM9(i,4),JM9(i,5),JM9(i,8),JM9(i,7)];
    %%%%%%% 4587
    %%%%%%% 5698
```

```
    k = k + 1;
    JM4(k,:) = [JM9(i,5),JM9(i,6),JM9(i,9),JM9(i,8)];
    %%%%%%%   5698
end
%%%%%%% 二次九结点单元拆分为四个线性单元
```

3.3.8 压力插值程序

创建 Pding2Pzong.m 程序，并录入以下程序。本程序用于计算速度单元边界中点和面中点处的压力。

```
function P9 = Pding2Pzong(p4,JMV)
for i = 1:length(JMV(:,1))
    %%%%%%% 构建单元压力
    pp = [p4(JMV(i,1)),p4(JMV(i,3)),p4(JMV(i,9)),p4(JMV(i,7))];
    %%%%%%% 构建单元压力
    %%%%%%% 结点 1 压力
    P9(JMV(i,1)) = p4(JMV(i,1));
    %%%%%%% 结点 1 压力
    %%%%%%% 结点 2 压力
    kesi = 0;ita = -1;
    Fyp = [1/4*(1-kesi)*(1-ita)
           1/4*(1+kesi)*(1-ita)
           1/4*(1+kesi)*(1+ita)
           1/4*(1-kesi)*(1+ita)];
    P9(JMV(i,2)) = pp*Fyp;
    %%%%%%% 结点 2 压力
    %%%%%%% 结点 3 压力
    P9(JMV(i,3)) = p4(JMV(i,3));
    %%%%%%% 结点 3 压力
    %%%%%%% 结点 4 压力
    kesi = -1;ita = 0;
    Fyp = [1/4*(1-kesi)*(1-ita)
           1/4*(1+kesi)*(1-ita)
           1/4*(1+kesi)*(1+ita)
           1/4*(1-kesi)*(1+ita)];
    P9(JMV(i,4)) = pp*Fyp;
    %%%%%%% 结点 4 压力
    %%%%%%% 结点 5 压力
    kesi = 0;ita = 0;
```

```
        Fyp = [1/4 * (1 - kesi) * (1 - ita)
               1/4 * (1 + kesi) * (1 - ita)
               1/4 * (1 + kesi) * (1 + ita)
               1/4 * (1 - kesi) * (1 + ita)];
        P9(JMV(i,5)) = pp * Fyp;
        %%%%%% 结点 5 压力
        %%%%%% 结点 6 压力
        kesi = 1; ita = 0;
        Fyp = [1/4 * (1 - kesi) * (1 - ita)
               1/4 * (1 + kesi) * (1 - ita)
               1/4 * (1 + kesi) * (1 + ita)
               1/4 * (1 - kesi) * (1 + ita)];
        P9(JMV(i,6)) = pp * Fyp;
        %%%%%% 结点 6 压力
        %%%%%% 结点 7 压力
        P9(JMV(i,7)) = p4(JMV(i,7));
        %%%%%% 结点 7 压力
        %%%%%% 结点 8 压力
        kesi = 0; ita = 1;
        Fyp = [1/4 * (1 - kesi) * (1 - ita)
               1/4 * (1 + kesi) * (1 - ita)
               1/4 * (1 + kesi) * (1 + ita)
               1/4 * (1 - kesi) * (1 + ita)];
        P9(JMV(i,8)) = pp * Fyp;
        %%%%%% 结点 8 压力
        %%%%%% 结点 9 压力
        P9(JMV(i,9)) = p4(JMV(i,9));
        %%%%%% 结点 9 压力
end
```

3.3.9 矩形网格绘制程序

矩形网格绘制程序中，根据网格离散生成的数据 JMP 和 JXYV，绘制四边形二次单元离散结果。程序中可以根据需要开启或关闭结点和单元序号，对应变量分别为 ele _ num _ prnt 和 pnt _ num _ prnt。创建 rectangle _ grid. m 文件，并录入以下程序。

```
function rectangle _ grid(JMP, JXYV)
E = length(JMP); % 读取结点信息矩阵的行数, 即单元总数
N = length(JXYV); % 读取结点坐标矩阵的函数, 即结点总数
```

```
x = JXYV( : ,1); % 建立所有结点 x 坐标向量
y = JXYV( : ,2); % 建立所有结点 y 坐标向量
ele _ num _ prnt = 1; % 是否显示单元号码
pnt _ num _ prnt = 1; % 是否显示结点号码
axis equal;
hold on;
del _ x = 0.001;del _ y = 0.001;% 单元号放置的位置调整变量
for k = 1:E
    for l = 1:4% 读取一个单元中的对应点的坐标
        p = JMP(k,l);
        xx(l) = x(p);yy(l) = y(p);% 读取一个单元中的对应点的坐标
    end
    xx(5) = xx(1);yy(5) = yy(1);
    plot(xx,yy);
    x _ cen = sum(xx(1:4))/4;y _ cen = sum(yy(1:4))/4;
    if(ele _ num _ prnt ==1)    % 标记每个单元的单元号码
        text(x _ cen-del _ x,y _ cen-del _ y,int2str(k));
    end
end
if(pnt _ num _ prnt ==1)    % 打印结点号
    for n = 1:N
        text(JX(n),JY(n),['(',int2str(n),')'])
    end
end
axis off
```

3.3.10　计算结果

如图 3-6 和图 3-7 所示，在上壁面拖曳和入口压力复合作用下，使用压力速度有限元方法计算得到的区域内压力和速度分布。图 3-8 所示为只有壁面拖曳作用的速度分布。图 3-9 所示为只有入口压力作用的速度分布。提取以上三种情况在出口各个结点的速度（见表 3-8），由此可见，两种边界条件单独作用结果的累加，正好等于两种边界同时复合作用的结果，附合牛顿流体累加特性。

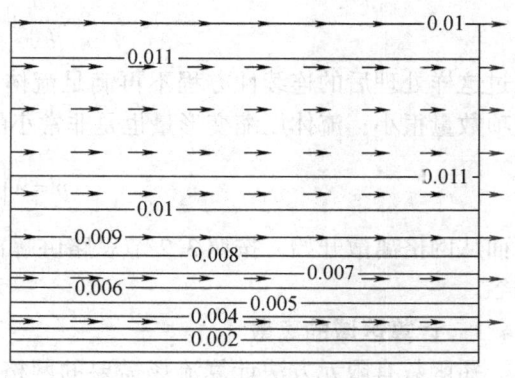

图 3-6　复合边界作用下速度分布

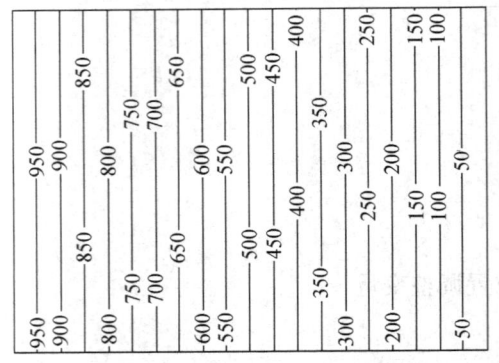

图 3-7 复合边界作用下压力等值线

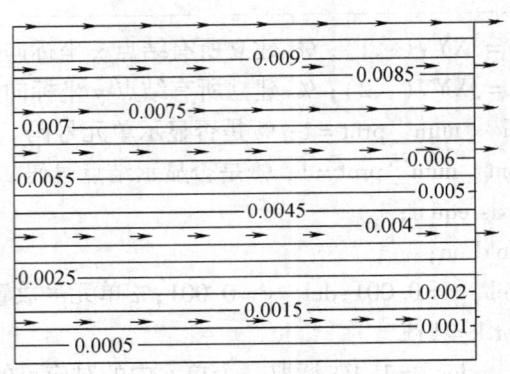

图 3-8 上壁面拖曳作用下速度分布

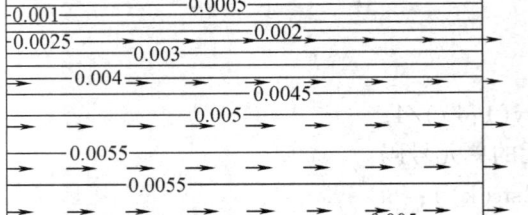

图 3-9 入口压力作用下速度分布

表 3-8 单一边界作用累加与复合边界作用出口结点速度对比

结点序号	拖曳壁面作用下的速度	压力入口作用下的速度	累加速度	复合作用速度
5	0.00000	0.00000	0.00000	0.00000
38	0.00125	0.002461	0.003711	0.003711
10	0.00250	0.004219	0.006719	0.006719
51	0.00375	0.005273	0.009023	0.009023
15	0.00500	0.005625	0.010625	0.010625
64	0.00625	0.005273	0.011523	0.011523
20	0.00750	0.004219	0.011719	0.011719
77	0.00875	0.002461	0.011211	0.011211
25	0.01000	0.000000	0.010000	0.010000

3.4 罚函数有限元求解

本节我们学习使用罚函数有限元求解 N-S 方程组的方法。对于式（3.1）引入罚因子 λ，当 λ 足够大的时候，下式近似成立：

$$\frac{\partial u}{\partial x} + \frac{\partial v}{\partial y} = \frac{1}{\lambda} p \tag{3.43}$$

经过这样处理后的连续性方程不再满足流体不可压缩假设，但是，当 λ 足够大时，等式右边项数量很小，流体压缩变形量也是非常小的。提出式（3.43）中的压力项后，得到

$$p = \lambda \left(\frac{\partial u}{\partial x} + \frac{\partial v}{\partial y} \right) \tag{3.44}$$

下面从网格离散开始，按照 3.2 节思路讲解罚函数有限元方法求解牛顿流体流场问题的相关内容。

3.4.1 计算区域的离散

罚函数有限元方法计算流场需要的网格数据与速度-压力有限元方法一致，详见 3.2.1 小节相关内容。

3.4.2 插值函数及其相关计算

有关插值函数内容见 3.2.2 小节相关内容。

3.4.3 加权余量方程

将式（3.44）代入 3.2.3 小节运动的加权余量方程（3.19），以替换等式左边的压力项，得到

$$2\mu \iint_\Omega \frac{\partial \boldsymbol{\Phi}}{\partial x}\frac{\partial u}{\partial x}\mathrm{d}x\mathrm{d}y + \mu \iint_\Omega \frac{\partial \boldsymbol{\Phi}}{\partial y}\frac{\partial u}{\partial y}\mathrm{d}x\mathrm{d}y + \mu \iint_\Omega \frac{\partial \boldsymbol{\Phi}}{\partial x}\frac{\partial v}{\partial y}\mathrm{d}x\mathrm{d}y -$$
$$\lambda \iint_\Omega \left(\frac{\partial \boldsymbol{\Phi}}{\partial x}\left(\frac{\partial u}{\partial x}+\frac{\partial v}{\partial y}\right)\right)\mathrm{d}x\mathrm{d}y = -\int_\Gamma (\boldsymbol{\Phi}p)\cos\theta x \mathrm{d}\Gamma \tag{3.45a}$$

$$\mu \iint_\Omega \frac{\partial \boldsymbol{\Phi}}{\partial y}\frac{\partial u}{\partial x}\mathrm{d}x\mathrm{d}y + \mu \iint_\Omega \frac{\partial \boldsymbol{\Phi}}{\partial x}\frac{\partial v}{\partial x}\mathrm{d}x\mathrm{d}y + 2\mu \iint_\Omega \frac{\partial \boldsymbol{\Phi}}{\partial y}\frac{\partial v}{\partial y}\mathrm{d}x\mathrm{d}y -$$
$$\lambda \iint_\Omega \left(\frac{\partial \boldsymbol{\Phi}}{\partial y}\left(\frac{\partial u}{\partial x}+\frac{\partial v}{\partial y}\right)\right)\mathrm{d}x\mathrm{d}y = -\int_\Gamma (\boldsymbol{\Phi}p)\cos\theta y \mathrm{d}\Gamma \tag{3.45b}$$

式（3.45）即为罚函数有限元运动方程的加权余量方程。

3.4.4 单元方程的建立

将式（3.45）的积分区域由整个区域转换为单元区域，将式（3.6）代入，且合并相同未知量后得到

$$2\mu \iint_{\Omega^e} \frac{\partial \boldsymbol{\Phi}}{\partial x}\frac{\partial \boldsymbol{\Phi}^\mathrm{T}}{\partial x}\mathrm{d}x\mathrm{d}y \boldsymbol{u}_I^e + \mu \iint_{\Omega^e} \frac{\partial \boldsymbol{\Phi}}{\partial y}\frac{\partial \boldsymbol{\Phi}^\mathrm{T}}{\partial y}\mathrm{d}x\mathrm{d}y \boldsymbol{u}_I^e - \lambda \iint_{\Omega^e}\left(\frac{\partial \boldsymbol{\Phi}}{\partial x}\frac{\partial \boldsymbol{\Phi}^\mathrm{T}}{\partial x}\right)\mathrm{d}x\mathrm{d}y \boldsymbol{u}_I^e +$$
$$\mu \iint_{\Omega^e} \frac{\partial \boldsymbol{\Phi}}{\partial x}\frac{\partial \boldsymbol{\Phi}^\mathrm{T}}{\partial y}\mathrm{d}x\mathrm{d}y \boldsymbol{v}_I^e - \lambda \iint_{\Omega^e}\left(\frac{\partial \boldsymbol{\Phi}}{\partial x}\frac{\partial \boldsymbol{\Phi}^\mathrm{T}}{\partial y}\right)\mathrm{d}x\mathrm{d}y \boldsymbol{v}_I^e = -\int_{\Gamma^e} (\boldsymbol{\Phi}p)\cos\theta x\mathrm{d}\Gamma \tag{3.46a}$$

$$\mu \iint_{\Omega^e} \frac{\partial \boldsymbol{\Phi}}{\partial y}\frac{\partial \boldsymbol{\Phi}^\mathrm{T}}{\partial x}\mathrm{d}x\mathrm{d}y \boldsymbol{u}_I^e - \lambda \iint_{\Omega^e}\left(\frac{\partial \boldsymbol{\Phi}}{\partial y}\frac{\partial \boldsymbol{\Phi}^\mathrm{T}}{\partial x}\right)\mathrm{d}x\mathrm{d}y \boldsymbol{u}_I^e + \mu \iint_{\Omega^e} \frac{\partial \boldsymbol{\Phi}}{\partial x}\frac{\partial \boldsymbol{\Phi}^\mathrm{T}}{\partial x}\mathrm{d}x\mathrm{d}y \boldsymbol{v}_I^e +$$
$$2\mu \iint_{\Omega^e} \frac{\partial \boldsymbol{\Phi}}{\partial y}\frac{\partial \boldsymbol{\Phi}^\mathrm{T}}{\partial y}\mathrm{d}x\mathrm{d}y \boldsymbol{v}_I^e - \lambda \iint_{\Omega^e}\left(\frac{\partial \boldsymbol{\Phi}}{\partial y}\frac{\partial \boldsymbol{\Phi}^\mathrm{T}}{\partial y}\right)\mathrm{d}x\mathrm{d}y \boldsymbol{v}_I^e = -\int_{\Gamma^e} (\boldsymbol{\Phi}p)\cos\theta y\mathrm{d}\Gamma \tag{3.46b}$$

简化后得到

$$DP_{11}^e \boldsymbol{u}_I^e + DP_{12}^e \boldsymbol{v}_I^e = F_1^e \tag{3.47a}$$

$$DP_{21}^e \boldsymbol{u}_I^e + DP_{22}^e \boldsymbol{v}_I^e = F_2^e \tag{3.47b}$$

式中，

$$DP_{11}^e = 2\mu \iint_{\Omega^e} \frac{\partial \boldsymbol{\Phi}}{\partial x}\frac{\partial \boldsymbol{\Phi}^\mathrm{T}}{\partial x}\mathrm{d}x\mathrm{d}y + \mu \iint_{\Omega^e} \frac{\partial \boldsymbol{\Phi}}{\partial y}\frac{\partial \boldsymbol{\Phi}^\mathrm{T}}{\partial y}\mathrm{d}x\mathrm{d}y - \lambda \iint_{\Omega^e} \frac{\partial \boldsymbol{\Phi}}{\partial x}\frac{\partial \boldsymbol{\Phi}^\mathrm{T}}{\partial x}\mathrm{d}x\mathrm{d}y \tag{3.48a}$$

$$DP_{12}^e = \mu \iint_{\Omega^e} \frac{\partial \boldsymbol{\Phi}}{\partial x}\frac{\partial \boldsymbol{\Phi}^\mathrm{T}}{\partial y}\mathrm{d}x\mathrm{d}y - \lambda \iint_{\Omega^e} \frac{\partial \boldsymbol{\Phi}}{\partial x}\frac{\partial \boldsymbol{\Phi}^\mathrm{T}}{\partial y}\mathrm{d}x\mathrm{d}y \tag{3.48b}$$

$$DP^e_{21} = \mu \iint_{\Omega^e} \frac{\partial \boldsymbol{\Phi}}{\partial y} \frac{\partial \boldsymbol{\Phi}^{\mathrm{T}}}{\partial x} \mathrm{d}x\mathrm{d}y - \lambda \iint_{\Omega^e} \frac{\partial \boldsymbol{\Phi}}{\partial y} \frac{\partial \boldsymbol{\Phi}^{\mathrm{T}}}{\partial x} \mathrm{d}x\mathrm{d}y \quad (3.48\mathrm{c})$$

$$DP^e_{22} = \mu \iint_{\Omega^e} \frac{\partial \boldsymbol{\Phi}}{\partial x} \frac{\partial \boldsymbol{\Phi}^{\mathrm{T}}}{\partial x} \mathrm{d}x\mathrm{d}y + 2\mu \iint_{\Omega^e} \frac{\partial \boldsymbol{\Phi}}{\partial y} \frac{\partial \boldsymbol{\Phi}^{\mathrm{T}}}{\partial y} \mathrm{d}x\mathrm{d}y - \lambda \iint_{\Omega^e} \frac{\partial \boldsymbol{\Phi}}{\partial y} \frac{\partial \boldsymbol{\Phi}^{\mathrm{T}}}{\partial y} \mathrm{d}x\mathrm{d}y \quad (3.48\mathrm{d})$$

$$F^e_1 = - \int_{\Gamma^e} (\boldsymbol{\Phi} p) \cos\theta x \mathrm{d}\Gamma \quad (3.48\mathrm{e})$$

$$F^e_2 = - \int_{\Gamma^e} (\boldsymbol{\Phi} p) \cos\theta y \mathrm{d}\Gamma \quad (3.48\mathrm{f})$$

罚函数有限元方法单元方程的矩阵形式为

$$\begin{pmatrix} DP^e_{11} & DP^e_{12} \\ DP^e_{21} & DP^e_{22} \end{pmatrix} \begin{pmatrix} \boldsymbol{u}^e_I \\ \boldsymbol{v}^e_I \end{pmatrix} = \begin{pmatrix} F^e_1 \\ F^e_2 \end{pmatrix} \quad (3.49)$$

3.4.5 总体方程的组合

采用 3.2.5 小节中 $\boldsymbol{D}$ 子块和 $\boldsymbol{F}$ 子块的组合方法，将式(3.49)中 DP^e_{11}，DP^e_{12}，DP^e_{21}，DP^e_{22}，F^e_1 和 F^e_2 单元方程数据子块组合到 DP_{11}，DP_{12}，DP_{21}，DP_{22}，F_1 和 F_2 总体方程数据子块中，得到总体方程为

$$\begin{pmatrix} DP_{11} & DP_{12} \\ DP_{21} & DP_{22} \end{pmatrix} \begin{pmatrix} u \\ v \end{pmatrix} = \begin{pmatrix} F_1 \\ F_2 \end{pmatrix} \quad (3.50)$$

3.4.6 压力的计算

与速度-压力有限元方法不同，罚函数有限元方法中结点压力需要在得到流场速度分布后计算。将式(3.44)应用到某个单元，并代入式(3.6)得到

$$p^e_I = \lambda \left(\frac{\partial \boldsymbol{\Phi}}{\partial x} \boldsymbol{u}^e_I + \frac{\partial \boldsymbol{\Phi}}{\partial y} \boldsymbol{v}^e_I \right) \quad (3.51)$$

在一个单元内，提取了单元内各个结点坐标和速度后，便可利用式（3.51）计算结点压力。式中，$\frac{\partial \boldsymbol{\Phi}}{\partial x}$ 和 $\frac{\partial \boldsymbol{\Phi}}{\partial y}$ 可用式（3.13）计算，都是局部坐标 ξ 和 η 的函数。与图 3-5 对应的四边形二次单元各个结点的局部坐标见表 3-9。这样就可以计算单元内各个结点的压力。

表3-9 四边形二次单元各个结点的局部坐标

序 号	ξ	η	序 号	ξ	η
1	-1	-1	6	1	0
2	0	-1	7	-1	1
3	1	-1	8	0	1
4	-1	0	9	1	1
5	0	0			

对于一个结点共用于多个单元的情况，如图 3-10 所示，当结点1 共用于 4 个单元（单

元号 $e=(r, s, t, q)$，可以利用式（3.47）计算每个单元内所有结点的压力，然后共用结点的压力进行均值处理或加权均值处理：

$$p = \frac{p_{r1} + p_{s1} + p_{t1} + p_{q1}}{4} \quad (3.52)$$

$$p = \frac{p_{r1}A_r + p_{s1}A_s + p_{t1}A_t + p_{q1}A_q}{A_r + A_s + A_t + A_q} \quad (3.53)$$

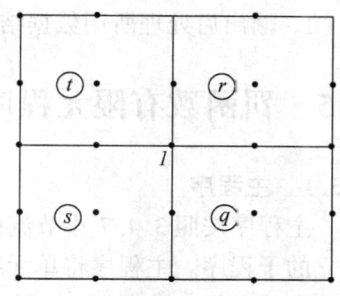

图 3-10 共用结点单元

式中，p_{i1} 表示在第 i 个单元内计算出来的结点 1 的压力；A_i 表示第 i 个单元的面积，$i = r, s, t, q$。编程时可以建立结点压力数据 JPD。JPD 为一个两列的向量，第一列用于累加各个结点在不同单元内的压力，第二列用于统计结点在不同单元的共用次数。对于第 i 个单元，计算单元结点压力后根据 JMV 数据将结点压力累加到 JPD 的第一列，编程时的累加语句为

$$\text{JPD}(\text{JMV}(i,j),1) = \text{JPD}(\text{JMV}(i,j),1) + \text{PIE}(j,1) \quad (3.54)$$

式中，j 指标的范围是 1 到 9；PIE 为单元内各个结点压力组成的向量。此外，JPD 第二列还要统计累加次数：

$$\text{JPD}(\text{JMV}(i,j),2) = \text{JPD}(\text{JMV}(i,j),2) + 1 \quad (3.55)$$

当使用均值法处理共用结点压力时，JPD 的第一列和第二列数据对应相除，就可以得到各个结点压力数值。

3.4.7 求解流程

使用罚函数有限元方法的求解流程为：

A. 设定罚系数。

B. 读取网格数据，数据中包括速度单元结点数据 JMV、速度单元结点坐标数据 JXYV、单元总数 E、结点总数 N_z、各边界结点数据 BP_i 和各边界单元数据 BE_i。

C. 设定物料黏度。

D. 根据实际情况编写边界条件数据 JBV 和 JBP。如果某个边界存在速度边界条件，则将该边界对应的 BP_i 数据与边界结点 x 和 y 方向速度数值一起组成 JBV 数据；如果某个边界存在压力边界条件，则将该边界对应的 BE_i 数据与边界单元边界边上的各个结点压力值一起组成 JBP 数据。

E. 初始化总体方程各个数据子块。

F. 逐个单元计算单元方程系数矩阵各子块 DP_{11}^e，DP_{12}^e，DP_{21}^e 和 DP_{22}^e，并组合到总体方程系数矩阵子块 DP_{11}，DP_{12}，DP_{21} 和 DP_{22}。

G. 如果存在压力边界条件，则需根据 JBP 数据，计算每一个含有压力边界单元的 F_1^e 和 F_2^e 子块，并组合到总体方程右边向量子块 F_1 和 F_2 中。

H. 将 DP_{11}，DP_{12}，DP_{21}，DP_{22}，F_1 和 F_2 组合成总体方程。

I. 采用乘大数代入法或对角线归一法将速度边界条件数据 JBV 代入总体方程；对于结点 x 方向速度分量 u，对应总体方程行（列）号为结点序号；对于结点 y 方向速度分量 v，对应总体方程行（列）号为结点序号加上 N_z。

J. 求解方程并提取单元结点速度。
K. 根据 3.4.6 小节内容计算结点压力。
L. 输出后处理所用数据结果后,清除多余变量,并存储计算结果。

3.5 罚函数有限元程序

3.5.1 主程序

主程序按照 3.4.7 小节流程编写。其中单元方程系数矩阵和右边向量各子块的计算都有独立的子程序。主程序将单元结点坐标数据作为调用这些函数的实参调用子函数,完成单元子块的计算,并根据 JMV 数据将单元子块组装到总体子块中。在计算得到速度分布结果后,利用 3.4.6 小节内容,计算结点压力。计算完成后,按照 Tecplot 后处理软件所需的数据要求,输出计算结果,并存储计算结果。最后,为进行对比分析,编写了出口结点速度输出代码。创建 main_newton_P.m 文件,并录入以下代码。

```
clc
clear
%%%%%%%%%%%%%%%%%%%%%%%%%%%%%%%%%%%%%%%%
%%%%%%%%%%%%%%%%    迭代步骤 A 开始    %%%%%%%%%%%%%%%%
%%%%%%%%%%%%%%%%       设定罚系数      %%%%%%%%%%%%%%%%
lamda = 1e12;% 罚系数
%%%%%%%%%%%%%%%%    迭代步骤 A 结束    %%%%%%%%%%%%%%%%
%%%%%%%%%%%%%%%%%%%%%%%%%%%%%%%%%%%%%%%%

%%%%%%%%%%%%%%%%%%%%%%%%%%%%%%%%%%%%%%%%
%%%%%%%%%%%%%%%%    迭代步骤 B 开始    %%%%%%%%%%%%%%%%
%%%%%%%%%%%%%%%%       读取网格数据    %%%%%%%%%%%%%%%%
load msh
%%%%%%%%%%%%%%%%%%%%%%%%%%%%%%%%%%%%%%%%
%%%%%%%%%%%%%%%%    迭代步骤 B 结束    %%%%%%%%%%%%%%%%
%%%%%%%%%%%%%%%%%%%%%%%%%%%%%%%%%%%%%%%%

%%%%%%%%%%%%%%%%%%%%%%%%%%%%%%%%%%%%%%%%
%%%%%%%%%%%%%%%%    迭代步骤 C 开始    %%%%%%%%%%%%%%%%
%%%%%%%%%%%%%%%%       设定物料黏度    %%%%%%%%%%%%%%%%
%%%%%%%%%%%%%%%%%%%%%%%%%%%%%%%%%%%%%%%%
niandu = 1000;
```

```
%%%%%%%%%%%%%%%%%%%%%%%%%%%%%%%%%%%%%%%%%%%%
%%%%%%%%%%%%%        迭代步骤 C 结束      %%%%%%%%%%%%%
%%%%%%%%%%%%%%%%%%%%%%%%%%%%%%%%%%%%%%%%%%%

%%%%%%%%%%%%%%%%%%%%%%%%%%%%%%%%%%%%%%%%%%%%
%%%%%%%%%%%%%        迭代步骤 D 开始      %%%%%%%%%%%%%
%%%%%%%%%%%%%        设定边界条件          %%%%%%%%%%%%%
%%%%%%%%%%%%%%%%%%%%%%%%%%%%%%%%%%%%%%%%%%%
u1 = 0; v1 = 0;
u3 = 0.01; v3 = 0;
JBV1 = [BP1', u1 * ones(size(BP1))', v1 * ones(size(BP1))'];
JBV3 = [BP3', u3 * ones(size(BP3))', v3 * ones(size(BP3))'];
JBV = [JBV1; JBV3];
P2 = 0;
P4 = 1000;
JBP2 = [BE2, ones(size(BE2(:,1))) * P2, ones(size(BE2(:,1))) * P2];
JBP4 = [BE4, ones(size(BE4(:,1))) * P4, ones(size(BE4(:,1))) * P4];
JBP = [JBP2; JBP4];
clear JBV1 JBV3 BP1 BP3 BP4
clear JBP2 JBP4 P2 P4
clear BE1 BE2 BE3 BE4
clear u1 v1 u3 v3
%%%%%%%%%%%%%%%%%%%%%%%%%%%%%%%%%%%%%%%%%%%%
%%%%%%%%%%%%        迭代步骤 D 结束       %%%%%%%%%%%%%
%%%%%%%%%%%%%%%%%%%%%%%%%%%%%%%%%%%%%%%%%%%


%%%%%%%%%%%%%%%%%%%%%%%%%%%%%%%%%%%%%%%%%%%%
%%%%%%%%%%%%%        迭代步骤 E 开始      %%%%%%%%%%%%%
%%%%%%%%%%%%         初始化总体方程各个数据子块      %%%%%%%%%%
%%%%%%%%%%%%%%%%%%%%%%%%%%%%%%%%%%%%%%%%%%%%
DP11 = zeros(Nz, Nz);
DP12 = zeros(Nz, Nz);
DP21 = zeros(Nz, Nz);
DP22 = zeros(Nz, Nz);
F1 = zeros(Nz, 1);
F2 = zeros(Nz, 1);
%%%%%%%%%%%%%%%%%%%%%%%%%%%%%%%%%%%%%%%%%%%%
%%%%%%%%%%%%        迭代步骤 E 结束       %%%%%%%%%%%%%
%%%%%%%%%%%%%%%%%%%%%%%%%%%%%%%%%%%%%%%%%%%
```

```
%%%%%%%%%%%%%%%%%%%%%%%%%%%%%%%%%%%%%%%%%%%%
%%%%%%%%%%%%%          迭代步骤 F 开始          %%%%%%%%%%%%%
%%%%%%%%%     计算单元方程系数矩阵各子块并组装     %%%%%%%%%%
%%%%%%%%%%%%%%%%%%%%%%%%%%%%%%%%%%%%%%%%%%%%
for i = 1:E
    for ie = 1:9;
        JXYe(ie,:) = JXYV(JMV(i,ie),:);
    end
    [DPe11,DPe12,DPe21,DPe22] = function_of_DPe(JXYe,niandu,lamda);
    for r = 1:4
    end
    for r = 1:9
        for s = 1:9
            DP11(JMV(i,r),JMV(i,s)) = DP11(JMV(i,r),JMV(i,s)) + DPe11(r,s);
            DP12(JMV(i,r),JMV(i,s)) = DP12(JMV(i,r),JMV(i,s)) + DPe12(r,s);
            DP21(JMV(i,r),JMV(i,s)) = DP21(JMV(i,r),JMV(i,s)) + DPe21(r,s);
            DP22(JMV(i,r),JMV(i,s)) = DP22(JMV(i,r),JMV(i,s)) + DPe22(r,s);
        end
    end
end
%%%%%%%%%%%%%%%%%%%%%%%%%%%%%%%%%%%%%%%%%%%%
%%%%%%%%%%%%%          迭代步骤 F 结束          %%%%%%%%%%%%%
%%%%%%%%%%%%%%%%%%%%%%%%%%%%%%%%%%%%%%%%%%%%


%%%%%%%%%%%%%%%%%%%%%%%%%%%%%%%%%%%%%%%%%%%%
%%%%%%%%%%%%%          迭代步骤 G 开始          %%%%%%%%%%%%%
%%%%%%%%%     计算单元方程右边向量子块并组装     %%%%%%%%%%
%%%%%%%%%%%%%%%%%%%%%%%%%%%%%%%%%%%%%%%%%%%%
for i = 1:length(JBP(:,1))
    for ie = 1:9
        JXYe(ie,:) = JXYV(JMV(JBP(i,1),ie),:);
    end
    [Fe1,Fe2] = function_of_Fe(JXYe,JBP(i,:));
    for r = 1:9
        F1(JMV(JBP(i,1),r),1) = F1(JMV(JBP(i,1),r),1) + Fe1(r,1);
        F2(JMV(JBP(i,1),r),1) = F2(JMV(JBP(i,1),r),1) + Fe2(r,1);
```

```
        end
end
%%%%%%%%%%%%%%%%%%%%%%%%%%%%%%%%%%%%%%%
%%%%%%%%%%%%%%        迭代步骤 G 结束        %%%%%%%%%%%%%
%%%%%%%%%%%%%%%%%%%%%%%%%%%%%%%%%%%%%%%


%%%%%%%%%%%%%%%%%%%%%%%%%%%%%%%%%%%%%%%
%%%%%%%%%%%%%%        迭代步骤 H 开始        %%%%%%%%%%%%%
%%%%%%%%%%%%%%%%        组合总体方程        %%%%%%%%%%%%%
%%%%%%%%%%%%%%%%%%%%%%%%%%%%%%%%%%%%%%%
K = [DP11 DP12
     DP21 DP22];
B = [-F1; -F2];
%%%%%%%%%%%%%%%%%%%%%%%%%%%%%%%%%%%%%%%
%%%%%%%%%%%%%%        迭代步骤 H 结束        %%%%%%%%%%%%%
%%%%%%%%%%%%%%%%%%%%%%%%%%%%%%%%%%%%%%%


%%%%%%%%%%%%%%%%%%%%%%%%%%%%%%%%%%%%%%%
%%%%%%%%%%%%%%        迭代步骤 I 开始        %%%%%%%%%%%%%
%%%%%%%%%%%%%%%%        代入 JBV 数据        %%%%%%%%%%%%%
%%%%%%%%%%%%%%%%%%%%%%%%%%%%%%%%%%%%%%%
N_matrix = 2*Nz;
for i = 1:length(JBV(:,1))
    II = JBV(i,1);
    u = JBV(i,2);
    for J = 1:N_matrix
        B(J) = B(J) - K(J,II)*u;
    end
    K(II,:) = zeros(1,N_matrix);
    K(:,II) = zeros(N_matrix,1);
    K(II,II) = 1;
    B(II) = u;
end
for i = 1:length(JBV(:,1))
    II = Nz + JBV(i,1);
    v = JBV(i,3);
    for J = 1:N_matrix
        B(J) = B(J) - K(J,II)*v;
```

```matlab
        end
        K(II,:) = zeros(1,N_matrix);
        K(:,II) = zeros(N_matrix,1);
        K(II,II) = 1;
        B(II) = v;
end
%%%%%%%%%%%%%%%%%%%%%%%%%%%%%%%%%%%%%%%%%%%%%%%
%%%%%%%%%%%%%         迭代步骤 I 结束         %%%%%%%%%%%%%
%%%%%%%%%%%%%%%%%%%%%%%%%%%%%%%%%%%%%%%%%%%%%%


%%%%%%%%%%%%%%%%%%%%%%%%%%%%%%%%%%%%%%%%%%%%%%%
%%%%%%%%%%%%%         迭代步骤 J 开始         %%%%%%%%%%%%%
%%%%%%%%%%%%%              求解方程            %%%%%%%%%%%%%
%%%%%%%%%%%%%%%%%%%%%%%%%%%%%%%%%%%%%%%%%%%%%%
x = K\B;
ux_k_1 = x(1:Nz);
vy_k_1 = x(1+Nz:2*Nz);
%%%%%%%%%%%%%%%%%%%%%%%%%%%%%%%%%%%%%%%%%%%%%%%
%%%%%%%%%%%%%         迭代步骤 J 结束         %%%%%%%%%%%%%
%%%%%%%%%%%%%%%%%%%%%%%%%%%%%%%%%%%%%%%%%%%%%%



%%%%%%%%%%%%%%%%%%%%%%%%%%%%%%%%%%%%%%%%%%%%%%%
%%%%%%%%%%%%%         迭代步骤 K 开始         %%%%%%%%%%%%%
%%%%%%%%%%%%%      逐个计算单元内部结点压力    %%%%%%%%%%%%%
%%%%%%%%%%%%%           并进行累加求平均       %%%%%%%%%%%%%
%%%%%%%%%%%%%%%%%%%%%%%%%%%%%%%%%%%%%%%%%%%%%%
    Padd = zeros(Nz,2);
    for i_e = 1:E
        for i = 1:9
            JXYe(i,:) = JXYV(JMV(i_e,i),:);
            uve(i,1) = ux_k_1(JMV(i_e,i),:);
            uve(i,2) = vy_k_1(JMV(i_e,i),:);
        end
        PIE = function_PIE(JXYe,uve,lamda);
        for i = 1:9
            Padd(JMV(i_e,i),1) = Padd(JMV(i_e,i),1) + PIE(i,1);
            Padd(JMV(i_e,i),2) = Padd(JMV(i_e,i),2) + 1;
```

```
            end
        end
        for i = 1:Nz
            p_k_1(i,1) = Padd(i,1)/Padd(i,2);
        end
```
%%
%%%%%%%%%%%%%%   迭代步骤 K 结束   %%%%%%%%%%%%%%
%%

%%
%%%%%%%%%%%%%%   迭代步骤 L 开始   %%%%%%%%%%%%%%
%%
```
% 输出 Tecplot 后处理结果
E = E * 4
Nz = Nz
data = [JXYV,ux_k_1,vy_k_1,sqrt(ux_k_1.^2+vy_k_1.^2),p_k_1]
JMV4 = JMV_9to4(JMV)
% 清除多余变量
clear B E II J JBV JMV JMV4 JXYV K N_matrix Nd Nz
clear data niandu p4 u v x
% 存储结果
save result_of_n1
```
%%
%%%%%%%%%%%%%%   迭代步骤 L 结束   %%%%%%%%%%%%%%
%%

%%
%%%%%%%%%%%%%%   出口速度提取   %%%%%%%%%%%%%%
%%
for i = 1:length(BP2)
    UB2(i,1) = ux_k_1(BP2(i),1);
end
UB2 = UB2
%%
%%%%%%%%%%%%%%   出口速度提取   %%%%%%%%%%%%%%
%%
```

### 3.5.2 单元 $DP_{ij}^e$ 子块计算程序

创建 function_of_DPe.m 程序，并录入以下程序。根据式（3.48）编写程序，计算
```

DP_{ij}^e 子块。

```
function [DPe11,DPe12,DPe21,DPe22] = function_of_DPe(e_JXY,niandu,lamda)
%%%%%%% 初始化 DPe11,DPe12,DPe21 和 DPe22
DPe11 = zeros(9,9);
DPe12 = zeros(9,9);
DPe21 = zeros(9,9);
DPe22 = zeros(9,9);
%%%%%%% 初始化 DPe11,DPe12,DPe21 和 DPe22
%%%%%%% 高斯积分数据
gp = [0.932469514203152, 0.661209386466265, 0.238619186083197, -0.932469514203152,
     -0.661209386466265, -0.238619186083197];
gw = [0.171324492379170, 0.360761573048139, 0.467913934572691, 0.171324492379170,
      0.360761573048139, 0.467913934572691];
kesi = gp;
ita = gp;
%%%%%%% 高斯积分数据
%%%%%%% DPe11,DPe12,DPe21 和 DPe22 的数值积分
for i = 1:6
    for j = 1:6
        %%%%%%% 速度插值函数对 kesi 和 ita 的导数
        fy_kesi = [1/4*ita(j)*(kesi(i)-1)*(ita(j)-1)+1/4*kesi(i)*ita(j)*
                  (ita(j)-1)
                  -ita(j)*kesi(i)*(ita(j)-1)
                  1/4*ita(j)*(kesi(i)+1)*(ita(j)-1)+1/4*kesi(i)*ita(j)*(ita(j)-1)
                  1/2*(kesi(i)-1)*(1-ita(j)^2)+1/2*kesi(i)*(1-ita(j)^2)
                  -2*kesi(i)*(1-ita(j)^2)
                  1/2*(kesi(i)+1)*(1-ita(j)^2)+1/2*kesi(i)*(1-ita(j)^2)
                  1/4*ita(j)*(kesi(i)-1)*(ita(j)+1)+1/4*kesi(i)*ita(j)*(ita(j)+1)
                  -ita(j)*kesi(i)*(ita(j)+1)
                  1/4*ita(j)*(kesi(i)+1)*(ita(j)+1)+1/4*kesi(i)*ita(j)*(ita(j)+1)];

        fy_ita = [1/4*kesi(i)*(kesi(i)-1)*(ita(j)-1)+1/4*kesi(i)*ita(j)*
                 (kesi(i)-1)
                 1/2*(1-kesi(i)^2)*(ita(j)-1)+1/2*ita(j)*(1-kesi(i)^2)
                 1/4*kesi(i)*(kesi(i)+1)*(ita(j)-1)+1/4*kesi(i)*ita(j)*(kesi(i)+1)
                 -kesi(i)*ita(j)*(kesi(i)-1)
                 -2*(1-kesi(i)^2)*ita(j)
```

```
                -kesi(i)*ita(j)*(kesi(i)+1)
            1/4*kesi(i)*(kesi(i)-1)*(ita(j)+1)+1/4*kesi(i)*ita(j)*(kesi(i)-1)
            1/2*(1-kesi(i)^2)*(ita(j)+1)+1/2*ita(j)*(1-kesi(i)^2)
            1/4*kesi(i)*(kesi(i)+1)*(ita(j)+1)+1/4*kesi(i)*ita(j)*(kesi(i)+1)];
        %%%%%%% 速度插值函数对 kesi 和 ita 的导数
        %%%%%%% Jacobi 相关计算
        dx_dkesi = fy_kesi'*e_JXY(:,1);
        dx_dita = fy_ita'*e_JXY(:,1);
        dy_dkesi = fy_kesi'*e_JXY(:,2);
        dy_dita = fy_ita'*e_JXY(:,2);
        Jacobi = [dx_dkesi dy_dkesi
                  dx_dita dy_dita];
        AAAA = inv(Jacobi)*[fy_kesi';fy_ita'];
        fy_x = AAAA(1,:)';
        fy_y = AAAA(2,:)';
        det_Jacobi = det(Jacobi);
        %%%%%%% Jacobi 相关计算
        %%%%%% DPe11,DPe12,DPe21 和 DPe22 单元方程子块计算
        DPe11 = DPe11 + gw(i)*gw(j)*(niandu*(2*fy_x*fy_x'+fy_y*fy_y')…
                -lamda*fy_x*fy_x')*det_Jacobi;
        DPe12 = DPe12 + gw(i)*gw(j)*(niandu*fy_x*fy_y'-lamda*fy_x*fy_y')…
                *det_Jacobi;
        DPe21 = DPe21 + gw(i)*gw(j)…
                *(niandu*fy_y*fy_x'-lamda*fy_y*fy_x')*det_Jacobi;
        DPe22 = DPe22 + gw(i)*gw(j)*(niandu*(2*fy_y*fy_y'+fy_x*fy_x')…
                -lamda*fy_y*fy_y')*det_Jacobi;
        %%%%%% DPe11,DPe12,DPe21 和 DPe22 单元方程子块计算
    end
end
    %%%%%% DPe11,DPe12,DPe21 和 DPe22 的数值积分
```

3.5.3 单元内结点压力计算程序

创建 function_PIE.m 程序，并录入以下程序。根据式（3.51）编写程序，计算单元内各个结点压力。

```
function PIE = function_PIE(JXYe,uve,lamda)
%%%%%%% 各个结点对应局部坐标
kesi = [-1 0 1 -1 0 1 -1 0 1];
ita = [-1 -1 -1 0 0 0 1 1 1];
```

```matlab
%%%%%%% 各个结点对应局部坐标
%%%%%%% 初始化 PIE
PIE = zeros(9,1);
%%%%%%% 初始化 PIE
%%%%%%% 循环计算单元内各个结点压力
for i = 1:9
    %%%%%%%%% 速度插值函数对 kesi 和 ita 的导数
    fy_kesi = [1/4*ita(i)*(kesi(i)-1)*(ita(i)-1)+1/4*kesi(i)*ita(i)*(ita(i)-1)
        -ita(i)*kesi(i)*(ita(i)-1)
        1/4*ita(i)*(kesi(i)+1)*(ita(i)-1)+1/4*kesi(i)*ita(i)*(ita(i)-1)
        1/2*(kesi(i)-1)*(1-ita(i)^2)+1/2*kesi(i)*(1-ita(i)^2)
        -2*kesi(i)*(1-ita(i)^2)
        1/2*(kesi(i)+1)*(1-ita(i)^2)+1/2*kesi(i)*(1-ita(i)^2)
        1/4*ita(i)*(kesi(i)-1)*(ita(i)+1)+1/4*kesi(i)*ita(i)*(ita(i)+1)
        -ita(i)*kesi(i)*(ita(i)+1)
        1/4*ita(i)*(kesi(i)+1)*(ita(i)+1)+1/4*kesi(i)*ita(i)*(ita(i)+1)];
    fy_ita = [1/4*kesi(i)*(kesi(i)-1)*(ita(i)-1)+1/4*kesi(i)*ita(i)*(kesi(i)-1)
        1/2*(1-kesi(i)^2)*(ita(i)-1)+1/2*ita(i)*(1-kesi(i)^2)
        1/4*kesi(i)*(kesi(i)+1)*(ita(i)-1)+1/4*kesi(i)*ita(i)*(kesi(i)+1)
        -kesi(i)*ita(i)*(kesi(i)-1)
        -2*(1-kesi(i)^2)*ita(i)
        -kesi(i)*ita(i)*(kesi(i)+1)
        1/4*kesi(i)*(kesi(i)-1)*(ita(i)+1)+1/4*kesi(i)*ita(i)*(kesi(i)-1)
        1/2*(1-kesi(i)^2)*(ita(i)+1)+1/2*ita(i)*(1-kesi(i)^2)
        1/4*kesi(i)*(kesi(i)+1)*(ita(i)+1)+1/4*kesi(i)*ita(i)*(kesi(i)+1)];
    %%%%%%%%% 插值函数求导
    %%%%%%%%% Jacobi 相关计算
    dx_dkesi = fy_kesi'*JXYe(:,1);
    dx_dita = fy_ita'*JXYe(:,1);
    dy_dkesi = fy_kesi'*JXYe(:,2);
    dy_dita = fy_ita'*JXYe(:,2);
    Jacobi = [dx_dkesi dy_dkesi
              dx_dita dy_dita];
    AAAA = inv(Jacobi)*[fy_kesi';fy_ita'];
    fy_x = AAAA(1,:)';
    fy_y = AAAA(2,:)';
    det_Jacobi = det(Jacobi);
    %%%%%%%%% Jacobi 相关计算
```

```
                %%%%%%%%    单元内结点压力计算
                    PIE(i,1) = 1/lamda * (fy_x'*uve(:,1) + fy_y'*uve(:,2));
                %%%%%%%%    单元内结点压力计算
        end
                %%%%%循环计算单元内各个结点压力
```

3.5.4 其他程序

本章使用的其他程序包括网格生成程序、单元 F_i^e 子块计算程序、网格细化程序、四边形网格绘制程序均与 3.3 节中一致。

3.5.5 计算结果

图 3-11 和图 3-12 所示分别为用罚函数有限元方法求得的速度分布和压力分布。表 3-10 中对比了罚函数有限元方法与速度-压力有限元方法求得的出口速度。可见两种方法得到结果一致。与速度-压力有限元方法相比，罚函数有限元计算时总体方程系数矩阵占用内存较少，并且求解总体方程消耗的时间也减少。但值得注意的是，对于不同求解问题罚系数需要反复调整。

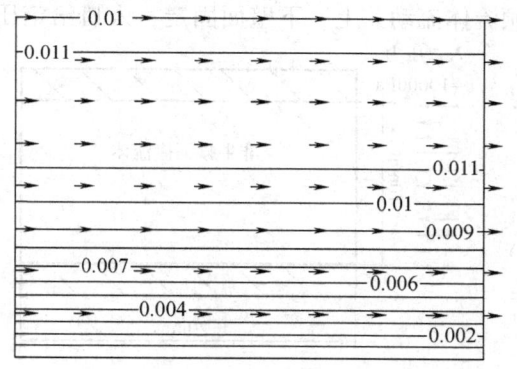

图 3-11 速度分布

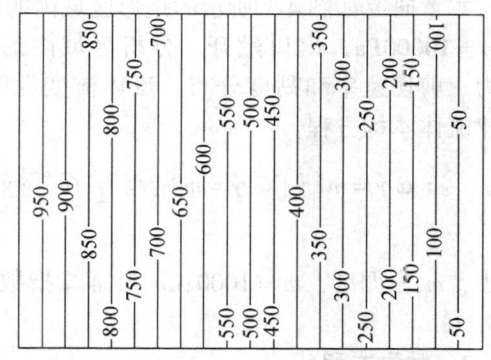

图 3-12 压力分布

表 3-10 罚函数有限元方法与速度压力有限元方法求得的出口速度对比

结点序号	罚函数有限元方法	速度-压力有限元方法	结点序号	罚函数有限元方法	速度-压力有限元方法
5	0.00000	0.00000	64	0.011523	0.011523
38	0.003711	0.003711	20	0.011719	0.011719
10	0.006719	0.006719	77	0.011211	0.011211
51	0.009023	0.009023	25	0.010000	0.010000
15	0.010625	0.010625			

第 4 章 非牛顿流体流动的有限元求解

在第 3 章基础上,我们继续学习非牛顿流体的有限元求解方法。与牛顿流体不同,非牛顿流体的黏度与剪切速率有关,求解前需要给定初始速度分布,以计算初始黏度。每次迭代计算都会更新速度和黏度分布,直到这些变量变化误差达到收敛标准。本章以给定入口压力的平行平板间幂律流体流动为例,讲述非牛顿流体黏度的计算方法以及非牛顿流体问题求解的迭代方法,研究网格质量对计算精度的影响,分析物性参数及入口压力对区域剪切速率和黏度分布的影响。

4.1 计算实例及数学方程

4.1.1 计算实例

本章研究如图 4-1 所示的矩形区域内的非牛顿流体流动。上、下壁面固定,入口给定压力 $p=10000\text{Pa}$,出口敞开。分析区域内的速度、压力、剪切速率和黏度分布。流体流变性能满足幂律流体本构方程:

$$\tau = \mu\,\dot{\gamma} = m\left|\dot{\gamma}\right|^{n-1}\dot{\gamma} = m\left|\sqrt{2\underline{\underline{D}}:\underline{\underline{D}}}\right|^{n-1}\dot{\gamma} \tag{4.1}$$

式中,m 为稠度,$m=1000$;n 为幂律指数,$n=0.5$。

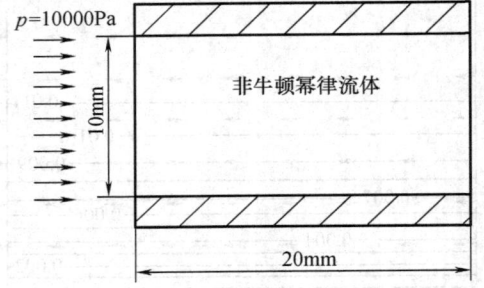

图 4-1 计算平行平板流域

4.1.2 数学方程

流体流动满足二维不可压缩缓慢等温情况下的 N-S 方程:

连续性方程:
$$\frac{\partial u}{\partial x} + \frac{\partial v}{\partial y} = 0 \tag{4.2}$$

x 方向运动方程:
$$-\frac{\partial p}{\partial x} + \frac{\partial \tau_{xx}}{\partial x} + \frac{\partial \tau_{xy}}{\partial y} = 0 \tag{4.3}$$

y 方向运动方程:
$$-\frac{\partial p}{\partial y} + \frac{\partial \tau_{yx}}{\partial x} + \frac{\partial \tau_{yy}}{\partial y} = 0 \tag{4.4}$$

式中,

$$\tau = \begin{pmatrix} \tau_{xx} & \tau_{xy} \\ \tau_{yx} & \tau_{yy} \end{pmatrix} = \mu \begin{pmatrix} 2\dfrac{\partial u}{\partial x} & \dfrac{\partial u}{\partial y}+\dfrac{\partial v}{\partial x} \\[2mm] \dfrac{\partial v}{\partial x}+\dfrac{\partial u}{\partial y} & 2\dfrac{\partial v}{\partial y} \end{pmatrix} \tag{4.5}$$

本构方程中剪切速率 $\dot{\gamma}$ 可表示为

$$\dot{\gamma} = \left[2\left(\frac{\partial u}{\partial x}\right)^2 + 2\left(\frac{\partial v}{\partial y}\right)^2 + \left(\frac{\partial v}{\partial x} + \frac{\partial u}{\partial y}\right)^2\right]^{\frac{1}{2}} \quad (4.6)$$

这样黏度的表达式为

$$\mu = m\left[2\left(\frac{\partial u}{\partial x}\right)^2 + 2\left(\frac{\partial v}{\partial y}\right)^2 + \left(\frac{\partial v}{\partial x} + \frac{\partial u}{\partial y}\right)^2\right]^{\frac{n-1}{2}} \quad (4.7)$$

4.2 有限元方法求解方程

4.2.1 计算区域的离散

本章采用四边形单元离散计算区域。速度单元采用四边形二次单元；压力单元采用四边形线性单元。用于有限元计算的网格数据包括速度单元结点数据 JMV、压力单元结点数据 JMP、速度单元结点坐标数据 JXYV、速度边界数据 JBV、压力边界数据 JBP、速度单元结点数 N_z、压力单元结点数 N_d 和单元总数 E。这些数据存储内容与第 3 章一致，不再累述。本例中先分析网格数量对计算精度的影响，然后再确定计算时所用的网格数量。

4.2.2 插值函数及其相关计算

单元内一点的速度和压力可分别表示为

$$u = \boldsymbol{\Phi}^T \boldsymbol{u}_I^e, \quad v = \boldsymbol{\Phi}^T \boldsymbol{v}_I^e \quad (4.8)$$

$$p = \boldsymbol{\Psi}^T \boldsymbol{p}_I^e \quad (4.9)$$

有关插值函数及其导数形式的内容，与第 3 章中的相关内容一致，不再累述。

4.2.3 加权余量方程

建立加权余量方程时，与第 3 章中的相关内容一样，连续性方程与压力单元插值函数相乘，并在计算区域内积分；运动方程与速度单元插值函数相乘，并在计算区域内积分。且在整个积分过程中将黏度按照常数处理。具体过程与第 3 章中的相关过程相似，不再累述。

4.2.4 单元方程的建立

经过积分区域转换，得到单元方程：

$$\begin{pmatrix} D_{11}^e & D_{12}^e & -C_1^e \\ D_{21}^e & D_{22}^e & -C_2^e \\ B_1^e & B_2^e & 0 \end{pmatrix} \begin{pmatrix} \boldsymbol{u}_I^e \\ \boldsymbol{v}_I^e \\ \boldsymbol{p}_I^e \end{pmatrix} = \begin{pmatrix} -F_1^e \\ -F_2^e \\ 0 \end{pmatrix} \quad (4.10)$$

式中，B^e、C^e 和 F^e 子块与第 3 章内容一致，不再累述。下面我们来看 D_{ij}^e 子块的计算方法。以 D_{11}^e 的计算为例：

$$D_{11}^e = 2\iint_{\Omega^e} \mu \frac{\partial \boldsymbol{\Phi}}{\partial x} \frac{\partial \boldsymbol{\Phi}^T}{\partial x} dxdy + \int_{\Omega^e} \mu \frac{\partial \boldsymbol{\Phi}}{\partial y} \frac{\partial \boldsymbol{\Phi}^T}{\partial y} dxdy \quad (4.11)$$

上式中黏度与剪切速率有关，剪切速率计算式中包含速度导数项，见式（4.6）和式（4.7）。将式（4.8）分别代入式（4.6）和式（4.7）得到

$$\dot{\gamma} = \sqrt{2\left(\frac{\partial \boldsymbol{\Phi}}{\partial x}\boldsymbol{u}_I^e\right)^2 + 2\left(\frac{\partial \boldsymbol{\Phi}}{\partial y}\boldsymbol{v}_I^e\right)^2 + \left(\frac{\partial \boldsymbol{\Phi}}{\partial x}\boldsymbol{v}_I^e + \frac{\partial \boldsymbol{\Phi}}{\partial y}\boldsymbol{u}_I^e\right)^2} \quad (4.12)$$

$$\mu = m\left[2\left(\frac{\partial \boldsymbol{\Phi}}{\partial x}\boldsymbol{u}_I^e\right)^2 + 2\left(\frac{\partial \boldsymbol{\Phi}}{\partial y}\boldsymbol{v}_I^e\right)^2 + \left(\frac{\partial \boldsymbol{\Phi}}{\partial x}\boldsymbol{v}_I^e + \frac{\partial \boldsymbol{\Phi}}{\partial y}\boldsymbol{u}_I^e\right)^2\right]^{\frac{n-1}{2}} \quad (4.13)$$

式中，$\frac{\partial \boldsymbol{\Phi}}{\partial x}$ 和 $\frac{\partial \boldsymbol{\Phi}}{\partial y}$ 是 ξ 和 μ 的函数，在已知各个结点处速度的情况下，可计算单元内各结点的黏度。对于一个结点共用于多个单元的情况，如图 4-2 所示，当结点 1 共用于 4 个单元（单元号 $e = \textcircled{r}$，$\textcircled{s}$，$\textcircled{t}$，$\textcircled{q}$）时，可以利用式（4.13）计算每个单元内所有结点的黏度，然后共用结点的黏度进行均值处理或加权均值处理：

$$\mu = \frac{\mu_{r1} + \mu_{s1} + \mu_{t1} + \mu_{q1}}{4} \quad (4.14)$$

$$\mu = \frac{\mu_{r1}A_r + \mu_{s1}A_s + \mu_{t1}A_t + \mu_{q1}A_q}{A_r + A_s + A_t + A_q} \quad (4.15)$$

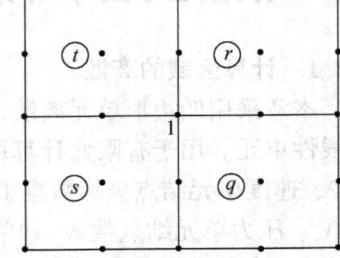

图 4-2 共用结点单元

式中，μ_{i1} 表示在第 i 个单元内计算出来的结点 1 的黏度；A_i 表示第 i 个单元的面积，$i = r$，s，t，q。编程时可以建立结点黏度数据 JVD。JVD 为一个两列的向量，第一列用于累加各个结点在不同单元内的黏度，第二列用于统计结点在不同单元的共用次数。对于第 i 个单元，计算单元结点黏度后根据 JMV 数据将结点黏度累加到 JVD 的第一列，编程时的累加语句为

$$\text{JVD}(\text{JMV}(i,j),1) = \text{JVD}(\text{JMV}(i,j),1) + \text{VIE}(j,1) \quad (4.16)$$

式中，j 指标的范围是 1 到 9；VIE 为单元内各个结点黏度组成的向量。此外，JVD 第二列还要统计累加次数：

$$\text{JVD}(\text{JMV}(i,j),2) = \text{JVD}(\text{JMV}(i,j),2) + 1 \quad (4.17)$$

当使用均值法处理共用结点黏度时，JVD 的第一列和第二列数据对应相除，就可以得到各个结点黏度数值。当计算得到结点黏度后，单元内任意一点黏度可使用插值函数与结点黏度的乘积并求和表示：

$$\mu = \boldsymbol{\Phi}^{\mathrm{T}}\boldsymbol{\mu}_I^e \quad (4.18)$$

将式（4.18）代入式（4.11），采用数值积分便可以计算 D_{11}^e，其他 D_{ij}^e 子块的求解方法与 D_{11}^e 一样，不再累述。

4.2.5 总体方程的组合

单元方程中 $\boldsymbol{B}^e$、$\boldsymbol{C}^e$ 和 $\boldsymbol{D}^e$ 子块计算后，根据 JMV 数据组合到总体方程中；$\boldsymbol{F}^e$ 子块计算后，根据 JBP 数据组合到总体方程中。组合后的方程为

$$\begin{pmatrix} D_{11} & D_{12} & -C_1 \\ D_{21} & D_{22} & -C_2 \\ F_1 & F_2 & 0 \end{pmatrix} \begin{pmatrix} u \\ v \\ p \end{pmatrix} = \begin{pmatrix} -F_1 \\ -F_2 \\ 0 \end{pmatrix} \quad (4.19)$$

4.2.6 迭代求解流程

在调用式（4.13）计算单元内结点黏度时，要用到已知的速度分布结果，但是在计算

开始时，还尚未得到速度分布，那么黏度计算中的初始速度分布哪里来呢？解决方法很简单，我们现将黏度表达式中幂律指数 n 取为1。这样问题就由非牛顿流体问题简化为了牛顿流体问题，黏度与速度无关。本章编写程序先从幂律指数 $n=1$ 开始计算，得到相同边界条件下的牛顿流体分布结果。然后逐次减小幂律指数（$n=0.9$，$n=0.7$），直到 $n=0.5$。迭代求解流程如下：

A. 设定幂律流体本构方程参数，读取网格数据，设定边界条件。

B. 读取迭代计算初始分布。当 $n=1$ 时，牛顿流体计算跳过这一步；当 $n=0.9$ 时，读取 $n=1$ 时的计算结果；当 $n=0.7$ 时，读取 $n=0.9$ 时的计算结果；当 $n=0.5$ 时，读取 $n=0.7$ 时的计算结果；初始计算结果中所包含的变量名称为 ux_k_1、vy_k_1 和 p_k_1。

C. 利用初始分布计算初始黏度分布 μ_{k+1}；这一步中，如果 $n=1$，则取 μ_{k+1} 等于幂律模型稠度 m 的数值；否则，根据式（4.13）和式（4.14）计算结点黏度，具体计算步骤为：

- C1. 建立结点黏度数据和结点剪切速率数据，总行数等于总结点数，列数等于2；
- C2. 提取单元结点坐标和单元结点速度；
- C3. 根据式（4.12）和式（4.13）计算单元内各个结点剪切速率和黏度；
- C4. 按照该单元的 JM 数据累加入结点黏度数据（结点剪切速率数据）的第一列相应位置，结点黏度数据（结点剪切速率数据）中第一列中某元素进行一次累加计算，该元素同行的另外一个元素，数值自动加1；
- C5. 所有单元黏度（剪切速率）都累加到结点黏度数据（结点剪切速率数据）第一列后，结点黏度（剪切速率）就等于结点黏度数据（结点剪切速率数据）的第一列与第二列对应相除的结果。对于幂律流体，存在无穷大剪切速率下黏度无穷小的情况和无穷小剪切速率下黏度无穷大的情况，为加速程序收敛，对于高黏度（$>10^{10}$）和低黏度（$<10^{-10}$）均进行截断处理，分别令黏度等于 10^{10} 和 10^{-10}。

D. 给定迭代初始条件，开始迭代计算：

- D1. 迭代赋值，令 $u_k=u_{k+1}$，$v_k=v_{k+1}$，$p_k=p_{k+1}$；
- D2. 初始化总体方程各子块（$\boldsymbol{B}$，$\boldsymbol{C}$，$\boldsymbol{D}$ 和 $\boldsymbol{F}$）；
- D3. 单元方程系数矩阵各子块（$\boldsymbol{B}^e$，$\boldsymbol{C}^e$ 和 $\boldsymbol{D}^e$）计算，并组装；
- D4. 代入压力边界条件数据，计算单元方程 $\boldsymbol{F}^e$ 子块，并组装；
- D5. 构建总体计算方程；
- D6. 代入速度边界条件 JBV 数据；
- D7. 求解方程，更新 u_{k+1}，v_{k+1} 和 p_{k+1}；
- D8. 利用 u_{k+1} 和 v_{k+1}，更新黏度 μ_{k+1}；
- D9. 误差计算，并进行误差分析，当相邻两次迭代结果的绝对误差或相对误差小于给定精度时，计算收敛，运行 D10 步后，迭代完成。否则，运行 D10 步后，回到第 D1 步重新计算。绝对误差和相对误差的计算式分别为

$$R_{绝对} = \max\{|u_{k+1}-u_k|, |v_{k+1}-v_k|, |p_{k+1}-p_k|, |\mu_{k+1}-\mu_k|\} \quad (4.20)$$

$$R_{相对} = \max\left\{\frac{|u_{k+1}-u_k|}{|u_{k+1}|}, \frac{|v_{k+1}-v_k|}{|v_{k+1}|}, \frac{|p_{k+1}-p_k|}{|p_{k+1}|}, \frac{|\mu_{k+1}-\mu_k|}{|\mu_{k+1}|}\right\} \quad (4.21)$$

- D10. 累加迭代次数，并输出当前步骤迭代结果。

值得注意的是，当计算低幂律指数时，可采用逐步减小幂律指数的方法，在得到前一步计算结果后，适当减小幂律指数，并以上一步计算结果作为初始解，重新开始计算，直到幂律指数达到预定数值。

4.3 程序编写

4.3.1 网格生成程序

本章使用第 3 章网格生成程序 grid_generation.m 生成网格数据，供主程序调用。使用前修改区域几何参数 $H=0.01\text{m}$，$L=0.02\text{m}$。分别按照表 4-1 各组中长度方向和宽度方向网格分段数，修改程序中 N_x 和 N_y 数值。分析网格数量对计算精度的影响，选择最优网格进行后续计算。

表 4-1 网格划分参数

分组	N_x	N_y	网格数	速度结点总数	压力结点总数
组 1	12	6	72	325	91
组 2	12	8	96	425	117
组 3	12	10	120	493	135
组 4	12	12	144	609	165
组 5	12	14	168	725	195

4.3.2 主程序

在使用 main.m 程序之前，需要将同样的网格文件在第 3 章程序中进行计算，以得到初始速度分布。本例为 $n=0.5$ 的非牛顿流体问题。需要先计算 $n=1$ 的情况，并存储 result_of_n1.mat 文件，作为后续步骤的初始解。然后依次计算 $n=0.9$，$n=0.7$ 和 $n=0.5$ 的结果，并分别存储为 result_of_n0p9.mal, result_of_n0p7.mat 和 result_of_n0p5.mat。对于幂律流体，理论上当剪切速率足够大时，存在 0 黏度结点，当剪切速率趋近 0 时，存在无限大黏度结点。有限元计算时，为了保证计算程序收敛，在计算结点黏度后，需要对黏度上、下限进行处理，当 $\mu<\mu_{\text{low-level}}$ 时，则 $\mu=\mu_{\text{low-level}}$；当 $\mu>\mu_{\text{up-level}}$ 时，则 $\mu=\mu_{\text{up-level}}$。

```
clc
clear
format short e
%%%%%%%%%%%%%%%%%%%%%%%%%%%%%%%%%%%%%%%%
%%%%%%%%%%%%%%%%%     迭代步骤 A 开始     %%%%%%%%%%%%%%%%%
%%%%%%%%%%%%%%%%%%%%%%%%%%%%%%%%%%%%%%%%
                    %%%%%%%%%%%%%%%%%
         %%%%%%%%%%%        物性参数        %%%%%%%%%%
                    %%%%%%%%%%%%%%%%%
n = 0.5;      % 先设定 n=1,然后依次计算 n=0.9,n=0.7 和 n=0.5 的结果
m = 1000;     % 稠度
```

```
%%%%%%%%%%%%%%%%%%%%%%%%%%%%%%%%%%%%
%%%%%%%%%%            读取网格数据            %%%%%%%%%%
%%%%%%%%%%%%%%%%%%%%%%%%%%%%%%%%%%%%%
load msh
%%%%%%%%%%%%%%%%%%%%%%%%%%%%%%%%%%%%%
%%%%%%%%%%            设定边界条件            %%%%%%%%%%
%%%%%%%%%%%%%%%%%%%%%%%%%%%%%%%%%%%%%
```
u1 = 0; v1 = 0;
u3 = 0; v3 = 0;
JBV1 = [BP1', u1 * ones(size(BP1))', v1 * ones(size(BP1))'];
JBV3 = [BP3', u3 * ones(size(BP3))', v3 * ones(size(BP3))'];
JBV = [JBV1; JBV3];
P2 = 0;
P4 = 10000;
JBP2 = [BE2, ones(size(BE2(:,1))) * P2];
JBP4 = [BE4, ones(size(BE4(:,1))) * P4];
JBP = [JBP2; JBP4];
clear JBV2 JBV4 JBV1 JBV3 BP1 BP3 BP4
clear JBP1 JBP2 JBP3 JBP4 P1 P2 P3
clear BE1 BE3 BE4 theta theta1
clear thetax1 thetax2 thetax3 thetax4 AAA
clear thetay1 thetay2 thetay3 thetay4 R
clear u1 u2 u3 u4 v1 v2 v3 v4
```
%%%%%%%%%%%%%%%%%%%%%%%%%%%%%%%%%%%%%
%%%%%%%%%%%%%            迭代步骤 A 结束            %%%%%%%%%%%%
%%%%%%%%%%%%%%%%%%%%%%%%%%%%%%%%%%%%%


%%%%%%%%%%%%%%%%%%%%%%%%%%%%%%%%%%%%%
%%%%%%%%%%%%            迭代步骤 B 开始            %%%%%%%%%%%%
%%%%%%%%%%%%%%%%%%%%%%%%%%%%%%%%%%%%%
%%%%%%%%%%%%%%%%%%%%%%%%%%%%%%%%%%%%%
%%%%%%%            读取迭代初始计算结果            %%%%%%%%%%%
%%%%%%%%%%%%%%%%%%%%%%%%%%%%%%%%%%%%%
```
if n == 0.9
    load result_of_n1   % 存储变量名即为 ux_k_1, vy_k_1, p_k1
else
    if n == 0.7
        load result_of_n0p9   % 存储变量名即为 ux_k_1, vy_k_1, p_k1

```
        else
            if n == 0.5
                load result_of_n0p7    % 存储变量名即为 ux_k_1, vy_k_1, p_k1
            end
        end
end
%%%%%%%%%%%%%%%%%%%%%%%%%%%%%%%%%%%%%%%%%
%%%%%%%%%%%%%%        迭代步骤 B 结束       %%%%%%%%%%%%%
%%%%%%%%%%%%%%%%%%%%%%%%%%%%%%%%%%%%%%%%


%%%%%%%%%%%%%%%%%%%%%%%%%%%%%%%%%%%%%%%%%
%%%%%%%%%%%%%%        迭代步骤 C 开始       %%%%%%%%%%%%%
%%%%%%%%%%%%%%         计算初始黏度         %%%%%%%%%%%%%
%%%%%%%%%%%%%%%%%%%%%%%%%%%%%%%%%%%%%%%%
if n == 1    % 牛顿流体结点黏度计算
    vis_k_1 = ones(Nz,1) * m;
else
        %%%%%%%%%%%%%%%%%%%%%%%%%%%%%%%%%%%%%%
        %%%%%%%%%%              迭代步骤 C1         %%%%%%%%%%%
        %%%%%%      初始化结点剪切速率和黏度数据      %%%%%%
        %%%%%%%%%%%%%%%%%%%%%%%%%%%%%%%%%%%%%%
    Vadd = sparse(Nz,2);    % 建立结点黏度数据
    SRadd = sparse(Nz,2);   % 建立结点剪切速率数据
    for i_e = 1:E
        %%%%%%%%%%%%%%%%%%%%%%%%%%%%%%%%%%%%%%
        %%%%%%%%%%              迭代步骤 C2         %%%%%%%%%%%
        %%%%%%%         提取单元结点坐标和速度        %%%%%%%
        %%%%%%%%%%%%%%%%%%%%%%%%%%%%%%%%%%%%%%
        for i = 1:9    % 提取结点坐标和速度
            JXYe(i,:) = JXYV(JMV(i_e,i),:);
            uve(i,1) = ux_k_1(JMV(i_e,i),:);
            uve(i,2) = vy_k_1(JMV(i_e,i),:);
        end
        %%%%%%%%%%%%%%%%%%%%%%%%%%%%%%%%%%%%%%
        %%%%%%%%%%              迭代步骤 C3         %%%%%%%%%%%
        %%%%%%         计算单元内结点黏度和剪切速率      %%%%%%
        %%%%%%%%%%%%%%%%%%%%%%%%%%%%%%%%%%%%%%
        [VIE,SR] = function_VIE(m,n,JXYe,uve);
                         % 调用程序计算单元内结点剪切速率和黏度
```

```
            for i = 1:9
                Vadd(JMV(i_e,i),1) = Vadd(JMV(i_e,i),1) + VIE(i);  % 黏度累加
                Vadd(JMV(i_e,i),2) = Vadd(JMV(i_e,i),2) + 1;       % 结点共用次数累加
                SRadd(JMV(i_e,i),1) = SRadd(JMV(i_e,i),1) + SR(i); % 剪切速率累加
                SRadd(JMV(i_e,i),2) = SRadd(JMV(i_e,i),2) + 1;     % 结点共用次数累加
            end
        end
        %%%%%%%%%%%%%%%%%%%%%%%%%%%%%%%%%%%%
        %%%%%%%%%%%          迭代步骤 C4          %%%%%%%%%%%
        %%%%%%%%%%%       黏度和剪切速率计算       %%%%%%%%%%%
        %%%%%%%%%%%%%%%%%%%%%%%%%%%%%%%%%%%%
        for i = 1:Nz
            vis_k_1(i,1) = Vadd(i,1)/Vadd(i,2);    % 结点黏度计算
            SR_k_1(i,1) = SRadd(i,1)/SRadd(i,2);
            if vis_k_1(i,1) < 1e-10    % 黏度下限修正
                vis_k_1(i,1) = 1e-10;
            end
            if vis_k_1(i,1) > 1e10     % 黏度上限修正
                vis_k_1(i,1) = 1e10;
            end
        end
end
clear Vadd VIE i_e i JXYe uve
%%%%%%%%%%%%%%%%%%%%%%%%%%%%%%%%%%%%%
%%%%%%%%%%%%%%          迭代步骤 C 结束          %%%%%%%%%%%%
%%%%%%%%%%%%%%%%%%%%%%%%%%%%%%%%%%%%%


%%%%%%%%%%%%%%%%%%%%%%%%%%%%%%%%%%%%%
%%%%%%%%%%%%%          迭代步骤 D 开始          %%%%%%%%%%%%
%%%%%%%%%%%%%%%%%%%%%%%%%%%%%%%%%%%%%
        %%%%%%%%%%%%%%%%%%%%%%%%%%%%%%
        %%%%%%%%%%        迭代初始条件        %%%%%%%%%%
        %%%%%%%%%%%%%%%%%%%%%%%%%%%%%%
norm_vis = 1;
norm_ux = 1;
norm_vy = 1;
norm_p = 1;
times = 0;
```

```
%%%%%%%%%%%%%%%%%%%%%%%%%%%%%
%%%%%%%%         开始迭代计算         %%%%%%%%
%%%%%%%%%%%%%%%%%%%%%%%%%%%%%
fprintf('现在开始计算,请耐心等待\n');
while((norm_ux>1e-3||norm_vy>1e-3||norm_p>1e-3||norm_vis>1e-3)&&times<50)
    %%%%%%%%%%%%%%%%%%%%%%%%%%%%%
    %%%%%%%%%         迭代步骤 D1         %%%%%%%%
    %%%%%%%%%         迭代赋值            %%%%%%%%
    %%%%%%%%%%%%%%%%%%%%%%%%%%%%%
    if n==1
        vis_k=vis_k_1;
    else
        ux_k=ux_k_1;
        vy_k=vy_k_1;
        p_k=p_k_1;
        vis_k=vis_k_1;
    end
    %%%%%%%%%%%%%%%%%%%%%%%%%%%%%
    %%%%%%%%%         迭代步骤 D2         %%%%%%%%
    %%%%%%%%       总体方程各子块初始化       %%%%%%
    %%%%%%%%%%%%%%%%%%%%%%%%%%%%%
    B1=sparse(Nd,Nz);
    B2=sparse(Nd,Nz);
    D11=sparse(Nz,Nz);
    D12=sparse(Nz,Nz);
    D21=sparse(Nz,Nz);
    D22=sparse(Nz,Nz);
    C1=sparse(Nz,Nd);
    C2=sparse(Nz,Nd);
    F1=sparse(Nz,1);
    F2=sparse(Nz,1);
    %%%%%%%%%%%%%%%%%%%%%%%%%%%%%
    %%%%%%%%%         迭代步骤 D3         %%%%%%%%
    %%%%%       单元方程系数矩阵子块计算及组装       %%%%%
    %%%%%%%%%%%%%%%%%%%%%%%%%%%%%
    for i_e=1:E
        e_JMV=JMV(i_e,:);     % 提取第 i_e 个单元的压力结点序号
        e_JMP=JMP(i_e,:);     % 提取第 i_e 个单元的速度结点序号
```

```
        for i_inner_point = 1:9;  % 提取结点坐标、速度和黏度
            JXYe(i_inner_point,:) = JXYV(JMV(i_e,i_inner_point),:);
            vise(i_inner_point,1) = vis_k(JMV(i_e,i_inner_point),1);
        end
        [Be1,Be2] = function_of_Be(JXYe);    % Be 子块计算
        [De11,De12,De21,De22] = function_of_De(JXYe,vise);  % De 子块计算
        [Ce1,Ce2] = function_of_Ce(JXYe);  % Ce 子块计算
        for r = 1:4      % B 子块组合
            for s = 1:9
                B1(e_JMP(r),e_JMV(s)) = B1(e_JMP(r),e_JMV(s)) + Be1(r,s);
                B2(e_JMP(r),e_JMV(s)) = B2(e_JMP(r),e_JMV(s)) + Be2(r,s);
            end
        end
        for r = 1:9      % D 子块组合
            for s = 1:9
                D11(e_JMV(r),e_JMV(s)) = D11(e_JMV(r),e_JMV(s)) + De11(r,s);
                D12(e_JMV(r),e_JMV(s)) = D12(e_JMV(r),e_JMV(s)) + De12(r,s);
                D21(e_JMV(r),e_JMV(s)) = D21(e_JMV(r),e_JMV(s)) + De21(r,s);
                D22(e_JMV(r),e_JMV(s)) = D22(e_JMV(r),e_JMV(s)) + De22(r,s);
            end
        end
        for r = 1:9      % C 子块组合
            for s = 1:4
                C1(e_JMV(r),e_JMP(s)) = C1(e_JMV(r),e_JMP(s)) + Ce1(r,s);
                C2(e_JMV(r),e_JMP(s)) = C2(e_JMV(r),e_JMP(s)) + Ce2(r,s);
            end
        end
end
clear r s i_inner_point i_e vise uve
clear JXYe e_JMV e_JMP Be1 Be2 clear
clear Ce1 Ce2 De11 De12 De21 De22
%%%%%%%%%%%%%%%%%%%%%%%%%%%%%%%%
%%%%%%%%%%            迭代步骤 D4            %%%%%%%%%%%%
%%%%        代入 JBP 数据计算 Fe 子块,并组装          %%%%
%%%%%%%%%%%%%%%%%%%%%%%%%%%%%%%%
for i = 1:length(JBP(:,1))
    for ie = 1:9
        PBE = JBP(i,1);    % 提取压力边界单元序号
```

```
            JXYe(ie,:) = JXYV(JMV(PBE,ie),:);    % 提取结点坐标
        end
        [Fe1,Fe2] = function_of_Fe(JXYe,JBP(i,:));  % Fe 子块计算
        for r = 1:9    % F 组合
            F1(JMV(JBP(i,1),r),1) = F1(JMV(JBP(i,1),r),1) + Fe1(r,1);
            F2(JMV(JBP(i,1),r),1) = F2(JMV(JBP(i,1),r),1) + Fe2(r,1);
        end
    end
    %%%%%%%%%%%%%%%%%%%%%%%%%%%%%%%%%
    %%%%%%%%%         迭代步骤 D5        %%%%%%%%%%
    %%%%%%%%%         构建总体计算方程     %%%%%%%%%%
    %%%%%%%%%%%%%%%%%%%%%%%%%%%%%%%%%
K = [ D11  D12  - C1
      D21  D22  - C2
      B1   B2   sparse(Nd,Nd) ];
B = [ - F1; - F2; sparse(Nd,1)];
    %%%%%%%%%%%%%%%%%%%%%%%%%%%%%%%%%
    %%%%%%%%%         迭代步骤 D6        %%%%%%%%%%
    %%%%%%%%         代入速度边界条件       %%%%%%%%%%
    %%%%%%%%%%%%%%%%%%%%%%%%%%%%%%%%%
N_matrix = 2 * Nz + Nd;
for i = 1:length(JBV(:,1))    % 对角线归一法
    II = JBV(i,1);
    u = JBV(i,2);
    for J = 1:N_matrix
        B(J) = B(J) - K(J,II) * u;
    end
    K(II,:) = sparse(1,N_matrix);
    K(:,II) = sparse(N_matrix,1);
    K(II,II) = 1;
    B(II) = u;
end
for i = 1:length(JBV(:,1))
    II = Nz + JBV(i,1);
    v = JBV(i,3);
    for J = 1:N_matrix
        B(J) = B(J) - K(J,II) * v;
    end
```

```
        K(II,:) = sparse(1,N_matrix);
        K(:,II) = sparse(N_matrix,1);
        K(II,II) = 1;
        B(II) = v;
    end
    %%%%%%%%%%%%%%%%%%%%%%%%%%%%%%%%%%%
    %%%%%%%%%%          迭代步骤 D7         %%%%%%%%%%%
    %%%%%        求解方程,更新 k+1 次迭代结果        %%%%%%
    %%%%%%%%%%%%%%%%%%%%%%%%%%%%%%%%%%%
x = K\B;
ux_k_1 = x(1:Nz);
vy_k_1 = x(1+Nz:2*Nz);
p_k_1 = x(1+2*Nz:2*Nz+Nd);%压力结点坐标
p_k_1 = [Pding2Pzong(p_k_1,JMV)]';%压力插值计算
    %%%%%%%%%%%%%%%%%%%%%%%%%%%%%%%%%%%
    %%%%%%%%%%          迭代步骤 D8         %%%%%%%%%%%
    %%%%%%%%%%%             更新黏度           %%%%%%%%%%%
    %%%%%%%%%%%%%%%%%%%%%%%%%%%%%%%%%%%
Vadd = sparse(Nz,2);
SRadd = sparse(Nz,2);
for i_e = 1:E
    for i = 1:9
        e_V_JXY(i,:) = JXYV(JMV(i_e,i),:);
        uve(i,1) = ux_k_1(JMV(i_e,i),:);
        uve(i,2) = vy_k_1(JMV(i_e,i),:);
    end
    [VIE,SR] = function_VIE(m,n,JXYe,uve);
    for i = 1:9
        Vadd(JMV(i_e,i),1) = Vadd(JMV(i_e,i),1) + VIE(i);
        Vadd(JMV(i_e,i),2) = Vadd(JMV(i_e,i),2) + 1;
        SRadd(JMV(i_e,i),1) = SRadd(JMV(i_e,i),1) + SR(i);
        SRadd(JMV(i_e,i),2) = SRadd(JMV(i_e,i),2) + 1;
    end
end
for i = 1:Nz
    vis_k_1(i,1) = Vadd(i,1)/Vadd(i,2);
    SR_k_1(i,1) = SRadd(i,1)/SRadd(i,2);
    if vis_k_1(i,1) < 1
```

```matlab
                vis_k_1(i,1) = 1;
        end
        if vis_k_1(i,1) > 1e12
            vis_k_1(i,1) = 1e12;
        end
    end
    %%%%%%%%%%%%%%%%%%%%%%%%%%%%
    %%%%%%%%%%%        迭代步骤 D9        %%%%%%%%%%%
    %%%%%%%%%%%          误差计算          %%%%%%%%%%%
    %%%%%%%%%%%%%%%%%%%%%%%%%%%%
    if n == 1       % 牛顿流体,直接赋值 ux_k = ux_k_1 等
        ux_k = ux_k_1;         % 后续相对误差为 0
        vy_k = vy_k_1;         % 直接退出循环计算
        p_k = p_k_1;
    end
    if norm(ux_k_1 - ux_k) < 1e-10   % 当绝对误差足够小时,收敛标准取绝对误差
        norm_ux = 0;
    else   % 否则,收敛标准取相对误差
        norm_ux = norm(ux_k_1 - ux_k)/norm(ux_k);
    end
    if norm(vy_k_1 - vy_k) < 1e-10   % 当绝对误差足够小时,收敛标准取绝对误差
        norm_vy = 0;
    else   % 否则,收敛标准取相对误差
        norm_vy = norm(vy_k_1 - vy_k)/norm(vy_k);
    end
    if norm(p_k_1 - p_k) < 1e-10    % 当绝对误差足够小时,收敛标准取绝对误差
        norm_p = 0;
    else   % 否则,收敛标准取相对误差
        norm_p = norm(p_k_1 - p_k)/norm(p_k);
    end
    if norm(vis_k_1 - vis_k) < 1e-10  % 当绝对误差足够小时,收敛标准取绝对误差
        norm_vis = 0;
    else   % 否则,收敛标准取相对误差
        norm_vis = norm(vis_k_1 - vis_k)/norm(vis_k);
    end
    %%%%%%%%%%%%%%%%%%%%%%%%%%%%
    %%%%%         D10 累加迭代次数,输出迭代结果       %%%%
    %%%%%%%%%%%%%%%%%%%%%%%%%%%%
```

```
        times = times + 1;
        fprintf('time = %4d && norm_ux = %6.9f && norm_vy = %6.9f && norm_p = %6.9f && norm_vis = %6.9f \n',times,norm_ux,norm_vy,norm_p,norm_vis)
end     % compute
%%%%%%%%%%%%%%%%%%%%%%%%%%%%%%%%%%%%%%%%%%%%%%%
%%%%%%%%%%%%%%%            迭代步骤 D 结束            %%%%%%%%%%%%%%
%%%%%%%%%%%%%%%%%%%%%%%%%%%%%%%%%%%%%%%%%%%%%%%

%%%%%%%%%%%%%%%%%%%%%%%%%%%%%%%%%%%%%%%%%%%%%%%
%%%%%%%%%%%%%%%            Tecplot 结果            %%%%%%%%%%%%%%%
%%%%%%%%%%%%%%%%%%%%%%%%%%%%%%%%%%%%%%%%%%%%%%%
E * 4
Nz
v_norm = sqrt(ux_k_1.^2 + vy_k_1.^2);
data = [JXYV,ux_k_1,vy_k_1,p_k_1,v_norm,SR_k_1,vis_k_1]
JMV_924 = JMV_9to4(JMV)
%%%%%%%%%%%%%%%%%%%%%%%%%%%%%%%%%%%%%%%%%%%%%%%
%%%%%%%%%%%%%%%            Tecplot 结果            %%%%%%%%%%%%%%%
%%%%%%%%%%%%%%%%%%%%%%%%%%%%%%%%%%%%%%%%%%%%%%%

%%%%%%%%%%%%%%%%%%%%%%%%%%%%%%%%%%%%%%%%%%%%%%%
%%%%%%%%%%%%%%%            出口速度分布对比            %%%%%%%%%%%%%%
%%%%%%%%%%%%%%%%%%%%%%%%%%%%%%%%%%%%%%%%%%%%%%%
for i = 1:length(BP2)     %     出口速度分布数值解
    u_B2(i) = ux_k_1(BP2(i,1),1);
    y_B2(i) = JXYV(BP2(i,1),2);
end
plot(y_B2,u_B2,'*')
V_exit_FEM = [y_B2',u_B2']
yy = 0:H/100:H/2;     %     出口速度分布精确解
for i = 1:length(yy)
    uxx(i) = n/(n+1) * (P4/m/L)^(1/n) * ((H/2)^((n+1)/n) - yy(i)^((n+1)/n));
end
hold on
plot(yy,uxx,'red')
V_exit_JQ = [yy',uxx']
%%%%%%%%%%%%%%%%%%%%%%%%%%%%%%%%%%%%%%%%%%%%%%%
%%%%%%%%%%%%%%%            出口速度分布对比            %%%%%%%%%%%%%%
```

%%%%%%%%%%%%%%%%%%%%%%%%%%%%%%%%%%%%%%

%%%%%%%%%%%%%%%%%%%%%%%%%%%%%%%%%%%%

%%%%%%%%%%%%   出口流量计算   %%%%%%%%%%%%%%

%%%%%%%%%%%%%%%%%%%%%%%%%%%%%%%%%%%%

%%%%%   出口流量数值解

gp = [0.932469514203152,0.661209386466265,0.238619186083197, -0.932469514203152,
 -0.661209386466265, -0.238619186083197];
gw = [0.171324492379170, 0.360761573048139, 0.467913934572691, 0.171324492379170,
0.360761573048139,0.467913934572691];
kesi = gp;
Qfem = 0;
for ie = 1:length(BE2(:,1))
    Eib = BE2(ie,1);
    Pib = [JMV(Eib,3),JMV(Eib,6),JMV(Eib,9)];
    x = [JXYV(Pib(1),1),JXYV(Pib(2),1),JXYV(Pib(3),1)];
    y = [JXYV(Pib(1),2),JXYV(Pib(2),2),JXYV(Pib(3),2)];
    u = [ux_k_1(Pib(1),1),ux_k_1(Pib(2),1),ux_k_1(Pib(2),1)];
    Le = sqrt((x(1) - x(3))^2 + (y(1) - y(3))^2);
    for i = 1:6
        fy = [1/2 * kesi(i) * (kesi(i) - 1)
            (1 - kesi(i)) * (1 + kesi(i))
            1/2 * kesi(i) * (1 + kesi(i))];
        Qfem = Qfem + gw(i) * fy' * u' * Le/2;
    end
end
Qfem
%%%   出口流量精确解
Qjingque = n * H^2/(2 * (2 * n + 1)) * (H * P4/2/m/L)^(1/n)
%%%%%%%%%%%%%%%%%%%%%%%%%%%%%%%%%%%%
%%%%%%%%%%%%   出口流量计算   %%%%%%%%%%%%%%
%%%%%%%%%%%%%%%%%%%%%%%%%%%%%%%%%%%%

%%%%%%%%%%%%%%%%%%%%%%%%%%%%%%%%%%%%
%%%%%%%%%%   清除多余变量并存储计算结果   %%%%%%%
%%%%%%%%%%%%%%%%%%%%%%%%%%%%%%%%%%%%
clear B B1 B2 C1 C2 D11 D12 D21 D22 E F1 F2 II
clear J JBV JMP JMV JXYP JXYV K Nd

```
clear N _ matrix Nz e _ V _ JXY uve i i _ e
clear m norm _ vis norm _ p norm _ ux norm _ vy
clear p _ k Vadd VIE times u ux _ k
clear v vis _ k vis _ k _ 1 vy _ k x SR
clear JMV _ 924 ans v _ norm P4
clear BE2 Fe2 L Qjingque data gw r ux v3 y _ B2
clear BP2 H Le SRIE dp ie u1 vx yy
clear Eib JBP Pib SR _ k _ 1 fy kesi u3 uxx
clear Fe1 JXYe Q SRadd gp u _ B2 v1 y
if n = = 1
    clear n
    save result _ of _ n1
else
    if n = = 0.9
        clear n
        save result _ of _ n0p9
    else
        if n = = 0.7
            clear n
            save result _ of _ n0p7
        else
            if n = = 0.5
                clear n
                save result _ of _ n0p5
            end
        end
    end
end
%%%%%%%%%%%%%%%%%%%%%%%%%%%%%%%%%%%%%%%%%
%%%%%%%%%%%      清除多余变量并存储计算结果      %%%%%%%%%%%%%%
%%%%%%%%%%%%%%%%%%%%%%%%%%%%%%%%%%%%%%%%%
```

4.3.3 单元结点黏度计算程序

```
function VIE = function _ VIE( m,n,e _ JXY,e _ uv)
%%%%%%% 各个结点对应局部坐标
kesi = [ -1 0 1 -1 0 1 -1 0 1];
ita = [ -1 -1 -1 0 0 0 1 1 1];
%%%%%%% 各个结点对应局部坐标
```

```
%%%%%%  初始化 VIE
VIE = zeros(1,9);
%%%%%%  初始化 VIE
%%%%%%  循环计算单元内各个结点黏度
for i = 1:9
    %%%%%%%%    插值函数求导
    fy_kesi = [1/4*ita(i)*(kesi(i)-1)*(ita(i)-1) + 1/4*kesi(i)*ita(i)*(ita(i)-1)
        -ita(i)*kesi(i)*(ita(i)-1)
        1/4*ita(i)*(kesi(i)+1)*(ita(i)-1) + 1/4*kesi(i)*ita(i)*(ita(i)-1)
        1/2*(kesi(i)-1)*(1-ita(i)^2) + 1/2*kesi(i)*(1-ita(i)^2)
        -2*kesi(i)*(1-ita(i)^2)
        1/2*(kesi(i)+1)*(1-ita(i)^2) + 1/2*kesi(i)*(1-ita(i)^2)
        1/4*ita(i)*(kesi(i)-1)*(ita(i)+1) + 1/4*kesi(i)*ita(i)*(ita(i)+1)
        -ita(i)*kesi(i)*(ita(i)+1)
        1/4*ita(i)*(kesi(i)+1)*(ita(i)+1) + 1/4*kesi(i)*ita(i)*(ita(i)+1)];
    fy_ita = [1/4*kesi(i)*(kesi(i)-1)*(ita(i)-1) + 1/4*kesi(i)*ita(i)*(kesi(i)-1)
        1/2*(1-kesi(i)^2)*(ita(i)-1) + 1/2*ita(i)*(1-kesi(i)^2)
        1/4*kesi(i)*(kesi(i)+1)*(ita(i)-1) + 1/4*kesi(i)*ita(i)*(kesi(i)+1)
        -kesi(i)*ita(i)*(kesi(i)-1)
        -2*(1-kesi(i)^2)*ita(i)
        -kesi(i)*ita(i)*(kesi(i)+1)
        1/4*kesi(i)*(kesi(i)-1)*(ita(i)+1) + 1/4*kesi(i)*ita(i)*(kesi(i)-1)
        1/2*(1-kesi(i)^2)*(ita(i)+1) + 1/2*ita(i)*(1-kesi(i)^2)
        1/4*kesi(i)*(kesi(i)+1)*(ita(i)+1) + 1/4*kesi(i)*ita(i)*(kesi(i)+1)];
    %%%%%%%%    插值函数求导数
    %%%%%%%%    Jacobi 相关计算
    dx_dkesi = fy_kesi'*e_JXY(:,1);
    dx_dita = fy_ita'*e_JXY(:,1);
    dy_dkesi = fy_kesi'*e_JXY(:,2);
    dy_dita = fy_ita'*e_JXY(:,2);
    Jacobi = [dx_dkesi dy_dkesi
              dx_dita dy_dita];
    AAAA = inv(Jacobi)*[fy_kesi';fy_ita'];
    fy_x = AAAA(1,:)';
    fy_y = AAAA(2,:)';
    det_Jacobi = det(Jacobi);
    %%%%%%%%    Jacobi 相关计算
```

```
%%%%%%%    单元内结点黏度计算
vxxvxx = (fy_x'*e_uv(:,1))^2;
vyyvyy = (fy_y'*e_uv(:,2))^2;
vxyvyx = (fy_y'*e_uv(:,1) + fy_x'*e_uv(:,2))^2;
VIE(i) = m*(2*vxxvxx + 2*vyyvyy + vxyvyx)^((n-1)/2);
%%%%%%%    单元内结点黏度计算
end
%%%%%%  循环计算单元内各个结点黏度
```

4.3.4 单元 D_{ij}^e 子块计算程序

```
function [De11,De12,De21,De22] = function_of_De(e_JXY,e_vis)
%%%%%% 初始化 Deii
De11 = zeros(9,9);
De12 = zeros(9,9);
De21 = zeros(9,9);
De22 = zeros(9,9);
%%%%%% 初始化 Deii
%%%%%% 高斯积分数据
gp = [0.932469514203152, 0.661209386466265, 0.238619186083197, -0.932469514203152,
  -0.661209386466265, -0.238619186083197];
gw = [0.171324492379170, 0.360761573048139, 0.467913934572691, 0.171324492379170,
0.360761573048139, 0.467913934572691];
kesi = gp;
ita = gp;
%%%%%% 高斯积分数据
%%%%%% De11,De12,De21 和 De22 的数值积分
for i = 1:6
    for j = 1:6
        %%%%%%% 速度插值函数及其对 kesi 和 ita 的导数
        fy = [1/4*kesi(i)*ita(j)*(kesi(i)-1)*(ita(j)-1);
              1/2*ita(j)*(1-kesi(i)^2)*(ita(j)-1);
              1/4*kesi(i)*ita(j)*(kesi(i)+1)*(ita(j)-1);
              1/2*kesi(i)*(kesi(i)-1)*(1-ita(j)^2);
              (1-kesi(i)^2)*(1-ita(j)^2);
              1/2*kesi(i)*(kesi(i)+1)*(1-ita(j)^2);
              1/4*kesi(i)*ita(j)*(kesi(i)-1)*(ita(j)+1);
              1/2*ita(j)*(1-kesi(i)^2)*(ita(j)+1);
              1/4*kesi(i)*ita(j)*(kesi(i)+1)*(ita(j)+1);];
```

```
        fy_kesi = [ 1/4 * ita(j) * (kesi(i) - 1) * (ita(j) - 1) + 1/4 * kesi(i) * ita(j) *
                   (ita(j) - 1)
                 - ita(j) * kesi(i) * (ita(j) - 1)
                 1/4 * ita(j) * (kesi(i) + 1) * (ita(j) - 1) + 1/4 * kesi(i) * ita(j) * (ita(j) - 1)
                 1/2 * (kesi(i) - 1) * (1 - ita(j)^2) + 1/2 * kesi(i) * (1 - ita(j)^2)
                 - 2 * kesi(i) * (1 - ita(j)^2)
                 1/2 * (kesi(i) + 1) * (1 - ita(j)^2) + 1/2 * kesi(i) * (1 - ita(j)^2)
                 1/4 * ita(j) * (kesi(i) - 1) * (ita(j) + 1) + 1/4 * kesi(i) * ita(j) * (ita(j) + 1)
                 - ita(j) * kesi(i) * (ita(j) + 1)
                 1/4 * ita(j) * (kesi(i) + 1) * (ita(j) + 1) + 1/4 * kesi(i) * ita(j) * (ita(j) + 1) ];
        fy_ita = [ 1/4 * kesi(i) * (kesi(i) - 1) * (ita(j) - 1) + 1/4 * kesi(i) * ita(j) *
                   (kesi(i) - 1)
                 1/2 * (1 - kesi(i)^2) * (ita(j) - 1) + 1/2 * ita(j) * (1 - kesi(i)^2)
                 1/4 * kesi(i) * (kesi(i) + 1) * (ita(j) - 1) + 1/4 * kesi(i) * ita(j) * (kesi(i) + 1)
                 - kesi(i) * ita(j) * (kesi(i) - 1)
                 - 2 * (1 - kesi(i)^2) * ita(j)
                 - kesi(i) * ita(j) * (kesi(i) + 1)
                 1/4 * kesi(i) * (kesi(i) - 1) * (ita(j) + 1) + 1/4 * kesi(i) * ita(j) * (kesi(i) - 1)
                 1/2 * (1 - kesi(i)^2) * (ita(j) + 1) + 1/2 * ita(j) * (1 - kesi(i)^2)
                 1/4 * kesi(i) * (kesi(i) + 1) * (ita(j) + 1) + 1/4 * kesi(i) * ita(j) * (kesi(i) + 1) ];
        %%%%%%% 速度插值函数及其对 kesi 和 ita 的导数
        %%%%%%% Jacobi 相关计算
        dx_dkesi = fy_kesi' * e_JXY(:,1);
        dx_dita = fy_ita' * e_JXY(:,1);
        dy_dkesi = fy_kesi' * e_JXY(:,2);
        dy_dita = fy_ita' * e_JXY(:,2);
        Jacobi = [ dx_dkesi  dy_dkesi
                   dx_dita   dy_dita ];
        AAAA = inv(Jacobi) * [ fy_kesi';fy_ita' ];
        fy_x = AAAA(1,:)';
        fy_y = AAAA(2,:)';
        det_Jacobi = det(Jacobi);
        %%%%%%% Jacobi 相关计算
        %%%%%%%  单元内黏度插值
        niandu = fy' * e_vis;
        %%%%%%%  单元内黏度插值
        %%%%%%  De11,De12,De21 和 De22 单元方程子块计算
        De11 = De11 + niandu * gw(i) * gw(j) * ⋯
```

```
                [2 * fy_x * fy_x' + fy_y * fy_y'] * det_Jacobi;
        De12 = De12 + niandu * gw(i) * gw(j) * …
                fy_x * fy_y' * det_Jacobi;
        De21 = De21 + niandu * gw(i) * gw(j) * …
                fy_y * fy_x' * det_Jacobi;
        De22 = De22 + niandu * gw(i) * gw(j) * …
                [2 * fy_y * fy_y' + fy_x * fy_x'] * det_Jacobi;
        %%%%%%% De11,De12,De21 和 De22 单元方程子块计算
    end
end
%%%%%%% De11,De12,De21 和 De22 的数值积分
```

4.3.5 其他程序

单元方程 B^e 子块计算程序、单元方程 C^e 子块计算程序、单元方程 F^e 子块计算程序、压力插值程序、网格细化程序、网格生成程序和网格图形绘制程序均与第 3 章程序一致。

4.4 计算结果分析

4.4.1 网格数量对计算精度的影响

平行平板间压力流流量计算公式为

$$Q = \frac{nH^2}{2(2n+1)}\left(\frac{H\Delta p}{2ml}\right)^{\frac{1}{n}} \tag{4.22}$$

式中，Q 为流量；n 为幂律指数；m 为稠度；H 为平板间距；l 为流道长度；Δp 为压力差。由上式计算可得，当幂律指数 $n = 0.5$ 时，流量大小为 $3.125 \times 10^{-4} \mathrm{m}^3/\mathrm{s}$。数值计算中，在计算得到出口速度分布后，可沿出口积分流量：

$$\begin{aligned}
Q &= \sum \int_{\Gamma^e} u \mathrm{d}\Gamma \\
&= \sum \int_{\Gamma^e} \boldsymbol{\Phi}^{\mathrm{T}} \boldsymbol{u}_I^e \mathrm{d}\Gamma \\
&= \sum \int_{-1}^{1} \boldsymbol{\Phi}^{\mathrm{T}} \boldsymbol{u}_I^e \frac{\partial \Gamma}{\partial \xi} \mathrm{d}\xi
\end{aligned} \tag{4.23}$$

图 4-3 中对比了不同网格数量下的出口流量数值解和精确解之间的区别。可见，随着网格数量的增加，数值解与精确解之间的差别减少，但相对误差的

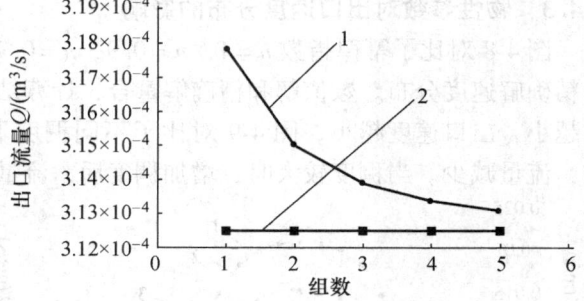

图 4-3 网格数量对计算精度的影响

1—数值解 2—精确解 组 1—网格数 72 组 2—网格数 96
组 3—网格数 120 组 4—网格数 144 组 5—网格数 168

减小速度逐渐放缓。也就是说，当网格数量达到一定后，再提高增加网格数量，对改善计算精度效果作用不再明显。以后各节内容中均选择第五组网格进行计算。

4.4.2 求解问题的速度、压力、剪切速率和黏度分布

本章计算实例的速度、压力、剪切速率和黏度分布如图 4-4、图 4-5、图 4-6、图 4-7 所

示。将图 4-4 中对出口速度进行积分即可计算出口流量 $Q = 3.1313 \times 10^{-4} \text{m}^3/\text{s}$。当入口给定压力后，区域内压力从入口到出口线性降低，如图 4-5 所示。图 4-6 和图 4-7 描述的分布状态正好相反，这是由于图 4-6 中剪切速率越大的位置，由于物料的剪切变稀效应，图 4-7 中对应位置黏度越小。

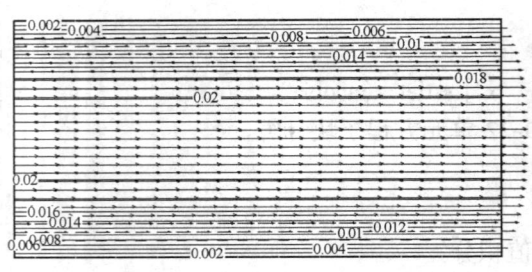

图 4-4　速度分布

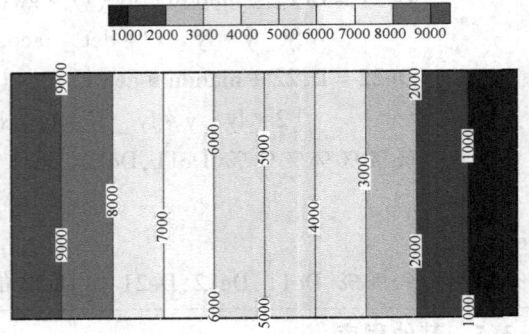

图 4-5　压力分布

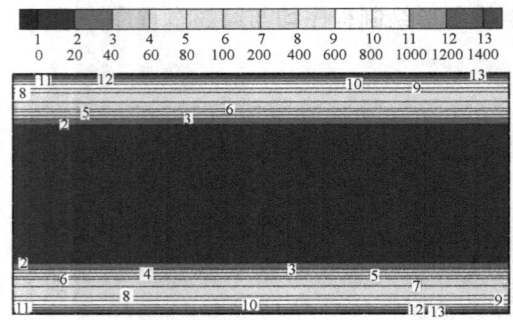

图 4-6　剪切速率分布（$n = 0.5$；$m = 1000$）

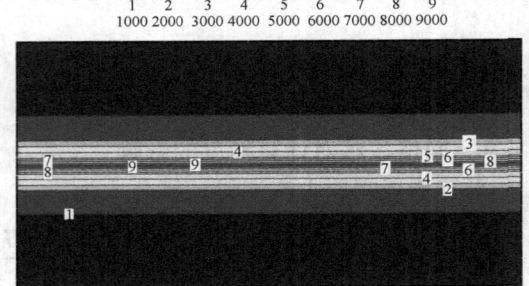

图 4-7　黏度分布（$n = 0.5$；$m = 1000$）

4.4.3　物性参数对出口速度分布的影响

图 4-8 对比了幂律指数 $n = 1$，$n = 0.9$，$n = 0.7$ 和 $n = 0.5$ 时的出口速度分布。图中实线为精确解速度分布。数值解和精确解重合，计算结果正确无误。可见在相同压力下，幂律指数越小，出口速度越小。图 4-9 对比了不同稠度下的出口流量。随着稠度的增加，黏度增加，流量减少。当稠度较大时，增加稠度后，流量减少不再明显。

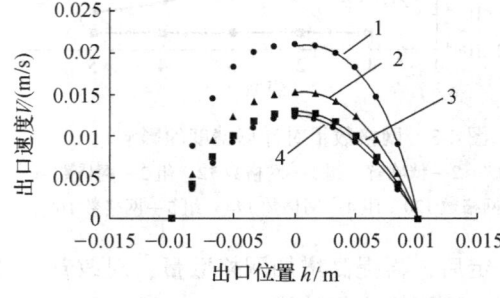

图 4-8　幂律指数对出口速度分布的影响
1—$n = 1$　2—$n = 0.9$　3—$n = 0.7$　4—$n = 0.5$

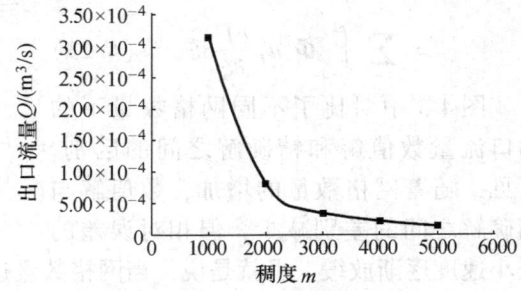

图 4-9　稠度对出口产量的影响
（幂律指数 $n = 0.5$）

4.4.4 入口压力对出口流量的影响

图 4-10 对比了不同入口压力下的出口流量。对于牛顿流体，流量与入口压力呈线性关系。对于非牛顿流体，流量与入口压力呈二次函数关系。

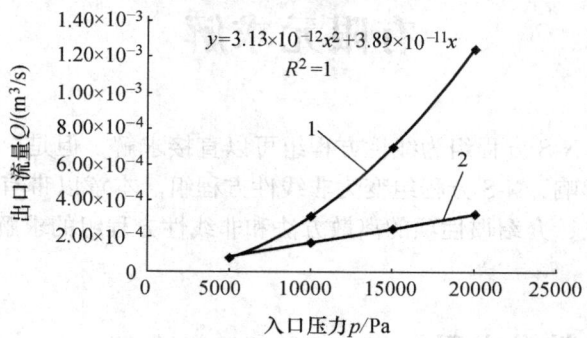

图 4-10　入口压力对出口流量的影响（稠度 $m=1000$）
1—幂律指数 $n=0.5$　2—幂律指数 $n=1$

第 5 章 考虑惯性项影响的牛顿流体流动有限元求解

在第 3 章学习中，N-S 方程组为线性方程组可以直接求解。但是，在考虑惯性项后，流体流动受到了惯性项影响，N-S 方程组变为非线性方程组。本章以带有入口和出口的矩形区域内压力流为研究实例，介绍惯性项的离散方法和非线性方程组的求解流程，并对比有无惯性项影响的流动现象。

5.1 求解实例和数学方程

5.1.1 求解实例

本章将研究如图 5-1 所示区域内牛顿流体的流动，流体黏度 10Pa·s，密度 1100kg/m³。区域为 100mm × 40mm 的矩形区域，入口给定压力 1000Pa，出口敞开。在考虑惯性项影响的情况下，计算区域内的速度-压力分布，并分析惯性项对出口流量的影响。

5.1.2 数学方程

考虑惯性项影响的 N-S 方程组表示为

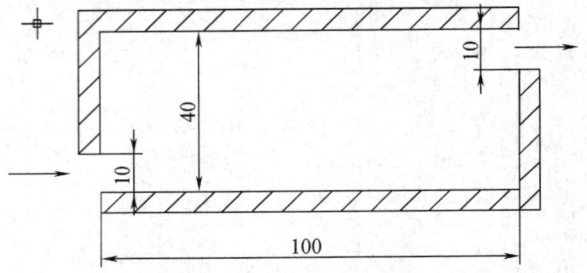

图 5-1 带有小入口和出口的矩形流动区域

连续性方程：
$$\frac{\partial u}{\partial x} + \frac{\partial v}{\partial y} = 0 \tag{5.1}$$

x 方向运动方程：
$$\rho\left(u\frac{\partial u}{\partial x} + v\frac{\partial u}{\partial y}\right) + \frac{\partial p}{\partial x} - \left(\frac{\partial \tau_{xx}}{\partial x} + \frac{\partial \tau_{xy}}{\partial y}\right) = 0 \tag{5.2a}$$

y 方向运动方程：
$$\rho\left(u\frac{\partial v}{\partial x} + v\frac{\partial v}{\partial y}\right) + \frac{\partial p}{\partial y} - \left(\frac{\partial \tau_{yx}}{\partial x} + \frac{\partial \tau_{yy}}{\partial y}\right) = 0 \tag{5.2b}$$

式中，ρ 为流体密度。切应力的计算式为

$$\tau = \begin{pmatrix} \tau_{xx} & \tau_{xy} \\ \tau_{yx} & \tau_{yy} \end{pmatrix} = \mu \begin{pmatrix} 2\dfrac{\partial u}{\partial x} & \dfrac{\partial u}{\partial y} + \dfrac{\partial v}{\partial x} \\ \dfrac{\partial v}{\partial x} + \dfrac{\partial u}{\partial y} & 2\dfrac{\partial v}{\partial y} \end{pmatrix} \tag{5.3}$$

将式 (5.3) 代入式 (5.2) 得到

$$\rho\left(u\frac{\partial u}{\partial x} + v\frac{\partial u}{\partial y}\right) + \frac{\partial p}{\partial x} - \mu\left[2\frac{\partial}{\partial x}\left(\frac{\partial u}{\partial x}\right) + \frac{\partial}{\partial y}\left(\frac{\partial u}{\partial y} + \frac{\partial v}{\partial x}\right)\right] = 0 \tag{5.4a}$$

$$\rho\left(u\frac{\partial v}{\partial x}+v\frac{\partial v}{\partial y}\right)+\frac{\partial p}{\partial y}-\mu\left[\frac{\partial}{\partial x}\left(\frac{\partial v}{\partial x}+\frac{\partial u}{\partial y}\right)+2\frac{\partial}{\partial y}\left(\frac{\partial v}{\partial y}\right)\right]=0 \tag{5.4b}$$

5.1.3 边界条件

本章研究实例包含速度和压力两种边界条件。入口给定压力，出口敞开，即给定边界法向压力边界条件：

$$p_n|_{\Gamma=\text{inlet}}=10000；\ p_n|_{\Gamma=\text{outlet}}=0 \tag{5.5a}$$

在壁面无滑移假设的情况下，速度边界条件为

$$u|_{\Gamma=\text{wall}}=0,\ v|_{\Gamma=\text{wall}}=0 \tag{5.5b}$$

5.2 有限元求解

5.2.1 计算区域的离散

本章采用四边形网格对计算区域进行离散。速度单元采用四边形二次单元，压力单元采用四边形线性单元。x 方向单元数量为 12，y 方向单元数量为 12。离散后单元总数为 144，速度单元结点总数为 625，压力单元结点总数为 169。底部和右侧下部壁面组成了边界 1，右侧上部开口处为边界 2，顶部和左侧上部组成了边界 3，左侧下部开口处为边界 4，如图 5-2 所示。离散后生成速度单元结点数据 JMV、压力单元结点数据 JMP、速度单元结点坐标数据 JXYV、压力单元结点坐标数据 JXYP、速度边界条件 JBV 以及压力边界条件 JBP。

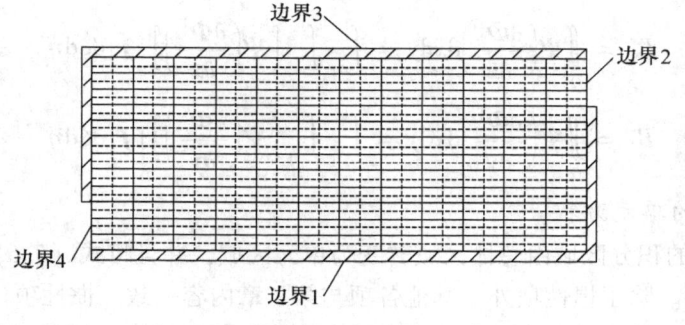

图 5-2 网格及边界图

5.2.2 插值函数及其相关计算

确定离散单元类型后，单元内任意一点的速度和压力可分别表示为

$$u=\sum_{i=1}^{9}u_i\boldsymbol{\Phi}_i=\boldsymbol{\Phi}^\text{T}\boldsymbol{u}_I^e,\ v=\sum_{i=1}^{9}v_i\boldsymbol{\Phi}_i=\boldsymbol{\Phi}^\text{T}\boldsymbol{v}_I^e \tag{5.6}$$

$$p=\sum_{i=1}^{4}p_i\boldsymbol{\Psi}_i=\boldsymbol{\Psi}^\text{T}\boldsymbol{p}_I^e \tag{5.7}$$

相关内容与第 3 章一致，不再累述。

5.2.3 加权余量方程

1. 连续性方程的加权余量方程

连续性方程的加权余量方程的建立过程与第 3 章相关章节一致，不再累述。

2. 运动方程的加权余量方程

采用伽辽金有限元方法，权函数等于插值函数。将式（5.4a）和式（5.4b）分别与权函数相乘，并在计算区域内积分，得到

$$\iint_\Omega \boldsymbol{\Phi}\left\{\rho\left(u\frac{\partial u}{\partial x}+v\frac{\partial u}{\partial y}\right)+\frac{\partial p}{\partial x}-\mu\left[2\frac{\partial}{\partial x}\left(\frac{\partial u}{\partial x}\right)+\frac{\partial}{\partial y}\left(\frac{\partial u}{\partial y}+\frac{\partial v}{\partial x}\right)\right]\right\}\mathrm{d}x\mathrm{d}y=0 \quad (5.8\mathrm{a})$$

$$\iint_\Omega \boldsymbol{\Phi}\left\{\rho\left(u\frac{\partial v}{\partial x}+v\frac{\partial v}{\partial y}\right)+\frac{\partial p}{\partial y}-\mu\left[\frac{\partial}{\partial x}\left(\frac{\partial v}{\partial x}+\frac{\partial u}{\partial y}\right)+2\frac{\partial}{\partial y}\left(\frac{\partial v}{\partial y}\right)\right]\right\}\mathrm{d}x\mathrm{d}y=0 \quad (5.8\mathrm{b})$$

上式中压力项和偏斜应力项与第 3 章一致，将惯性项中的密度提出后，得到惯性项展开方程：

$$\iint_\Omega \boldsymbol{\Phi}\left[\rho\left(u\frac{\partial u}{\partial x}+v\frac{\partial u}{\partial y}\right)\right]\mathrm{d}x\mathrm{d}y=\rho\iint_\Omega \boldsymbol{\Phi}u\frac{\partial u}{\partial x}\mathrm{d}x\mathrm{d}y+\rho\iint_\Omega \boldsymbol{\Phi}v\frac{\partial u}{\partial y}\mathrm{d}x\mathrm{d}y \quad (5.9)$$

5.2.4 单元方程的建立

1. 连续性方程的单元方程

将连续性方程的加权余量方程的积分区域由总体区域转变为单元区域，并且将式（5.6）代入，得到

$$B_1^e \boldsymbol{u}_I^e + B_2^e \boldsymbol{v}_I^e = 0 \quad (5.10\mathrm{a})$$

式中，

$$B_1^e = \iint_{\Omega^e} \boldsymbol{\Psi}\left(\frac{\partial \boldsymbol{\Phi}^\mathrm{T}}{\partial x}\right)\mathrm{d}x\mathrm{d}y = \int_{-1}^{1}\int_{-1}^{1}\left[\boldsymbol{\Psi}\left(\frac{\partial \boldsymbol{\Phi}^\mathrm{T}}{\partial x}\right)\right]|\boldsymbol{J}|\mathrm{d}\xi\mathrm{d}\eta \quad (5.10\mathrm{b})$$

$$B_2^e = \iint_{\Omega^e} \boldsymbol{\Psi}\left(\frac{\partial \boldsymbol{\Phi}^\mathrm{T}}{\partial y}\right)\mathrm{d}x\mathrm{d}y = \int_{-1}^{1}\int_{-1}^{1}\left[\boldsymbol{\Psi}\left(\frac{\partial \boldsymbol{\Phi}^\mathrm{T}}{\partial y}\right)\right]|\boldsymbol{J}|\mathrm{d}\xi\mathrm{d}\eta \quad (5.10\mathrm{c})$$

2. 运动方程的单元方程

将式（5.8）的积分区域由总体区域转变为单元区域，并且将式（5.6）和式（5.7）代入到运动方程各项。除了惯性项外，其他各项与第 3 章内容一致。惯性项计算中，需要已知流体密度。惯性项离散方法分为速度项提出法[1]和直接推导法[2]。下面分别进行介绍。

（1）速度项提出法

$$\iint_{\Omega^e} \boldsymbol{\Phi}\left[\rho\left(u\frac{\partial u}{\partial x}\right)\right]\mathrm{d}x\mathrm{d}y = \rho\iint_{\Omega^e}\left(\boldsymbol{\Phi}\frac{\partial \boldsymbol{\Phi}^\mathrm{T}}{\partial x}\boldsymbol{\Phi}\right)\mathrm{d}x\mathrm{d}y\,\boldsymbol{u}_I^{e\mathrm{T}}\boldsymbol{u}_I^e = G_1^e \boldsymbol{u}_I^{e\mathrm{T}}\boldsymbol{u}_I^e \quad (5.11\mathrm{a})$$

$$\iint_{\Omega^e} \boldsymbol{\Phi}\left[\rho\left(v\frac{\partial u}{\partial y}\right)\right]\mathrm{d}x\mathrm{d}y = \rho\iint_{\Omega^e}\left(\boldsymbol{\Phi}\frac{\partial \boldsymbol{\Phi}^\mathrm{T}}{\partial y}\boldsymbol{\Phi}\right)\mathrm{d}x\mathrm{d}y\,\boldsymbol{u}_I^{e\mathrm{T}}\boldsymbol{v}_I^e = G_2^e \boldsymbol{u}_I^{e\mathrm{T}}\boldsymbol{v}_I^e \quad (5.11\mathrm{b})$$

$$\iint_{\Omega^e} \boldsymbol{\Phi}\left[\rho\left(u\frac{\partial v}{\partial x}\right)\right]\mathrm{d}x\mathrm{d}y = \rho\iint_{\Omega^e}\left(\boldsymbol{\Phi}\frac{\partial \boldsymbol{\Phi}^\mathrm{T}}{\partial x}\boldsymbol{\Phi}\right)\mathrm{d}x\mathrm{d}y\,\boldsymbol{v}_I^{e\mathrm{T}}\boldsymbol{u}_I^e = G_1^e \boldsymbol{v}_I^{e\mathrm{T}}\boldsymbol{u}_I^e \quad (5.11\mathrm{c})$$

$$\iint_{\Omega^e} \boldsymbol{\Phi}\left[\rho\left(v\frac{\partial v}{\partial y}\right)\right]\mathrm{d}x\mathrm{d}y = \rho\iint_{\Omega^e}\left(\boldsymbol{\Phi}\frac{\partial \boldsymbol{\Phi}^\mathrm{T}}{\partial y}\boldsymbol{\Phi}\right)\mathrm{d}x\mathrm{d}y\,\boldsymbol{v}_I^{e\mathrm{T}}\boldsymbol{v}_I^e = G_2^e \boldsymbol{v}_I^{e\mathrm{T}}\boldsymbol{v}_I^e \quad (5.11\mathrm{d})$$

式中，

$$G_1^e = \rho \iint_{\Omega^e} \left(\boldsymbol{\Phi} \frac{\partial \boldsymbol{\Phi}^T}{\partial x} \boldsymbol{\Phi} \right) \mathrm{d}x\mathrm{d}y \tag{5.12a}$$

$$G_2^e = \rho \iint_{\Omega^e} \left(\boldsymbol{\Phi} \frac{\partial \boldsymbol{\Phi}^T}{\partial y} \boldsymbol{\Phi} \right) \mathrm{d}x\mathrm{d}y \tag{5.12b}$$

对应单元方程表示为

$$G_1^e \boldsymbol{u}_I^{eT} \boldsymbol{u}_I^e + G_2^e \boldsymbol{u}_I^{eT} \boldsymbol{v}_I^e + D_{11}^e \boldsymbol{u}_I^e + D_{12}^e \boldsymbol{v}_I^e - C_1^e \boldsymbol{p}_I^e = -F_1^e \tag{5.13a}$$

$$G_1^e \boldsymbol{v}_I^{eT} \boldsymbol{u}_I^e + G_2^e \boldsymbol{v}_I^{eT} \boldsymbol{v}_I^e + D_{21}^e \boldsymbol{u}_I^e + D_{22}^e \boldsymbol{v}_I^e - C_2^e \boldsymbol{p}_I^e = -F_2^e \tag{5.13b}$$

（2）直接推导法

$$\iint_{\Omega^e} \boldsymbol{\Phi} \left[\rho \left(u \frac{\partial u}{\partial x} \right) \right] \mathrm{d}x\mathrm{d}y = \rho \iint_{\Omega^e} \left(\boldsymbol{\Phi}\boldsymbol{\Phi}^T \boldsymbol{u}_I^e \frac{\partial \boldsymbol{\Phi}^T}{\partial x} \right) \mathrm{d}x\mathrm{d}y \boldsymbol{u}_I^e = Q_1^e \boldsymbol{u}_I^e \tag{5.14a}$$

$$\iint_{\Omega^e} \boldsymbol{\Phi} \left[\rho \left(v \frac{\partial u}{\partial y} \right) \right] \mathrm{d}x\mathrm{d}y = \rho \iint_{\Omega^e} \left(\boldsymbol{\Phi}\boldsymbol{\Phi}^T \boldsymbol{v}_I^e \frac{\partial \boldsymbol{\Phi}^T}{\partial y} \right) \mathrm{d}x\mathrm{d}y \boldsymbol{u}_I^e = Q_2^e \boldsymbol{u}_I^e \tag{5.14b}$$

$$\iint_{\Omega^e} \boldsymbol{\Phi} \left[\rho \left(u \frac{\partial v}{\partial x} \right) \right] \mathrm{d}x\mathrm{d}y = \rho \iint_{\Omega^e} \left(\boldsymbol{\Phi}\boldsymbol{\Phi}^T \boldsymbol{u}_I^e \frac{\partial \boldsymbol{\Phi}^T}{\partial x} \right) \mathrm{d}x\mathrm{d}y \boldsymbol{v}_I^e = Q_1^e \boldsymbol{v}_I^e \tag{5.14c}$$

$$\iint_{\Omega^e} \boldsymbol{\Phi} \left[\rho \left(v \frac{\partial v}{\partial y} \right) \right] \mathrm{d}x\mathrm{d}y = \rho \iint_{\Omega^e} \left(\boldsymbol{\Phi}\boldsymbol{\Phi}^T \boldsymbol{v}_I^e \frac{\partial \boldsymbol{\Phi}^T}{\partial y} \right) \mathrm{d}x\mathrm{d}y \boldsymbol{v}_I^e = Q_2^e \boldsymbol{v}_I^e \tag{5.14d}$$

式中，

$$Q_1^e = \rho \iint_{\Omega^e} \left(\boldsymbol{\Phi}\boldsymbol{\Phi}^T \boldsymbol{u}_I^e \frac{\partial \boldsymbol{\Phi}^T}{\partial x} \right) \mathrm{d}x\mathrm{d}y \tag{5.15a}$$

$$Q_2^e = \rho \iint_{\Omega^e} \left(\boldsymbol{\Phi}\boldsymbol{\Phi}^T \boldsymbol{v}_I^e \frac{\partial \boldsymbol{\Phi}^T}{\partial y} \right) \mathrm{d}x\mathrm{d}y \tag{5.15b}$$

对应单元方程表示为

$$(Q_1^e + Q_2^e + D_{11}^e) \boldsymbol{u}_I^e + D_{12}^e \boldsymbol{v}_I^e - C_1^e \boldsymbol{p}_I^e = -F_1^e \tag{5.16a}$$

$$D_{12}^e \boldsymbol{u}_I^e + (Q_1^e + Q_2^e + D_{22}^e) \boldsymbol{v}_I^e - C_2^e \boldsymbol{p}_I^e = -F_2^e \tag{5.16b}$$

5.2.5 总体方程的组合

根据第 3 章中有关单元方程子块组合总体方程子块的相关内容，可见对单元方程进行组合，可得到总体方程。连续性方程的总体方程表示为

$$B_1 u + B_2 v = 0 \tag{5.17}$$

上一节中两种建立运动单元方程的方法对应的运动方程的总体方程分别为：

1. 速度项提出法

$$(G_1 u^T + D_{11}) u + (G_2 u^T + D_{12}) v - C_1 p = -F_1 \tag{5.18a}$$

$$(G_1 v^T + D_{21}) u + (G_2 v^T + D_{22}) v - C_2 p = -F_2 \tag{5.18b}$$

总体方程的矩阵形式为

$$\begin{pmatrix} G_1 u^T + D_{11} & G_2 u^T + D_{12} & -C_1 \\ G_1 v^T + D_{12} & G_2 v^T + D_{22} & -C_2 \\ B_1 & B_2 & 0 \end{pmatrix} \begin{pmatrix} u \\ v \\ p \end{pmatrix} = \begin{pmatrix} -F_1 \\ -F_2 \\ 0 \end{pmatrix} \tag{5.19}$$

2. 直接推导法

$$(Q_1 + Q_2 + D_{11})u_I + D_{12}v_I - C_1 p_I = -F_1 \quad (5.20a)$$

$$D_{12}u_I + (Q_1 + Q_2 + D_{22})v_I - C_2 p_I = -F_2 \quad (5.20b)$$

总体方程的矩阵形式为

$$\begin{pmatrix} Q_1 + Q_2 + D_{11} & D_{12} & -C_1 \\ D_{12} & Q_1 + Q_2 + D_{22} & -C_2 \\ B_1 & B_2 & 0 \end{pmatrix} \begin{pmatrix} u_I \\ v_I \\ p_I \end{pmatrix} = \begin{pmatrix} -F_1 \\ -F_2 \\ 0 \end{pmatrix} \quad (5.21)$$

5.2.6 非线性方程组的求解方法

在式 (5.19) 的系数矩阵中直接包含速度，式 (5.21) Q_i 的计算中需要提取单元结点速度。这样的方程组求解称为非线性方程组求解，常用方法有牛顿-拉弗森（Newton-Raphson）迭代法和线性化交替迭代法。

1. Newton-Raphson 迭代法

以式 (5.19) 的求解为例，讲述 Newton-Raphson 迭代法的使用步骤。在非线性表达式 (5.19) 中，记求解的未知量为

$$\boldsymbol{x} = \begin{pmatrix} u \\ v \\ p \end{pmatrix} \quad (5.22)$$

代入近似解后方程的余量记为

$$\boldsymbol{R} = \begin{pmatrix} R_1 \\ R_2 \\ R_3 \end{pmatrix} \quad (5.23)$$

式中，

$$R_1 = (G_1 u^T + D_{11})u + (G_2 u^T + D_{12})v - C_1 p + F_1 \quad (5.24a)$$

$$R_2 = (G_1 v^T + D_{21})u + (G_2 v^T + D_{22})v - C_2 p + F_2 \quad (5.24b)$$

$$R_3 = B_1 u + B_2 v \quad (5.24c)$$

定义雅可比矩阵为

$$\boldsymbol{J} = \begin{pmatrix} \dfrac{\partial R_1}{\partial u} & \dfrac{\partial R_1}{\partial v} & \dfrac{\partial R_1}{\partial p} \\ \dfrac{\partial R_2}{\partial u} & \dfrac{\partial R_2}{\partial v} & \dfrac{\partial R_2}{\partial p} \\ \dfrac{\partial R_3}{\partial u} & \dfrac{\partial R_3}{\partial v} & \dfrac{\partial R_3}{\partial p} \end{pmatrix} \quad (5.25)$$

式中，各项分别表示为

$$\frac{\partial R_1}{\partial u} = 2G_1 u^T + G_2 v^T + D_{11} \quad (5.26a)$$

$$\frac{\partial R_1}{\partial v} = G_2 u^{\mathrm{T}} + D_{12} \tag{5.26b}$$

$$\frac{\partial R_1}{\partial p} = -C_1 \tag{5.26c}$$

$$\frac{\partial R_2}{\partial u} = G_1 v^{\mathrm{T}} + D_{21} \tag{5.26d}$$

$$\frac{\partial R_2}{\partial v} = G_1 u^{\mathrm{T}} + 2G_2 v^{\mathrm{T}} + D_{22} \tag{5.26e}$$

$$\frac{\partial R_2}{\partial p} = -C_2 \tag{5.26f}$$

$$\frac{\partial R_3}{\partial u} = B_1 \tag{5.26g}$$

$$\frac{\partial R_3}{\partial v} = B_2 \tag{5.26h}$$

$$\frac{\partial R_3}{\partial p} = 0 \tag{5.26i}$$

在得到第 k 次迭代近似解后，第 $k+1$ 次近似解的迭代计算的线性化方程组为

$$J_k x_{k+1} = J_k x_k - R^k \tag{5.27}$$

使用 Newton-Raphson 迭代法求解考虑惯性项影响的 N-S 方程组的步骤为：

A. 设定物性参数，读取网格数据，生成边界条件。

B. 给定初始速度分布，通常情况下可取初始值 $u_0 = 0$，$v_0 = 0$，$p_0 = 0$；将 u_0，v_0 和 p_0 分别赋值给 u_{k+1}，v_{k+1} 和 p_{k+1}。

C. 给定迭代开始条件，开始迭代计算，其具体步骤为：

- C1. 将 u_{k+1}，v_{k+1} 和 p_{k+1} 赋值给 u_k，v_k 和 p_k，而 u_k，v_k 和 p_k 构成 x_k；
- C2. 总体方程各子块初始化；
- C3. 计算单元方程系数矩阵各个子块，并组合；
- C4. 代入压力边界条件，即单元方程右边向量子块计算及组合；
- C5. 构建 Newton-Raphson 迭代法中的雅可比矩阵 J 和残差向量 R；
- C6. 代入速度边界条件；
- C7. 求解方程，更新分布结果 u_{k+1}，v_{k+1} 和 p_{k+1}；
- C8. 误差计算，并进行误差分析，当相邻两次迭代结果的绝对误差或相对误差小于给定精度时，计算收敛，迭代完成。否则，回到第 C1 步重新计算。绝对误差和相对误差的计算式分别为

$$R_{绝对} = \max\{|u_{k+1} - u_k|, |v_{k+1} - v_k|, |p_{k+1} - p_k|\} \tag{5.28}$$

$$R_{相对} = \max\left\{\frac{|u_{k+1} - u_k|}{|u_{k+1}|}, \frac{|v_{k+1} - v_k|}{|v_{k+1}|}, \frac{|p_{k+1} - p_k|}{|p_{k+1}|}\right\} \tag{5.29}$$

2. 线性化交替迭代法

这种方法的优点是解法思路直接、便于理解。以方程（5.21）的求解为例，在计算当前步迭代时，需要知道上一步迭代分布结果 u_k 和 v_k，将 u_k 和 v_k 代入 Q_1^e 和 Q_2^e 子块计算式。使用线性化交替迭代法求解考虑惯性项影响的 N-S 方程组的流程为：

A. 设定物性参数，读取网格数据，生成边界条件。

B. 给定初始速度压力分布，通常情况下可取初始值 $u_0 = 0$，$v_0 = 0$，$p_0 = 0$；当 u_0，v_0 和 p_0 分别赋值给 u_{k+1}，v_{k+1} 和 p_{k+1}。

C. 给定迭代开始条件，采用线性化交替迭代法计算，具体步骤为：

- C1. 将 u_{k+1}，v_{k+1} 和 p_{k+1} 赋值给 u_k，v_k 和 p_k；
- C2. 总体方程各子块初始化
- C3. 计算单元方程系数矩阵各子块，并组合，其中 Q_i^e 计算时要调用单元结点速度；
- C4. 代入压力边界条件，计算单元方程右边向量，并组合；
- C5. 根据式（5.21）构建总体方程；
- C6. 采用对角线归一代入法代入 JBV 数据；
- C7. 求解方程，更新结果 u_{k+1}，v_{k+1} 和 p_{k+1}；
- C8. 进行误差分析，当相邻两次迭代结果的绝对误差或相对误差小于给定精度时，计算收敛，迭代完成。否则，回到第 C1 步重新计算，绝对误差和相对误差的计算见式（5.28）和式（5.29）。

5.3 相关程序编写

5.3.1 "速度项提出法" + "Newton-Raphson 迭代法" 相关程序

1. 网格生成程序

本章使用四边形单元对矩形区域进行空间离散。区域宽度 $H = 0.04\text{m}$，长度 $L = 0.1\text{m}$。长度方向和宽度方向网格数分别为 $N_x = 12$，$N_y = 12$。使用如下程序生成网格数据，包括 JMV，JMP，JXYV，JXYP，BP1～BP4，BE1～BE4，E，N_zong 和 N_ding。这些变量含义与之前章节一致，不再累述。利用第 3 章中的四边形网格绘制程序"rectangle_grid.m"绘制网格图形，验证网格划分结果是否正确。结果无误后，自动生成 msh.mat 文件，供主程序调用。录入以下程序后存储为 grid_generation_inlet_outlet.m 文件。程序说明见代码后注释。

```
clc
clear
clf
%%%%%%%   区域几何尺寸及网格划分参数
H = 0.04;       % 区域总高
L = 0.1;        % 区域总长
Nx = 12;        % 水平方向的网格数量,选择能被 5 整除的数
Ny = 12;        % 竖直方向的网格数量
theta = 0;      % 网格平面旋转角度
%%%%%%%   区域几何尺寸及网格划分参数
%%%%%%%   总单元数和结点数
E = Nx * Ny;    % 总单元数
```

```
N_zong = (2*Nx+1)*(2*Ny+1);        % 二次单元结点总数
N_ding = (Nx+1)*(Ny+1);            % 线性单元结点总数
%%%%%%%   总单元数和结点数
%%%%%%%   单元间距
Dx = L/Nx/2;   %水平方向网格间距
Dy = H/Ny/2;   %竖直方向网格间距
%%%%%%%   单元间距
%%%%%%%   结点分布拓扑
AAA = zeros(Ny*2+1,Nx*2+1);
for i = 1:2:2*Nx+1
    AAA(1,i) = (i+1)/2;
end
for i = 1:Nx
    AAA(1,2*i) = (Nx+1)*(Ny+1)+i;
end
for i = 1:2*Nx+1
    AAA(2,i) = (Nx+1)*(Ny+1)+Nx+i;
end
for j = 3:2:2*Ny+1
    for i = 1:2:2*Nx+1
        AAA(j,i) = (i+1)/2+(Nx+1)*(j-1)/2;
    end
end
for j = 3:2:2*Ny+1
    for i = 1:Nx
        AAA(j,2*i) = (Nx+1)*(Ny+1)+(Nx+2*Nx+1)*(j-1)/2+i;
    end
end
for j = 4:2:2*Ny
for i = 1:2*Nx+1
    AAA(j,i) = (Nx+1)*(Ny+1)+(j/2)*Nx+(2*Nx+1)*(j/2-1)+i;
end
end
%%%%%%%   结点分布拓扑
%%%%%%%   四边形二次单元 JXYV 生成
end
for i = 1:2*Ny+1
    for j = 1:2*Nx+1
        JXYV(AAA(i,j),1) = Dx*(j-1);
```

```
                JXYV(AAA(i,j),2) = Dy * (i-1);
        end
end
%%%%%%%    四边形二次单元 JXYV 生成
%%%%%%%    网格平面旋转
for i = 1:length(JXYV(:,1))
    R = sqrt((JXYV(i,1) + 1)^2 + JXYV(i,2)^2);
    theta1 = atan(JXYV(i,2)/(JXYV(i,1) + 1));
    JXYV(i,1) = R * cos(theta/180 * pi + theta1);
    JXYV(i,2) = R * sin(theta/180 * pi + theta1);
end
%%%%%%%    网格平面旋转
%%%%%%%    四边形二次单元 JMV 生成
k = 0;
for i = 1:Ny
    for j = 1:Nx
        k = k + 1;
        JMV(k,:) = [AAA(2*i-1,2*j-1),AAA(2*i-1,2*j),…
            AAA(2*i-1,2*j+1),AAA(2*i,2*j-1),AAA(2*i,2*j),…
            AAA(2*i,2*j+1),AAA(2*i+1,2*j-1),AAA(2*i+1,2*j),…
            AAA(2*i+1,2*j+1),];
    end
end
%%%%%%%    四边形二次单元 JMV 生成
%%%%%%%    四边形线性单元 JMP 和 JXYP 生成
JMP = [JMV(:,1),JMV(:,3),JMV(:,9),JMV(:,7)];
JXYP = JXYV([1:N_ding],:);
%%%%%%%    四边形线性单元 JMP 和 JXYP 生成
%%%%%%%    BP 数据生成
BP_down = AAA(1,:)';
BP_right_a = AAA([1:2*Ny/4*3+1],2*Nx+1);
BP1 = [BP_down;BP_right_a];
BP_right_b = AAA([2*Ny/4*3+1:2*Ny+1],2*Nx+1);
BP2 = BP_right_b;
BP_up = AAA(2*Ny+1,:)';
BP_left_b = AAA([2*Ny/4*1+1:2*Ny+1],1);
BP3 = [BP_up;BP_left_b];
BP_left_a = AAA([1:2*Ny/4*1+1],1);
```

```
BP4 = BP_left_a;
%%%%%%  BP 数据生成
%%%%%%  BE 数据生成
thetax1 = pi/2 - theta/180 * pi;        % 1 号边界外法线方向与 x 轴夹角
thetay1 = pi - theta/180 * pi;          % 1 号边界外法线方向与 y 轴夹角
thetax2 = theta/180 * pi;               % 2 号边界外法线方向与 x 轴夹角
thetay2 = pi/2 - thetax2;               % 2 号边界外法线方向与 y 轴夹角
thetax3 = pi - pi/2 + theta/180 * pi;   % 3 号边界外法线方向与 x 轴夹角
thetay3 = pi - theta/180 * pi + pi;     % 3 号边界外法线方向与 y 轴夹角
thetax4 = (180 + theta)/180 * pi;       % 4 号边界外法线方向与 x 轴夹角
thetay4 = pi/2 + theta/180 * pi;        % 4 号边界外法线方向与 y 轴夹角
AAA1 = ones(Nx,1) * cos(thetax1);   % 底边方向余弦
AAA2 = ones(Nx,1) * cos(thetay1);   % 底边方向余弦
BBB1 = ones(Ny,1) * cos(thetax2);   % 右侧边方向余弦
BBB2 = ones(Ny,1) * cos(thetay2);   % 右侧边方向余弦
CCC1 = ones(Nx,1) * cos(thetax3);   % 上边方向余弦
CCC2 = ones(Nx,1) * cos(thetay3);   % 上边方向余弦
DDD1 = ones(Ny,1) * cos(thetax4);   % 左侧边方向余弦
DDD2 = ones(Ny,1) * cos(thetay4);   % 左侧边方向余弦
BE_down = [[1:Nx]',ones(size([1:Nx]')),AAA1,AAA2];
BE_right = [[Nx:Nx:Ny*Nx]',2*ones(size([1:Ny]')),BBB1,BBB2];
BE_right_a = BE_right(1:Ny/4*3,:);
BE_right_b = BE_right(Ny/4*3+1:Ny,:);
BE_up = [[Nx*(Ny-1)+1:Nx*Ny]',3*ones(size([1:Nx]')),CCC1,CCC2];
BE_left = [[1:Nx:(Ny-1)*Nx+1]',4*ones(size([1:Ny]')),DDD1,DDD2];
BE_left_a = BE_left(1:Ny/4,:);
BE_left_b = BE_left(Ny/4+1:Ny,:);
BE1 = [BE_down;BE_right_a];
BE2 = [BE_right_b];
BE3 = [BE_up;BE_left_b];
BE4 = [BE_left_a];
%%%%%% BE 数据生成
%%%%%% 调用四边形网格绘制程序
rectangle_grid(JMP,JXYV);
%%%%%% 调用四边形网格绘制程序
%%%%%% 清除多余变量,存储网格数据
clear AAA1 BE_right BP_right_b AAA2 BE_right_a BP_up
clear BBB1 BE_down BE_right_b BP_down CCC1
```

```
clear BBB2 BE_left BE_up BP_left_a CCC2
clear BE_left_a BP_left_b DDD1
clear BE_left_b BP_right_a DDD2
clear Dx Dy H Nx Ny i j k
clear theta theta1 R AAA
clear thetax1 thetax2 thetax3 thetax4
clear thetay1 thetay2 thetay3 thetay4
save msh
%%%%%% 清除多余变量,存储网格数据
```

2. 主程序

参照 5.2.6 小节 1 中介绍的流程编写计算程序。惯性项离散采用速度项提出法。非线性方程组的求解方法选定为 Newton-Raphson 迭代法。在得到出口速度分布后,本程序中还编写了出口流量和雷诺数计算程序,以供结果分析使用。具体内容详见代码中的注释说明。录入以下代码,并存储为 main_inertia_01.m 文件。

```
clc
clear
%%%%%%%%%%%%%%%%%%%%%%%%%%%%%%%%%%%%%%
%%%%%%%%%%%%%         迭代步骤 A 开始        %%%%%%%%%%%%%%
%%%%%%%%%%%%%%%%%%%%%%%%%%%%%%%%%%%%%%
              %%%%%%%%         物性参数         %%%%%%%%%%
              %%%%%%%%%%%%%%%%%%%%%%%%%%%%%%
niandu = 10;    % 黏度
midu = 1100;    % 密度
              %%%%%%%%%%%%%%%%%%%%%%%%%%%%%%
              %%%%%%%%         读取网格数据         %%%%%%%%%%
              %%%%%%%%%%%%%%%%%%%%%%%%%%%%%%
load msh
              %%%%%%%%%%%%%%%%%%%%%%%%%%%%%%
              %%%%%%%%         设定边界条件         %%%%%%%%%%
              %%%%%%%%%%%%%%%%%%%%%%%%%%%%%%
u1 = 0; v1 = 0;
u3 = 0; v3 = 0;
JBV1 = [BP1, u1 * ones(size(BP1)), v1 * ones(size(BP1))];
JBV3 = [BP3, u3 * ones(size(BP3)), v3 * ones(size(BP3))];
JBV = [JBV1; JBV3];
clear u1 v1 u3 v3
```

```
clear BP1 BP2 BP3 BP4
clear JBV1 JBV3
P2 = 0;
P4 = 1000;
JBP2 = [BE2,ones(size(BE2(:,1)))*P2,ones(size(BE2(:,1)))*P2];
JBP4 = [BE4,ones(size(BE4(:,1)))*P4,ones(size(BE4(:,1)))*P4];
JBP = [JBP2;JBP4];
clear P2 P4
clear JBP2 JBP4
clear BE1 BE3 BE4
```
%%%
%%%%%%%%%%%%%%   迭代步骤 A 结束   %%%%%%%%%%%%%%%
%%%

%%%
%%%%%%%%%%%%%%   迭代步骤 B 开始   %%%%%%%%%%%%%%%
%%%
        %%%%%%%%%%%%%%%%%%%%%%%%%%%%%%%%%
        %%%%%%%%   设定初始计算条件   %%%%%%%%
        %%%%%%%%%%%%%%%%%%%%%%%%%%%%%%%%%
```
ux0 = sparse(N_zong,1);
vy0 = sparse(N_zong,1);
p0 = sparse(N_ding,1);
```
        %%%%%%%%%%%%%%%%%%%%%%%%%%%%%%%%%
        %%%%%%%%%   迭代初始赋值   %%%%%%%%%%
        %%%%%%%%%%%%%%%%%%%%%%%%%%%%%%%%%
```
ux_k_1 = ux0;
vy_k_1 = vy0;
p_k_1 = p0;
```
%%%
%%%%%%%%%%%%%%   迭代步骤 B 结束   %%%%%%%%%%%%%%%
%%%

%%%
%%%%%%%%%%%%%%   迭代步骤 C 开始   %%%%%%%%%%%%%%%
%%%
        %%%%%%%%%%%%%%%%%%%%%%%%%%%%%%%%%
        %%%%%%%%%   迭代初始条件   %%%%%%%%%%

```matlab
%%%%%%%%%%%%%%%%%%%%%%%%%%%%%%%%
norm_ux = 1;
norm_vy = 1;
norm_p = 1;
times = 0;
    %%%%%%%%%%%%%%%%%%%%%%%%%%%%%%%%
    %%%%%%%%%%%      开始迭代计算        %%%%%%%%%%%
    %%%%%%      Newton-Raphson 迭代法求解      %%%%%%
    %%%%%%%%%%%%%%%%%%%%%%%%%%%%%%%%
fprintf('   现在开始计算,请耐心等待   \n')
while(   (norm_ux>1e-3||norm_vy>1e-3||norm_p>1e-3)  && times<50)
    %%%%%%%%%%%%%%%%%%%%%%%%%%%%%%%%
    %%%%%%%%%%          迭代步骤 C1         %%%%%%%%%%
    %%%%%%%%%%           迭代赋值            %%%%%%%%%%
    %%%%%%%%%%%%%%%%%%%%%%%%%%%%%%%%
    ux_k = ux_k_1;
    vy_k = vy_k_1;
    p_k = p_k_1;
    %%%%%%%%%%%%%%%%%%%%%%%%%%%%%%%%
    %%%%%%%%%%          迭代步骤 C2         %%%%%%%%%%
    %%%%%%%       总体方程各子块初始化          %%%%%%%
    %%%%%%%%%%%%%%%%%%%%%%%%%%%%%%%%
    B1 = sparse(N_ding,N_zong);
    B2 = sparse(N_ding,N_zong);
    D11 = sparse(N_zong,N_zong);
    D12 = sparse(N_zong,N_zong);
    D21 = sparse(N_zong,N_zong);
    D22 = sparse(N_zong,N_zong);
    C1 = sparse(N_zong,N_ding);
    C2 = sparse(N_zong,N_ding);
    F1 = sparse(N_zong,1);
    F2 = sparse(N_zong,1);
    G1 = sparse(N_zong,1);
    G2 = sparse(N_zong,1);
    %%%%%%%%%%%%%%%%%%%%%%%%%%%%%%%%
    %%%%%%%%%%          迭代步骤 C3         %%%%%%%%%%
    %%%%%%%       系数矩阵子块计算及组合         %%%%%%%
    %%%%%%%%%%%%%%%%%%%%%%%%%%%%%%%%
```

```
for i_e = 1:E
    e_JMV = JMV(i_e,:);
    e_JMP = JMP(i_e,:);
    for i_inner_point = 1:9;
        e_JXY(i_inner_point,:) = JXYV(JMV(i_e,i_inner_point),:);
        e_uv(i_inner_point,1) = ux_k(JMV(i_e,i_inner_point),1);
        e_uv(i_inner_point,2) = vy_k(JMV(i_e,i_inner_point),1);
    end
    [Be1,Be2] = function_of_Be(e_JXY);
    [De11,De12,De21,De22] = function_of_De(e_JXY,niandu);
    [Ce1,Ce2] = function_of_Ce(e_JXY);
    [Ge1,Ge2] = function_of_Ge(e_JXY,midu);
    for r = 1:4
        for s = 1:9
            B1(e_JMP(r),e_JMV(s)) = B1(e_JMP(r),e_JMV(s)) + Be1(r,s);
            B2(e_JMP(r),e_JMV(s)) = B2(e_JMP(r),e_JMV(s)) + Be2(r,s);
        end
    end
    for r = 1:9
        for s = 1:9
            D11(e_JMV(r),e_JMV(s)) = D11(e_JMV(r),e_JMV(s)) + De11(r,s);
            D12(e_JMV(r),e_JMV(s)) = D12(e_JMV(r),e_JMV(s)) + De12(r,s);
            D21(e_JMV(r),e_JMV(s)) = D21(e_JMV(r),e_JMV(s)) + De21(r,s);
            D22(e_JMV(r),e_JMV(s)) = D22(e_JMV(r),e_JMV(s)) + De22(r,s);
        end
    end
    for r = 1:9
        for s = 1:4
            C1(e_JMV(r),e_JMP(s)) = C1(e_JMV(r),e_JMP(s)) + Ce1(r,s);
            C2(e_JMV(r),e_JMP(s)) = C2(e_JMV(r),e_JMP(s)) + Ce2(r,s);
        end
    end
    for r = 1:9
        G1(e_JMV(r),1) = G1(e_JMV(r),1) + Ge1(r,1);
        G2(e_JMV(r),1) = G2(e_JMV(r),1) + Ge2(r,1);
    end
end
%%%%%%%%%%%%%%%%%%%%%%%%%%%%%%%%%
```

```
%%%%%%%%                  迭代步骤 C4           %%%%%%%%%
%%%%%%%             代入压力边界条件              %%%%%%%
%%%%%%%%%%%%%%%%%%%%%%%%%%%%%%%%%%%
for i = 1:length(JBP(:,1))
    for ie = 1:9
        JXYe(ie,:) = JXYV(JMV(JBP(i,1),ie),:);
    end
    [Fe1,Fe2] = function_of_Fe(JXYe,JBP(i,:));
    for r = 1:9
        F1(JMV(JBP(i,1),r),1) = F1(JMV(JBP(i,1),r),1) + Fe1(r,1);
        F2(JMV(JBP(i,1),r),1) = F2(JMV(JBP(i,1),r),1) + Fe2(r,1);
    end
end
%%%%%%%%%%%%%%%%%%%%%%%%%%%%%%%%%%%
%%%%%%%%                  迭代步骤 C5           %%%%%%%%%
%%%%%%%        构建 N-R 法中的 J 矩阵和 R 向量     %%%%%%%
%%%%%%%%%%%%%%%%%%%%%%%%%%%%%%%%%%%
J = [ 2*G1*ux_k'+G2*vy_k'+D11    G2*ux_k'+D12         -C1
      G1*vy_k'+D21    G1*ux_k'+2*G2*vy_k'+D22         -C2
            B1                        B2          sparse(N_ding,N_ding)];
R = [ (G1*ux_k'+D11)*ux_k + (G2*ux_k'+D12)*vy_k - C1*p_k + F1
      (G1*vy_k'+D21)*ux_k + (G2*vy_k'+D22)*vy_k - C2*p_k + F2
      B1*ux_k + B2*vy_k ];
B = J*[ux_k;vy_k;p_k] - R;
%%%%%%%%%%%%%%%%%%%%%%%%%%%%%%%%%%%
%%%%%%%%                  迭代步骤 C6           %%%%%%%%%
%%%%%%%             代入速度边界条件              %%%%%%%
%%%%%%%%%%%%%%%%%%%%%%%%%%%%%%%%%%%
N_matrix = 2*N_zong + N_ding;
for i = 1:length(JBV(:,1))
    II = JBV(i,1);
    u = JBV(i,2);
    for JJ = 1:N_matrix
        B(JJ) = B(JJ) - J(JJ,II)*u;
    end
    J(II,:) = sparse(1,N_matrix);
    J(:,II) = sparse(N_matrix,1);
    J(II,II) = 1;
```

```
        B(II) = u;
    end
    for i = 1:length(JBV(:,1))
        II = N_zong + JBV(i,1);
        v = JBV(i,3);
        for JJ = 1:N_matrix
            B(JJ) = B(JJ) - J(JJ,II) * v;
        end
        J(II,:) = sparse(1,N_matrix);
        J(:,II) = sparse(N_matrix,1);
        J(II,II) = 1;
        B(II) = v;
    end
    %%%%%%%%%%%%%%%%%%%%%%%%%%%%%%%%
    %%%%%%%%%          迭代步骤 C7         %%%%%%%%%
    %%%%%          求解方程,更新 k+1 次迭代结果         %%%%%%
    %%%%%%%%%%%%%%%%%%%%%%%%%%%%%%%%
    x = J\B;
    ux_k_1 = x(1:N_zong);
    vy_k_1 = x(1+N_zong:2*N_zong);
    p_k_1 = x(1+2*N_zong:2*N_zong+N_ding);
    %%%%%%%%%%%%%%%%%%%%%%%%%%%%%%%%
    %%%%%%%%%          迭代步骤 C8         %%%%%%%%%
    %%%%%%%%%            误差计算           %%%%%%%%%
    %%%%%%%%%%%%%%%%%%%%%%%%%%%%%%%%
    if norm(ux_k_1 - ux_k) < 1e-10
        norm_ux = 0;
    else
        norm_ux = norm(ux_k_1 - ux_k)/norm(ux_k);
    end
    if norm(vy_k_1 - vy_k) < 1e-10
        norm_vy = 0;
    else
        norm_vy = norm(vy_k_1 - vy_k)/norm(vy_k);
    end
    if norm(p_k_1 - p_k) < 1e-10
        norm_p = 0;
    else
```

```
            norm_p = norm(p_k_1 - p_k)/norm(p_k);
    end
        %%%%%%%%%%%%%%%%%%%%%%%%%%%%%%%%%%
        %%%%%%       累加迭代次数,输出迭代结果      %%%%%%
        %%%%%%%%%%%%%%%%%%%%%%%%%%%%%%%%%%
    times = times + 1;
    fprintf('time = %4d && norm_ux = %6.9f && norm_vy = %6.9f && norm_p = %6.9f\n',times,norm_ux,norm_vy,norm_p)
end
%%%%%%%%%%%%%%%%%%%%%%%%%%%%%%%%%%%%%%
%%%%%%%%%%%%       迭代步骤 C 结束      %%%%%%%%%%%%%
%%%%%%%%%%%%%%%%%%%%%%%%%%%%%%%%%%%%%%


%%%%%%%%%%%%%%%%%%%%%%%%%%%%%%%%%%%%%%
%%%%%%%%%%%%%       Tecplot 结果        %%%%%%%%%%%
%%%%%%%%%%%%%%%%%%%%%%%%%%%%%%%%%%%%%%
E*4
N_zong
p_k_1 = [Pding2Pzong(p_k_1,JMV)]';
uv = sqrt(ux_k_1.*ux_k_1 + vy_k_1.*vy_k_1);
data = full([JXYV,ux_k_1,vy_k_1,p_k_1,uv])
JMV4 = JMV_9to4(JMV)
%%%%%%%%%%%%%%%%%%%%%%%%%%%%%%%%%%%%%%
%%%%%%%%%%%%%       Tecplot 结果        %%%%%%%%%%%
%%%%%%%%%%%%%%%%%%%%%%%%%%%%%%%%%%%%%%


%%%%%%%%%%%%%%%%%%%%%%%%%%%%%%%%%%%%%%
%%%%%%%%%%%%%       出口流量计算        %%%%%%%%%%%
%%%%%%%%%%%%%%%%%%%%%%%%%%%%%%%%%%%%%%
gp = [0.932469514203152,0.661209386466265,0.238619186083197,-0.932469514203152,-0.661209386466265,-0.238619186083197];
gw = [0.171324492379170,0.360761573048139,0.467913934572691,0.171324492379170,0.360761573048139,0.467913934572691];
kesi = gp;
Q = 0;
for ie = 1:length(BE2(:,1))
    Eib = BE2(ie,1);
    Pib = [JMV(Eib,3),JMV(Eib,6),JMV(Eib,9)];
```

```
        x = [JXYV(Pib(1),1),JXYV(Pib(2),1),JXYV(Pib(3),1)];
        y = [JXYV(Pib(1),2),JXYV(Pib(2),2),JXYV(Pib(3),2)];
        u = [ux_k_1(Pib(1),1),ux_k_1(Pib(2),1),ux_k_1(Pib(2),1)];
        Le = sqrt((x(1)-x(3))^2+(y(1)-y(3))^2);
        for i = 1:6
            fy = [1/2*kesi(i)*(kesi(i)-1)
                 (1-kesi(i))*(1+kesi(i))
                 1/2*kesi(i)*(1+kesi(i))];
            Q = Q + gw(i)*fy'*u'*Le/2;
        end
    end
Qoutlet = Q
%%%%%%%%%%%%%%%%%%%%%%%%%%%%%%%%%%%%%%%
%%%%%%%%%%%%%%%%        出口流量计算        %%%%%%%%%%%%%%%%
%%%%%%%%%%%%%%%%%%%%%%%%%%%%%%%%%%%%%%%%


%%%%%%%%%%%%%%%%%%%%%%%%%%%%%%%%%%%%%%%
%%%%%%%%%%%%%%%%          雷诺数计算         %%%%%%%%%%%%%%%%
%%%%%%%%%%%%%%%%%%%%%%%%%%%%%%%%%%%%%%%%
uv_max = max(uv);
Re = midu*uv_max*L/niandu
%%%%%%%%%%%%%%%%%%%%%%%%%%%%%%%%%%%%%%%
%%%%%%%%%%%%%%%%          雷诺数计算         %%%%%%%%%%%%%%%%
%%%%%%%%%%%%%%%%%%%%%%%%%%%%%%%%%%%%%%%%
```

3. 单元方程子块计算程序

单元方程中包括 B^e、C^e、D^e、F^e 和 G^e 子块。其中，B^e、C^e、D^e 和 F^e 子块的计算程序均与第 3 章相关程序一致，对应文件名称分别为"function_of_Be.m""function_of_Ce.m""function_of_De.m"和"function_of_Fe.m"。惯性项子块 G^e 的计算代码如下，存储文件名称为"function_of_Ge.m"，供主程序调用。

```
function [Ge1,Ge2] = function_of_Ge(e_JXY,midu)
%%%%%%%% 初始化 Ge1 和 Ge2
Ge1 = zeros(9,1);
Ge2 = zeros(9,1);
%%%%%%%% 初始化 Ge1 和 Ge2
%%%%%%%% 高斯积分数据
gp = [0.932469514203152,0.661209386466265,0.238619186083197,-0.932469514203152,
    -0.661209386466265,-0.238619186083197];
```

```
gw = [0.171324492379170, 0.360761573048139, 0.467913934572691, 0.171324492379170,
0.360761573048139, 0.467913934572691];
kesi = gp;
ita = gp;
%%%%%% 高斯积分数据
%%%%%% Ge1 和 Ge2 的数值积分
for i = 1:6
    for j = 1:6
        %%%%%%% 速度插值函数
        fy = [1/4 * kesi(i) * ita(j) * (kesi(i) - 1) * (ita(j) - 1);
            1/2 * ita(j) * (1 - kesi(i)^2) * (ita(j) - 1);
            1/4 * kesi(i) * ita(j) * (kesi(i) + 1) * (ita(j) - 1);
            1/2 * kesi(i) * (kesi(i) - 1) * (1 - ita(j)^2);
            (1 - kesi(i)^2) * (1 - ita(j)^2);
            1/2 * kesi(i) * (kesi(i) + 1) * (1 - ita(j)^2);
            1/4 * kesi(i) * ita(j) * (kesi(i) - 1) * (ita(j) + 1);
            1/2 * ita(j) * (1 - kesi(i)^2) * (ita(j) + 1);
            1/4 * kesi(i) * ita(j) * (kesi(i) + 1) * (ita(j) + 1);];
        %%%%%%% 速度插值函数
        %%%%%%% 速度插值函数对 kesi 和 ita 的导数
        fy_kesi = [1/4 * ita(j) * (kesi(i) - 1) * (ita(j) - 1) + 1/4 * kesi(i) * ita(j) *
            (ita(j) - 1)
            - ita(j) * kesi(i) * (ita(j) - 1)
            1/4 * ita(j) * (kesi(i) + 1) * (ita(j) - 1) + 1/4 * kesi(i) * ita(j) * (ita(j) - 1)
            1/2 * (kesi(i) - 1) * (1 - ita(j)^2) + 1/2 * kesi(i) * (1 - ita(j)^2)
            - 2 * kesi(i) * (1 - ita(j)^2)
            1/2 * (kesi(i) + 1) * (1 - ita(j)^2) + 1/2 * kesi(i) * (1 - ita(j)^2)
            1/4 * ita(j) * (kesi(i) - 1) * (ita(j) + 1) + 1/4 * kesi(i) * ita(j) * (ita(j) + 1)
            - ita(j) * kesi(i) * (ita(j) + 1)
            1/4 * ita(j) * (kesi(i) + 1) * (ita(j) + 1) + 1/4 * kesi(i) * ita(j) * (ita(j) + 1)];
        fy_ita = [1/4 * kesi(i) * (kesi(i) - 1) * (ita(j) - 1) + 1/4 * kesi(i) * ita(j) *
            (kesi(i) - 1)
            1/2 * (1 - kesi(i)^2) * (ita(j) - 1) + 1/2 * ita(j) * (1 - kesi(i)^2)
            1/4 * kesi(i) * (kesi(i) + 1) * (ita(j) - 1) + 1/4 * kesi(i) * ita(j) * (kesi(i) + 1)
            - kesi(i) * ita(j) * (kesi(i) - 1)
            - 2 * (1 - kesi(i)^2) * ita(j)
            - kesi(i) * ita(j) * (kesi(i) + 1)
            1/4 * kesi(i) * (kesi(i) - 1) * (ita(j) + 1) + 1/4 * kesi(i) * ita(j) * (kesi(i) - 1)
```

$$1/2*(1-kesi(i)^2)*(ita(j)+1)+1/2*ita(j)*(1-kesi(i)^2)$$
$$1/4*kesi(i)*(kesi(i)+1)*(ita(j)+1)+1/4*kesi(i)*ita(j)*(kesi(i)+1)];$$

```
%%%%%%% 速度插值函数对 kesi 和 ita 的导数
%%%%%%% Jacobi 相关计算
dx_dkesi = fy_kesi' * e_JXY(:,1);
dx_dita = fy_ita' * e_JXY(:,1);
dy_dkesi = fy_kesi' * e_JXY(:,2);
dy_dita = fy_ita' * e_JXY(:,2);
Jacobi = [dx_dkesi dy_dkesi
          dx_dita  dy_dita];
AAAA = inv(Jacobi) * [fy_kesi';fy_ita'];
fy_x = AAAA(1,:)';
fy_y = AAAA(2,:)';
det_Jacobi = det(Jacobi);
%%%%%%% Jacobi 相关计算
%%%%%%% Ge1 和 Ge2 单元方程子块计算
Ge1 = Ge1 + midu * gw(i) * gw(j) * fy * fy_x' * fy * det_Jacobi;
Ge2 = Ge2 + midu * gw(i) * gw(j) * fy * fy_y' * fy * det_Jacobi;
%%%%%%% Ge1 和 Ge2 单元方程子块计算
        end
    end
%%%%%%% Ge1 和 Ge2 的数值积分
```

4. 其他程序

本章实例计算程序中，还使用了网格细化程序"JMV_9to4.m"和压力插值程序"Pding2Pzong.m"。其中，程序代码详见第 3 章相关内容。

5.3.2 "直接推导法" + "线性化交替迭代法"相关程序

1. 主程序

参照 5.2.6 小节 2 中介绍的流程编写计算程序。调用 5.3.1 小节 1) 中网格生成程序生成的网格数据。其中惯性项离散采用直接推导法。非线性方程组的求解方法选定为线性化交替迭代法。录入以下代码，并存储为 main_inertia_02.m 文件。

```
clc
clear
%%%%%%%%%%%%%%%%%%%%%%%%%%%%%%%%%%%%%%%%%%%%%%%
%%%%%%%%%%%%%%        迭代步骤 A 开始        %%%%%%%%%%%%%%
%%%%%%%%%%%%%%                                %%%%%%%%%%%%%%
%%%%%%%%%              物性参数              %%%%%%%%%%
```

```matlab
%%%%%%%%%%%%%%%%%%%%%%%%%%%%%%%%%%%%
niandu = 10;    % 黏度
midu = 1100;    % 密度
              %%%%%%%%%%%%%%%%%%%%%%%%%%%%%%%%%%%
              %%%%%%%%%        读取网格数据        %%%%%%%%%
              %%%%%%%%%%%%%%%%%%%%%%%%%%%%%%%%%%%
load msh
              %%%%%%%%%%%%%%%%%%%%%%%%%%%%%%%%%%%
              %%%%%%%%%        设定边界条件        %%%%%%%%%
              %%%%%%%%%%%%%%%%%%%%%%%%%%%%%%%%%%%
u1 = 0; v1 = 0;
u3 = 0; v3 = 0;
JBV1 = [BP1, u1*ones(size(BP1)), v1*ones(size(BP1))];
JBV3 = [BP3, u3*ones(size(BP3)), v3*ones(size(BP3))];
JBV = [JBV1; JBV3];
clear u1 v1 u3 v3
clear BP1 BP2 BP3 BP4
clear JBV1 JBV3
P2 = 0;
P4 = 1000;
JBP2 = [BE2, ones(size(BE2(:,1)))*P2, ones(size(BE2(:,1)))*P2];
JBP4 = [BE4, ones(size(BE4(:,1)))*P4, ones(size(BE4(:,1)))*P4];
JBP = [JBP2; JBP4];
clear P2 P4
clear JBP2 JBP4
clear BE1 BE3 BE4
%%%%%%%%%%%%%%%%%%%%%%%%%%%%%%%%%%%%
%%%%%%%%%%%%%        迭代步骤 A 结束        %%%%%%%%%%%%%
%%%%%%%%%%%%%%%%%%%%%%%%%%%%%%%%%%%%


%%%%%%%%%%%%%%%%%%%%%%%%%%%%%%%%%%%%
%%%%%%%%%%%%%        迭代步骤 B 开始        %%%%%%%%%%%%%
%%%%%%%%%%%%%%%%%%%%%%%%%%%%%%%%%%%%
              %%%%%%%%%%%%%%%%%%%%%%%%%%%%%%%%%%%
              %%%%%%%%%     给定初始速度压力分布     %%%%%%%%%
              %%%%%%%%%%%%%%%%%%%%%%%%%%%%%%%%%%%
ux0 = sparse(N_zong, 1);
vy0 = sparse(N_zong, 1);
```

```matlab
p0 = sparse(N_ding,1);
%%%%%%%%%%%%%%%%%%%%%%%%%%%%%%%%%%%%%%
%%%%%%%%%%           迭代初始赋值         %%%%%%%%%%%%%
%%%%%%%%%%%%%%%%%%%%%%%%%%%%%%%%%%%%%%
ux_k_1 = ux0;
vy_k_1 = vy0;
p_k_1 = p0;
%%%%%%%%%%%%%%%%%%%%%%%%%%%%%%%%%%%%%%
%%%%%%%%%%%%%         迭代步骤 B 结束       %%%%%%%%%%%%%
%%%%%%%%%%%%%%%%%%%%%%%%%%%%%%%%%%%%%%


%%%%%%%%%%%%%%%%%%%%%%%%%%%%%%%%%%%%%%
%%%%%%%%%%%%%         迭代步骤 C 开始       %%%%%%%%%%%%%
%%%%%%%%%%%%%%%%%%%%%%%%%%%%%%%%%%%%%%

%%%%%%%%%%%%%%%%%%%%%%%%%%%%%%%%%%%%%%
%%%%%%%%%%          迭代初始条件          %%%%%%%%%%%%%
%%%%%%%%%%%%%%%%%%%%%%%%%%%%%%%%%%%%%%
norm_ux = 1;
norm_vy = 1;
norm_p = 1;
times = 0;
       %%%%%%%%%%%%%%%%%%%%%%%%%%%%%%%%
       %%%%%%%%%%          开始迭代计算         %%%%%%%%%%
       %%%%%%%        线性化交替迭代法求解        %%%%%%%
       %%%%%%%%%%%%%%%%%%%%%%%%%%%%%%%%
fprintf('    现在开始计算,请耐心等待    \n')
while (  (norm_ux>1e-3||norm_vy>1e-3||norm_p>1e-3) && times<50)
       %%%%%%%%%%%%%%%%%%%%%%%%%%%%%%%%
       %%%%%%%%%%         迭代步骤 C1        %%%%%%%%%%
       %%%%%%%%%%           迭代赋值          %%%%%%%%%%
       %%%%%%%%%%%%%%%%%%%%%%%%%%%%%%%%
    ux_k = ux_k_1;
    vy_k = vy_k_1;
    p_k = p_k_1;
       %%%%%%%%%%%%%%%%%%%%%%%%%%%%%%%%
       %%%%%%%%%%         迭代步骤 C2        %%%%%%%%%%
       %%%%%%%%       总体方程各子块初始化        %%%%%%%
       %%%%%%%%%%%%%%%%%%%%%%%%%%%%%%%%
```

```
B1 = sparse(N_ding,N_zong);
B2 = sparse(N_ding,N_zong);
D11 = sparse(N_zong,N_zong);
D12 = sparse(N_zong,N_zong);
D21 = sparse(N_zong,N_zong);
D22 = sparse(N_zong,N_zong);
C1 = sparse(N_zong,N_ding);
C2 = sparse(N_zong,N_ding);
F1 = sparse(N_zong,1);
F2 = sparse(N_zong,1);
Q1 = sparse(N_zong,N_zong);
Q2 = sparse(N_zong,N_zong);
%%%%%%%%%%%%%%%%%%%%%%%%%%%%%%%%%
%%%%%%%%%        迭代步骤C3        %%%%%%%%%
%%%%%%%%          系数矩阵子块计算及组装       %%%%%%%
%%%%%%%%%%%%%%%%%%%%%%%%%%%%%%%%%
for i_e = 1:E
    e_JMV = JMV(i_e,:);
    e_JMP = JMP(i_e,:);
    for i_inner_point = 1:9;
        e_JXY(i_inner_point,:) = JXYV(JMV(i_e,i_inner_point),:);
        e_uv(i_inner_point,1) = ux_k(JMV(i_e,i_inner_point),1);
        e_uv(i_inner_point,2) = vy_k(JMV(i_e,i_inner_point),1);
    end
    [Be1,Be2] = function_of_Be(e_JXY);
    [De11,De12,De21,De22] = function_of_De(e_JXY,niandu);
    [Ce1,Ce2] = function_of_Ce(e_JXY);
    [Qe1,Qe2] = function_of_Qe(e_JXY,e_uv,midu);
    for r = 1:4
        for s = 1:9
            B1(e_JMP(r),e_JMV(s)) = B1(e_JMP(r),e_JMV(s)) + Be1(r,s);
            B2(e_JMP(r),e_JMV(s)) = B2(e_JMP(r),e_JMV(s)) + Be2(r,s);
        end
    end
    for r = 1:9
        for s = 1:9
            D11(e_JMV(r),e_JMV(s)) = D11(e_JMV(r),e_JMV(s)) + De11(r,s);
            D12(e_JMV(r),e_JMV(s)) = D12(e_JMV(r),e_JMV(s)) + De12(r,s);
```

```
                D21(e_JMV(r),e_JMV(s)) = D21(e_JMV(r),e_JMV(s)) + De21(r,s);
                D22(e_JMV(r),e_JMV(s)) = D22(e_JMV(r),e_JMV(s)) + De22(r,s);
                Q1(e_JMV(r),e_JMV(s)) = Q1(e_JMV(r),e_JMV(s)) + Qe1(r,s);
                Q2(e_JMV(r),e_JMV(s)) = Q2(e_JMV(r),e_JMV(s)) + Qe2(r,s);
            end
        end
        for r = 1:9
            for s = 1:4
                C1(e_JMV(r),e_JMP(s)) = C1(e_JMV(r),e_JMP(s)) + Ce1(r,s);
                C2(e_JMV(r),e_JMP(s)) = C2(e_JMV(r),e_JMP(s)) + Ce2(r,s);
            end
        end
end
%%%%%%%%%%%%%%%%%%%%%%%%%%%%%%%
%%%%%%%%%         迭代步骤 C4        %%%%%%%%%
%%%%%%%%         代入压力边界条件         %%%%%%%%
%%%%%%%%%%%%%%%%%%%%%%%%%%%%%%%
for i = 1:length(JBP(:,1))
    for ie = 1:9
        JXYe(ie,:) = JXYV(JMV(JBP(i,1),ie),:);
    end
    [Fe1,Fe2] = function_of_Fe(JXYe,JBP(i,:));
    for r = 1:9
        F1(JMV(JBP(i,1),r),1) = F1(JMV(JBP(i,1),r),1) + Fe1(r,1);
        F2(JMV(JBP(i,1),r),1) = F2(JMV(JBP(i,1),r),1) + Fe2(r,1);
    end
end
%%%%%%%%%%%%%%%%%%%%%%%%%%%%%%%
%%%%%%%%%         迭代步骤 C5        %%%%%%%%%
%%%%%%%%%         构建总体方程         %%%%%%%%%
%%%%%%%%%%%%%%%%%%%%%%%%%%%%%%%
K = [ D11 + Q1 + Q2        D12              -C1
      D21                  D22 + Q1 + Q2    -C2
      B1                   B2               zeros(N_ding,N_ding) ];
B = [ -F1; -F2; zeros(N_ding,1) ];
%%%%%%%%%%%%%%%%%%%%%%%%%%%%%%%
%%%%%%%%%         迭代步骤 C6        %%%%%%%%%
%%%%%%%%         代入速度边界条件         %%%%%%%%
```

```
              %%%%%%%%%%%%%%%%%%%%%%%%%%%%%%
       N_matrix = 2*N_zong + N_ding;
       for i = 1:length(JBV(:,1))
           II = JBV(i,1);
           u = JBV(i,2);
           for J = 1:N_matrix
               B(J) = B(J) - K(J,II)*u;
           end
           K(II,:) = zeros(1,N_matrix);
           K(:,II) = zeros(N_matrix,1);
           K(II,II) = 1;
           B(II) = u;
       end
       for i = 1:length(JBV(:,1))
           II = N_zong + JBV(i,1);
           v = JBV(i,3);
           for J = 1:N_matrix
               B(J) = B(J) - K(J,II)*v;
           end
           K(II,:) = zeros(1,N_matrix);
           K(:,II) = zeros(N_matrix,1);
           K(II,II) = 1;
           B(II) = v;
       end
              %%%%%%%%%%%%%%%%%%%%%%%%%%%%%%
              %%%%%%%%%         迭代步骤C7         %%%%%%%%%
              %%%%         求解方程,更新k+1次迭代结果         %%%%
              %%%%%%%%%%%%%%%%%%%%%%%%%%%%%%
       x = K\B;
       ux_k_1 = x(1:N_zong);
       vy_k_1 = x(1+N_zong:2*N_zong);
       p_k_1 = x(1+2*N_zong:2*N_zong+N_ding);
              %%%%%%%%%%%%%%%%%%%%%%%%%%%%%%
              %%%%%%%%%         迭代步骤C8         %%%%%%%%%
              %%%%%%%%%           误差计算           %%%%%%%%%
              %%%%%%%%%%%%%%%%%%%%%%%%%%%%%%
       if norm(ux_k_1 - ux_k) < 1e-10
           norm_ux = 0;
```

```
        else
            norm_ux = norm(ux_k_1 - ux_k)/norm(ux_k);
        end

        if norm(vy_k_1 - vy_k) < 1e-10
            norm_vy = 0;
        else
            norm_vy = norm(vy_k_1 - vy_k)/norm(vy_k);
        end
        if norm(p_k_1 - p_k) < 1e-10
            norm_p = 0;
        else
            norm_p = norm(p_k_1 - p_k)/norm(p_k);
        end
        %%%%%%%%%%%%%%%%%%%%%%%%%%%%%%%%%%
        %%%%%%         累加迭代次数,输出迭代结果        %%%%%%
        %%%%%%%%%%%%%%%%%%%%%%%%%%%%%%%%%%
        times = times + 1;
        fprintf('time = %4d && norm_ux = %6.9f && norm_vy = %6.9f && norm_p = %6.9f\n', times, norm_ux, norm_vy, norm_p)
end
%%%%%%%%%%%%%%%%%%%%%%%%%%%%%%%%%%%%%
%%%%%%%%%%%%%         迭代步骤 C 结束         %%%%%%%%%%%%
%%%%%%%%%%%%%%%%%%%%%%%%%%%%%%%%%%%%%


%%%%%%%%%%%%%%%%%%%%%%%%%%%%%%%%%%%%%
%%%%%%%%%%%%%         Tecplot 结果         %%%%%%%%%%%%
%%%%%%%%%%%%%%%%%%%%%%%%%%%%%%%%%%%%%
E*4
N_zong
p_k_1 = [Pding2Pzong(p_k_1, JMV)]';
uv = sqrt(ux_k_1.*ux_k_1 + vy_k_1.*vy_k_1);
data = full([JXYV, ux_k_1, vy_k_1, p_k_1, uv])
JMV4 = JMV_9to4(JMV)
%%%%%%%%%%%%%%%%%%%%%%%%%%%%%%%%%%%%%
%%%%%%%%%%%%%         Tecplot 结果         %%%%%%%%%%%%
%%%%%%%%%%%%%%%%%%%%%%%%%%%%%%%%%%%%%


%%%%%%%%%%%%%%%%%%%%%%%%%%%%%%%%%%%%%
```

```
%%%%%%%%%%%%         出口流量计算         %%%%%%%%%%%%
%%%%%%%%%%%%%%%%%%%%%%%%%%%%%%%%%%%%%%%%%%%%%%%%
gp = [0.932469514203152,0.661209386466265,0.238619186083197, -0.932469514203152,
    -0.661209386466265, -0.238619186083197];
gw = [0.171324492379170,0.360761573048139,0.467913934572691,0.171324492379170,
0.360761573048139,0.467913934572691];
kesi = gp;
Q = 0;
for ie = 1:length(BE2(:,1))
    Eib = BE2(ie,1);
    Pib = [JMV(Eib,3),JMV(Eib,6),JMV(Eib,9)];
    x = [JXYV(Pib(1),1),JXYV(Pib(2),1),JXYV(Pib(3),1)];
    y = [JXYV(Pib(1),2),JXYV(Pib(2),2),JXYV(Pib(3),2)];
    u = [ux_k_1(Pib(1),1),ux_k_1(Pib(2),1),ux_k_1(Pib(2),1)];
    Le = sqrt((x(1) - x(3))^2 + (y(1) - y(3))^2);
    for i = 1:6
        fy = [1/2 * kesi(i) * (kesi(i) - 1)
            (1 - kesi(i)) * (1 + kesi(i))
            1/2 * kesi(i) * (1 + kesi(i))];
        Q = Q + gw(i) * fy' * u' * Le/2;
    end
end
Qoutlet = Q
%%%%%%%%%%%%%%%%%%%%%%%%%%%%%%%%%%%%%%%%%%%%%%%%
%%%%%%%%%%%%         出口流量计算         %%%%%%%%%%%%
%%%%%%%%%%%%%%%%%%%%%%%%%%%%%%%%%%%%%%%%%%%%%%%%

%%%%%%%%%%%%%%%%%%%%%%%%%%%%%%%%%%%%%%%%%%%%%%%%
%%%%%%%%%%%%         雷诺数计算          %%%%%%%%%%%%
%%%%%%%%%%%%%%%%%%%%%%%%%%%%%%%%%%%%%%%%%%%%%%%%
uv_max = max(uv);
Re = midu * uv_max * L/niandu
%%%%%%%%%%%%%%%%%%%%%%%%%%%%%%%%%%%%%%%%%%%%%%%%
%%%%%%%%%%%%         雷诺数计算          %%%%%%%%%%%%
%%%%%%%%%%%%%%%%%%%%%%%%%%%%%%%%%%%%%%%%%%%%%%%%
```

2. 单元方程子块计算程序

直接推导法中单元方程惯性项子块 Q^e 与速度项提出法得到的惯性项子块 G^e 在计算中的不同点是，Q^e 计算需要提取单元结点速度，Q^e 为 9×9 矩阵，而 G^e 为 9×1 向量。惯性项子

块 $\boldsymbol{Q}^e$ 的计算代码如下，存储文件名称为 "function_of_Qe.m"，供主程序调用。

```
function [Qe1,Qe2] = function_of_Qe(e_JXY,e_uv,midu)
%%%%%%% 初始化 Qe1 和 Qe2
Qe1 = zeros(9,9);
Qe2 = zeros(9,9);
%%%%%%% 初始化 Qe1 和 Qe2
%%%%%%% 高斯积分数据
gp = [0.932469514203152,0.661209386466265,0.238619186083197,-0.932469514203152,
 -0.661209386466265,-0.238619186083197];
gw = [0.171324492379170,0.360761573048139,0.467913934572691,0.171324492379170,
0.360761573048139,0.467913934572691];
kesi = gp;
ita = gp;
%%%%%%% 高斯积分数据
%%%%%%% Qe1 和 Qe2 的数值积分
for i = 1:6
    for j = 1:6
        %%%%%%%% 速度插值函数
        fy = [1/4*kesi(i)*ita(j)*(kesi(i)-1)*(ita(j)-1);
            1/2*ita(j)*(1-kesi(i)^2)*(ita(j)-1);
            1/4*kesi(i)*ita(j)*(kesi(i)+1)*(ita(j)-1);
            1/2*kesi(i)*(kesi(i)-1)*(1-ita(j)^2);
            (1-kesi(i)^2)*(1-ita(j)^2);
            1/2*kesi(i)*(kesi(i)+1)*(1-ita(j)^2);
            1/4*kesi(i)*ita(j)*(kesi(i)-1)*(ita(j)+1);
            1/2*ita(j)*(1-kesi(i)^2)*(ita(j)+1);
            1/4*kesi(i)*ita(j)*(kesi(i)+1)*(ita(j)+1);];
        %%%%%%%% 速度插值函数
        %%%%%%%% 速度插值函数对 kesi 和 ita 的导数
        fy_kesi = [1/4*ita(j)*(kesi(i)-1)*(ita(j)-1)+1/4*kesi(i)*ita(j)*
            (ita(j)-1)
            -ita(j)*kesi(i)*(ita(j)-1)
            1/4*ita(j)*(kesi(i)+1)*(ita(j)-1)+1/4*kesi(i)*ita(j)*(ita(j)-1)
            1/2*(kesi(i)-1)*(1-ita(j)^2)+1/2*kesi(i)*(1-ita(j)^2)
            -2*kesi(i)*(1-ita(j)^2)
            1/2*(kesi(i)+1)*(1-ita(j)^2)+1/2*kesi(i)*(1-ita(j)^2)
            1/4*ita(j)*(kesi(i)-1)*(ita(j)+1)+1/4*kesi(i)*ita(j)*(ita(j)+1)
            -ita(j)*kesi(i)*(ita(j)+1)
```

```
                    1/4 * ita(j) * (kesi(i) + 1) * (ita(j) + 1) + 1/4 * kesi(i) * ita(j) * (ita(j) + 1)];
            fy_ita = [1/4 * kesi(i) * (kesi(i) - 1) * (ita(j) - 1) + 1/4 * kesi(i) * ita(j) *
                    (kesi(i) - 1)
                    1/2 * (1 - kesi(i)^2) * (ita(j) - 1) + 1/2 * ita(j) * (1 - kesi(i)^2)
                    1/4 * kesi(i) * (kesi(i) + 1) * (ita(j) - 1) + 1/4 * kesi(i) * ita(j) * (kesi(i) + 1)
                    - kesi(i) * ita(j) * (kesi(i) - 1)
                    - 2 * (1 - kesi(i)^2) * ita(j)
                    - kesi(i) * ita(j) * (kesi(i) + 1)
                    1/4 * kesi(i) * (kesi(i) - 1) * (ita(j) + 1) + 1/4 * kesi(i) * ita(j) * (kesi(i) - 1)
                    1/2 * (1 - kesi(i)^2) * (ita(j) + 1) + 1/2 * ita(j) * (1 - kesi(i)^2)
                    1/4 * kesi(i) * (kesi(i) + 1) * (ita(j) + 1) + 1/4 * kesi(i) * ita(j) * (kesi(i) + 1)];
            %%%%%%% 速度插值函数对 kesi 和 ita 的导数
            %%%%%%% Jacobi 相关计算
            dx_dkesi = fy_kesi' * e_JXY(:,1);
            dx_dita = fy_ita' * e_JXY(:,1);
            dy_dkesi = fy_kesi' * e_JXY(:,2);
            dy_dita = fy_ita' * e_JXY(:,2);
            Jacobi = [dx_dkesi dy_dkesi
                    dx_dita dy_dita];
            AAAA = inv(Jacobi) * [fy_kesi';fy_ita'];
            fy_x = AAAA(1,:)';
            fy_y = AAAA(2,:)';
            det_Jacobi = det(Jacobi);
            %%%%%%% Qe1 和 Qe2 单元方程子块计算
            Qe1 = Qe1 + midu * gw(i) * gw(j) * fy * fy' * e_uv(:,1) * fy_x' * det_Jacobi;
            Qe2 = Qe2 + midu * gw(i) * gw(j) * fy * fy' * e_uv(:,2) * fy_y' * det_Jacobi;
            %%%%%%% Qe1 和 Qe2 单元方程子块计算
        end
    end
%%%%%%% Qe1 和 Qe2 的数值积分
```

3. 其他程序

主程序运行中，还会调用单元方程 B^e，C^e，D^e 和 F^e 子块的计算程序，网格细化程序和压力插值程序。其程序代码详见第 3 章相关内容。

5.4 结果分析

5.4.1 两组程序计算结果对比

5.3 节中的两组程序，即程序 A（"速度项提出法" + "Newton-Raphson 迭代法"）和程序 B（"直接推导法" + "线性化交替迭代法"）的运行迭代收敛过程分别如图 5-3a、b 所示。两种方法均经过三次迭代就达到了收敛状态。图 5-4 和图 5-5 对比了 5.3 节中两组程序计算得到的速度场和压力场。由图可见，两种方法得到的速度分布结果基本一致，压力分布在中间区域略有区别。程序 A 计算得到的出口流量为 $6.6453 \times 10^{-4} \mathrm{m}^3/\mathrm{s}$，程序 B 计算得到的为 $6.6470 \times 10^{-4} \mathrm{m}^3/\mathrm{s}$。两种方法得到的结果的相对误差为 0.0256%。

```
现在开始计算，请耐心等待
time=     1 && norm_ux=      Inf && norm_vy=      Inf && norm_p=      Inf
time=     2 && norm_ux= 0.001051927 && norm_vy= 0.002761507 && norm_p= 0.006208709
time=     3 && norm_ux= 0.000002501 && norm_vy= 0.000004423 && norm_p= 0.000001025
                                a)
现在开始计算，请耐心等待
time=     1 && norm_ux=      Inf && norm_vy=      Inf && norm_p=      Inf
time=     2 && norm_ux= 0.002786581 && norm_vy= 0.017024868 && norm_p= 0.049693161
time=     3 && norm_ux= 0.000000015 && norm_vy= 0.000000094 && norm_p= 0.000000327
                                b)
```

图 5-3 迭代收敛过程
a) "速度项提出法" + "Newton-Raphson 迭代法"　b) "直接推导法" + "线性化交替迭代法"

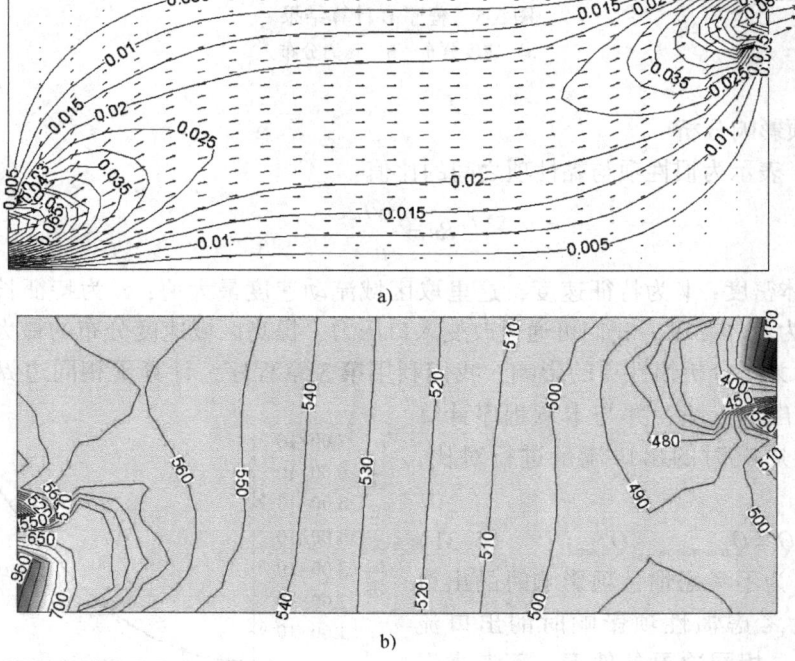

图 5-4 程序 A 计算结果
a) 速度分布　b) 压力分布

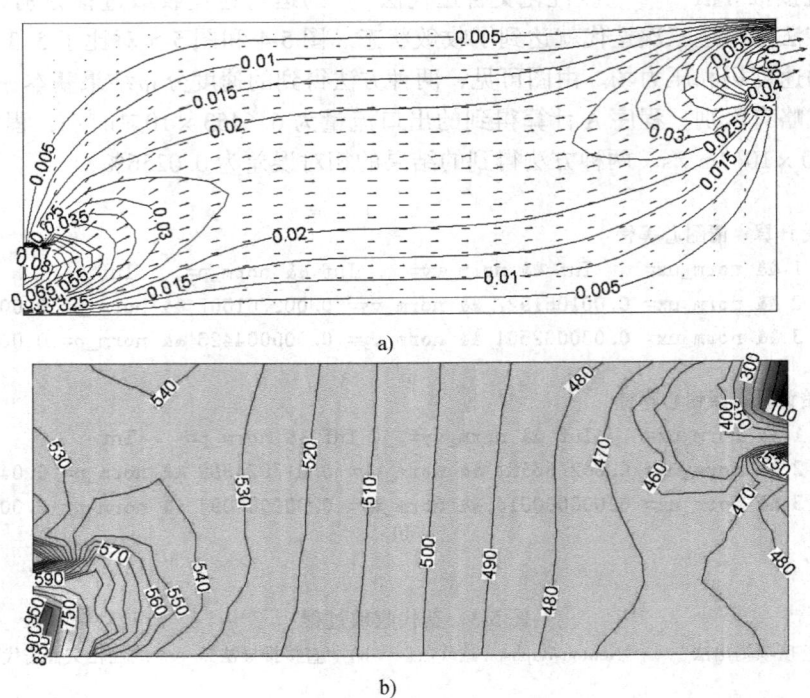

图 5-5 程序 B 计算结果
a) 速度分布 b) 压力分布

5.4.2 惯性项影响分析

雷诺数 Re 表示为惯性项与黏性项之间的比值：

$$Re = \frac{\rho VL}{\mu} \tag{5.30}$$

式中，ρ 为流体密度；V 为特征速度，这里取区域流动速度最大值；L 为特征长度，这里取区域长度；μ 为流体黏度。我们可通过改变入口压力，提高区域速度分布的最大值，从而改变雷诺数 Re。为了分析惯性项的影响，我们利用第 3 章程序，计算了相同边界条件下无惯性项影响时的出口流量，并与本章程序计算的考虑惯性项影响时的出口流量进行对比，则

$$\Delta Q = Q_{\text{non-inertia}} - Q_{\text{inertia}} \tag{5.31}$$

式中，$Q_{\text{non-inertia}}$ 为不考虑惯性项影响时的出口流量；Q_{inertia} 为考虑惯性项影响时的出口流量。结果发现，相同边界条件下，不考虑惯性项影响时的出口流量值大于考虑惯性项影响时的出口流量值，区域流速降低即为惯性项的影响。如图 5-6 和图 5-7 所示，随着入口

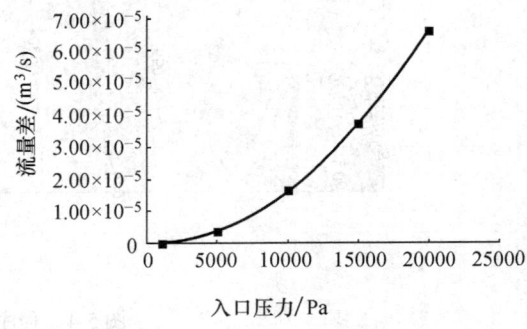

图 5-6 入口压力与流量差之间的惯性项

压力增加，对应雷诺数也增加，导致 ΔQ 增大，也就表明惯性项影响越来越显著。

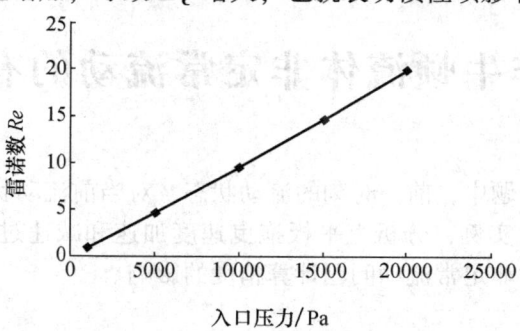

图 5-7 雷诺数随入口压力增加的变化

第 6 章 非牛顿流体非定常流动的有限元求解

与时间有关的流动问题中，前一时刻的流动状态，对当前流动状态具有重要的影响。本章结合矩形槽内拖曳流动实例，分析上平板拖曳速度加速和减速过程中区域流动状态的变化，同时分析时间步长对非定常流动问题计算精度的影响。

6.1 求解实例和数学方程

6.1.1 求解实例

本章将研究如图 6-1 所示区域内牛顿流体的流动，流体黏度满足 Bird-Carreau 模型：

$$\mu = \mu_\infty + (\mu_0 - \mu_\infty)(1 + \lambda^2 \dot{\gamma}^2)^{\frac{n-1}{2}} \quad (6.1)$$

式中参数见表 6-1。区域为 100mm × 40mm 的矩形区域，上平板的拖曳速度在 10s 内从 0 增加到 1m/s，随后 10s 内拖曳速度由 1m/s 降低到 0，之后平板静止。求解不考虑流动惯性项影响时流体流动的加速、减速过程，以及区域内流动的稳定过程。

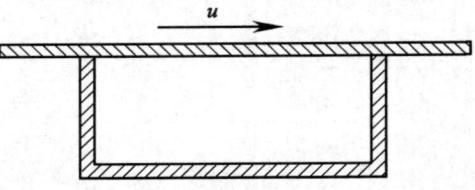

图 6-1 矩形槽拖曳流动模型

表 6-1 物性参数

参　数	符　号	数　值	参　数	符　号	数　值
幂律指数	n	0.75	自然时间	λ	0.5s
零剪切速率下的黏度	μ_0	10000Pa·s	密度	ρ	900kg/m³
无穷大剪切速率下的黏度	μ_∞	100Pa·s			

6.1.2 数学方程

非定常且忽略惯性项影响的 N-S 方程组表示为

连续性方程：
$$\frac{\partial u}{\partial x} + \frac{\partial v}{\partial y} = 0 \quad (6.2)$$

x 方向运动方程：
$$\rho \frac{\partial u}{\partial t} + \frac{\partial p}{\partial x} - \left(\frac{\partial \tau_{xx}}{\partial x} + \frac{\partial \tau_{xy}}{\partial y} \right) = 0 \quad (6.3a)$$

y 方向运动方程：
$$\rho \frac{\partial v}{\partial t} + \frac{\partial p}{\partial y} - \left(\frac{\partial \tau_{yx}}{\partial x} + \frac{\partial \tau_{yy}}{\partial y} \right) = 0 \quad (6.3b)$$

式中，ρ 为流体密度。切应力的计算式为

$$\tau = \begin{pmatrix} \tau_{xx} & \tau_{xy} \\ \tau_{yx} & \tau_{yy} \end{pmatrix} = \mu \begin{pmatrix} 2\dfrac{\partial u}{\partial x} & \dfrac{\partial u}{\partial y} + \dfrac{\partial v}{\partial x} \\ \dfrac{\partial v}{\partial x} + \dfrac{\partial u}{\partial y} & 2\dfrac{\partial v}{\partial y} \end{pmatrix} \quad (6.4)$$

将式（6.4）代入式（6.3）得到

$$\rho\frac{\partial u}{\partial t}+\frac{\partial p}{\partial x}-\mu\left[2\frac{\partial}{\partial x}\left(\frac{\partial u}{\partial x}\right)+\frac{\partial}{\partial y}\left(\frac{\partial u}{\partial y}+\frac{\partial v}{\partial x}\right)\right]=0 \quad (6.5a)$$

$$\rho\frac{\partial v}{\partial t}+\frac{\partial p}{\partial y}-\mu\left[\frac{\partial}{\partial x}\left(\frac{\partial v}{\partial x}+\frac{\partial u}{\partial y}\right)+2\frac{\partial}{\partial y}\left(\frac{\partial v}{\partial y}\right)\right]=0 \quad (6.5b)$$

6.1.3 边界条件

在壁面无滑移假设的情况下，本章研究问题的速度边界条件为

$$u|_\Gamma = \hat{u},\ v|_\Gamma = \hat{v} \quad (6.6)$$

6.2 有限元求解

6.2.1 计算区域的离散

本章采用四边形网格对计算区域进行离散。速度单元采用四边形二次单元，压力单元采用四边形线性单元。x方向单元数量为8，y方向单元数量为8。离散后单元总数为64，速度单元结点总数为289，压力单元结点总数为81。离散后网格如图6-2所示。底部壁面为边界1，右侧壁面为边界2，上部拖曳平板为边界3，左侧壁面为边界4。边界1，2和3处流体流动速度为0。上平板拖曳速度随时间发生变化。离

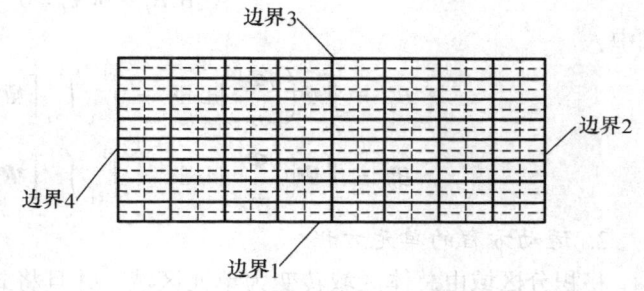

图6-2　离散网格及边界图

散后生成速度单元结点数据JMV、压力单元结点数据JMP、速度单元结点坐标数据JXYV、压力单元结点坐标数据JXYP、速度边界条件JBV以及压力边界条件JBP。

6.2.2 插值函数及其相关计算

确定离散单元类型后，单元内任意一点的速度、压力和黏度可分别表示为

$$u=\sum_{i=1}^{9}u_i\Phi_i=\boldsymbol{\Phi}^{\mathrm{T}}\boldsymbol{u}_I^e, v=\sum_{i=1}^{9}v_i\Phi_i=\boldsymbol{\Phi}^{\mathrm{T}}\boldsymbol{v}_I^e \quad (6.7a)$$

$$p=\sum_{i=1}^{4}p_i\Psi_i=\boldsymbol{\Psi}^{\mathrm{T}}\boldsymbol{p}_I^e \quad (6.7b)$$

$$\mu=\sum_{i=1}^{4}\mu_i\Phi_i=\boldsymbol{\Phi}^{\mathrm{T}}\boldsymbol{\mu}_I^e \quad (6.7c)$$

插值函数相关内容与第3章一致，不再累述。

6.2.3 加权余量方程

1. 连续性方程的加权余量方程

连续性方程的加权余量方程的建立过程与第3章相关章节一致，不再累述。

2. 运动方程的加权余量方程

采用伽辽金有限元方法，权函数等于插值函数。将式（6.5a）和式（6.5b）分别与权函数相乘，并在计算区域内积分，得到

$$\iint_\Omega \boldsymbol{\Phi}\left\{\rho\frac{\partial u}{\partial t}+\frac{\partial p}{\partial x}-\mu\left[2\frac{\partial}{\partial x}\left(\frac{\partial u}{\partial x}\right)+\frac{\partial}{\partial y}\left(\frac{\partial u}{\partial y}+\frac{\partial v}{\partial x}\right)\right]\right\}\mathrm{d}x\mathrm{d}y = 0 \quad (6.8\mathrm{a})$$

$$\iint_\Omega \boldsymbol{\Phi}\left\{\rho\frac{\partial v}{\partial t}+\frac{\partial p}{\partial y}-\mu\left[\frac{\partial}{\partial x}\left(\frac{\partial v}{\partial x}+\frac{\partial u}{\partial y}\right)+2\frac{\partial}{\partial y}\left(\frac{\partial v}{\partial y}\right)\right]\right\}\mathrm{d}x\mathrm{d}y = 0 \quad (6.8\mathrm{b})$$

上式中压力项和偏斜应力项与第 3 章一致，将时间项中的密度提出后，得到

$$\iint_\Omega \boldsymbol{\Phi}\rho\frac{\partial u}{\partial t}\mathrm{d}x\mathrm{d}y = \rho\iint_\Omega \boldsymbol{\Phi}\frac{\partial u}{\partial t}\mathrm{d}x\mathrm{d}y \quad (6.9\mathrm{a})$$

$$\iint_\Omega \boldsymbol{\Phi}\rho\frac{\partial v}{\partial t}\mathrm{d}x\mathrm{d}y = \rho\iint_\Omega \boldsymbol{\Phi}\frac{\partial v}{\partial t}\mathrm{d}x\mathrm{d}y \quad (6.9\mathrm{b})$$

6.2.4 单元方程的建立

1. 连续性方程的单元方程

将连续性方程的加权余量的积分区域由总体区域转变为单元区域，并且将式（6.7a）代入，得到

$$B_1^e \boldsymbol{u}_I^e + B_2^e \boldsymbol{v}_I^e = 0 \quad (6.10)$$

式中，

$$B_1^e = \iint_{\Omega^e} \boldsymbol{\Psi}\left(\frac{\partial \boldsymbol{\Phi}^{\mathrm{T}}}{\partial x}\right)\mathrm{d}x\mathrm{d}y = \int_{-1}^{1}\int_{-1}^{1}\left[\boldsymbol{\Psi}\left(\frac{\partial \boldsymbol{\Phi}^{\mathrm{T}}}{\partial x}\right)\right]|\boldsymbol{J}|\mathrm{d}\xi\mathrm{d}\eta \quad (6.11\mathrm{a})$$

$$B_2^e = \iint_{\Omega^e} \boldsymbol{\Psi}\left(\frac{\partial \boldsymbol{\Phi}^{\mathrm{T}}}{\partial y}\right)\mathrm{d}x\mathrm{d}y = \int_{-1}^{1}\int_{-1}^{1}\left[\boldsymbol{\Psi}\left(\frac{\partial \boldsymbol{\Phi}^{\mathrm{T}}}{\partial y}\right)\right]|\boldsymbol{J}|\mathrm{d}\xi\mathrm{d}\eta \quad (6.11\mathrm{b})$$

2. 运动方程的单元方程

将积分区域由总体区域转变为单元区域，并且将式（6.7a）和式（6.7b）代入到运动方程各项。除了时间项外，其他各项与第 3 章内容一致。时间项计算中，需要已知流体密度。x 和 y 方向的运动方程时间项分别表示为

$$\iint_{\Omega^e}\boldsymbol{\Phi}\rho\frac{\partial u}{\partial t}\mathrm{d}x\mathrm{d}y = \rho\iint_{\Omega^e}\boldsymbol{\Phi}\boldsymbol{\Phi}^{\mathrm{T}}\mathrm{d}x\mathrm{d}y\,\dot{u} = M^e\dot{u} \quad (6.12\mathrm{a})$$

$$\iint_{\Omega^e}\boldsymbol{\Phi}\rho\frac{\partial v}{\partial t}\mathrm{d}x\mathrm{d}y = \rho\iint_{\Omega^e}\boldsymbol{\Phi}\boldsymbol{\Phi}^{\mathrm{T}}\mathrm{d}x\mathrm{d}y\,\dot{v} = M^e\dot{v} \quad (6.12\mathrm{b})$$

式中，

$$M^e = \rho\iint_{\Omega^e}\boldsymbol{\Phi}\boldsymbol{\Phi}^{\mathrm{T}}\mathrm{d}x\mathrm{d}y \quad (6.13)$$

得到单元方程为

$$M^e\dot{u} + D_{11}^e\boldsymbol{u}_I^e + D_{12}^e\boldsymbol{v}_I^e - C_1^e\boldsymbol{p}_I^e = -F_1^e \quad (6.14\mathrm{a})$$

$$M^e\dot{v} + D_{21}^e\boldsymbol{u}_I^e + D_{22}^e\boldsymbol{v}_I^e - C_2^e\boldsymbol{p}_I^e = -F_2^e \quad (6.14\mathrm{b})$$

式中，D_{ij}^e 子块计算前需要计算结点黏度。有关结点黏度中的剪切速率计算，以及多个单元共用结点的黏度均值计算内容见第 4 章。

6.2.5 总体方程的组合

根据第 3 章中有关单元方程子块组合总体方程子块的相关内容，对单元方程进行组合，可得到总体方程。连续性方程的总体方程表示为

$$B_1 u + B_2 v = 0 \quad (6.15)$$

运动方程的总体方程可表示为

$$M\dot{u} + D_{11}u + D_{12}v - C_1 p = -F_1 \tag{6.16a}$$

$$M\dot{v} + D_{21}u + D_{22}v - C_2 p = -F_2 \tag{6.16b}$$

6.2.6 非定常问题非线性方程组的求解方法

式（6.16）中 $\dot{u}$ 和 $\dot{v}$ 分别为速度 u 和 v 对时间的导数，即

$$\dot{u} = \frac{u^{n+1} - u^n}{\Delta t} \tag{6.17a}$$

$$\dot{v} = \frac{v^{n+1} - v^n}{\Delta t} \tag{6.17b}$$

式中，上标 $n+1$ 和 n 代表相邻两时刻的结果。

引入 θ 因子，将式（6.16）中的未知数 u，v 和 p 表示为当前时刻 $n+1$ 和前一时刻 n 分布结果的和：

$$u = \theta u_{n+1} + (1-\theta) u_n \tag{6.18a}$$

$$v = \theta v_{n+1} + (1-\theta) v_n \tag{6.18b}$$

$$p = \theta p_{n+1} + (1-\theta) p_n \tag{6.18c}$$

式中，$0 \leqslant \theta \leqslant 1$。将式（6.17）和式（6.18）分别代入式（6.16）和式（6.15），得到

$$Mu_{n+1} + \Delta t D_{11} \theta u_{n+1} + \Delta t D_{12} \theta v_{n+1} - \Delta t C_1 \theta p_{n+1} = Mu_n - \Delta t D_{11}(1-\theta) u_n - \Delta t D_{12}(1-\theta) v_n +$$
$$\Delta t C_1 (1-\theta) p_n - \Delta t F_1 \tag{6.19a}$$

$$Mv_{n+1} + \Delta t D_{21} \theta u_{n+1} + \Delta t D_{22} \theta v_{n+1} - \Delta t C_2 \theta p_{n+1} = Mv_n - \Delta t D_{21}(1-\theta) u_n - \Delta t D_{22}(1-\theta) v_n +$$
$$\Delta t C_2 (1-\theta) p_n - \Delta t F_2 \tag{6.19b}$$

$$B_1 u_{n+1} + B_2 v_{n+1} = 0 \tag{6.19c}$$

总体方程的矩阵形式为

$$\boldsymbol{K x} = \boldsymbol{b} \tag{6.20}$$

式中，

$$\boldsymbol{K} = \begin{pmatrix} M + \Delta t D_{11} & \Delta t D_{12} \theta & -\Delta t C_1 \theta \\ \Delta t D_{21} \theta & M + \Delta t D_{22} \theta & -\Delta t C_2 \theta \\ B_1 & B_2 & 0 \end{pmatrix} \tag{6.21a}$$

$$\boldsymbol{x} = \begin{pmatrix} u_{n+1} \\ v_{n+1} \\ p_{n+1} \end{pmatrix} \tag{6.21b}$$

$$\boldsymbol{b} = \begin{pmatrix} Mu_n - \Delta t D_{11}(1-\theta) u_n - \Delta t D_{12}(1-\theta) v_n + \Delta t C_1(1-\theta) p_n - \Delta t F_1 \\ Mv_n - \Delta t D_{21}(1-\theta) u_n - \Delta t D_{22}(1-\theta) v_n + \Delta t C_2(1-\theta) p_n - \Delta t F_2 \\ 0 \end{pmatrix} \tag{6.21c}$$

在非定常问题求解中，需要给定初始时刻的分布结果。并按照如下步骤进行各个时间点的流场计算：

A. 设定物性参数，读取网格数据，给定时间步长和计算时间上限；给定平板拖曳速度

初始设定。

B. 定义初始流场分布结果 u_0、v_0 和 p_0，并赋值给 u_{n+1}，v_{n+1} 和 p_{n+1}；利用 u_{n+1} 和 v_{n+1} 计算初始黏度分布 μ_{n+1}；计算初始速度平均值；进行数据记录相关设定，并记录初始数据。

C. 给定非定常迭代开始条件后，开始非定常迭代计算，具体步骤如下：

- C1. 将 u_{n+1}，v_{n+1}，p_{n+1} 和 μ_{n+1} 赋值给 u_n，v_n，p_n 和 μ_n。
- C2. 生成与时间有关的边界条件数据。
- C3. 将前一时刻结果作为当前时刻非牛顿流体问题迭代计算的初始条件，进行如下赋值 $u_{n+1}^{k+1} = u_n$，$v_{n+1}^{k+1} = v_n$，$p_{n+1}^{k+1} = p_n$ 和 $\mu_{n+1}^{k+1} = \mu_n$。
- C4. 给定非牛顿迭代初始条件，开始当前时刻非牛顿迭代计算，即在前一时刻分布结果 u_n，v_n，p_n 和 μ_n 的基础上，进入当前时刻分布结果 u_{n+1}、v_{n+1}、p_{n+1} 和 μ_{n+1} 的迭代计算：

  ▲C4.1 将 u_{n+1}^{k+1}，v_{n+1}^{k+1}，p_{n+1}^{k+1} 和 μ_{n+1}^{k+1} 赋值给 u_{n+1}^k，v_{n+1}^k，p_{n+1}^k 和 μ_{n+1}^k；

  ▲C4.2 总体方程各子块初始化；

  ▲C4.3 计算单元方程系数矩阵子块，并组合，其中 D_{ij}^e 子块计算式调用 μ_{n+1}^k；

  ▲C4.4 总体方程集成；

  ▲C4.5 代入速度边界条件；

  ▲C4.6 指定压力零点结点号；

  ▲C4.7 求解方程，更新 u_{n+1}^{k+1}，v_{n+1}^{k+1}，p_{n+1}^{k+1}；

  ▲C4.8 利用 u_{n+1}^{k+1} 和 v_{n+1}^{k+1}，更新黏度 μ_{n+1}^{k+1}；

  ▲C4.9 误差计算，当相邻两次迭代结果的绝对误差或相对误差小于给定精度时，计算收敛，当前 $n+1$ 时刻迭代完成，转第 C5 步；否则，回到第 C4.1 步重新计算。绝对误差和相对误差的计算式分别为

$$R_{1\text{绝对}} = \max\left\{\,|u_{n+1}^{k+1} - u_{n+1}^k|,\ |v_{n+1}^{k+1} - v_{n+1}^k|,\ |p_{n+1}^{k+1} - p_{n+1}^k|,\ |\mu_{n+1}^{k+1} - \mu_{n+1}^k|\,\right\} \quad (6.22)$$

$$R_{1\text{相对}} = \max\left\{\frac{|u_{n+1}^{k+1} - u_{n+1}^k|}{|u_{n+1}^k|},\ \frac{|v_{n+1}^{k+1} - v_{n+1}^k|}{|v_{n+1}^k|},\ \frac{|p_{n+1}^{k+1} - p_{n+1}^k|}{|p_{n+1}^k|},\ \frac{|\mu_{n+1}^{k+1} - \mu_{n+1}^k|}{|\mu_{n+1}^k|}\right\} \quad (6.23)$$

  ▲C4.10 输出本次非牛顿迭代的误差。

- C5. 给当前 $n+1$ 时刻结果赋值，令 $u_{n+1} = u_{n+1}^{k+1}$，$v_{n+1} = v_{n+1}^{k+1}$，$p_{n+1} = p_{n+1}^{k+1}$，$\mu_{n+1} = \mu_{n+1}^{k+1}$。
- C6. 如果达到存储结果的记录步长，则存储结果。
- C7. 累加非定常计算时间步长个数。
- C8. 计算区域平均速度。
- C9. 计算当前 $n+1$ 时刻与前一时刻 n 分布误差 R_2，并显示当前时刻与前一时刻分布结果相对误差。如果累加计算时间小于时间上限，且 $R_2 \leq \varepsilon$，则表明计算非定常问题区域稳定，停止计算；如果累加计算时间达到时间上限，$R_2 > \varepsilon$，则表明流场分布尚未稳定，计算时间达到时间上限，停止计算。如果累加计算时间小于时间上限，且 $R_2 > \varepsilon$，则显示返回第 C1 步，重新开始计算。非定常问题的绝对误差和相对误差表示为

$$R_{2\text{绝对}} = \max\left\{\,|u_{n+1} - u_n|,\ |v_{n+1} - v_n|,\ |p_{n+1} - p_n|,\ |\mu_{n+1} - \mu_n|\,\right\} \quad (6.24)$$

$$R_{2\text{相对}} = \max\left\{\frac{|u_{n+1} - u_n|}{|u_n|},\ \frac{|v_{n+1} - v_n|}{|v_n|},\ \frac{|p_{n+1} - p_n|}{|p_n|},\ \frac{|\mu_{n+1} - \mu_n|}{|\mu_n|}\right\} \quad (6.25)$$

6.3 相关程序编写

6.3.1 网格生成程序

本章使用四边形单元对矩形区域进行空间离散。区域宽度 $H=0.04\mathrm{m}$，长度 $L=0.1\mathrm{m}$。长度方向和宽度方向网格数分别为 $N_x=8$，$N_y=8$。使用如下程序生成网格数据，包括 JMV，JMP，JXYV，JXYP，BP1～BP4，BE1～BE4，E，N_zong 和 N_ding。这些变量含义与之前章节一致，不再累述。利用矩形网格绘制程序"rectangle_grid.m"对离散结果进行验证，该程序见第 3 章相关程序。录入以下代码，存储为"grid_generation_juxing.m"文件。程序运行后生成 msh.mat 文件，供主程序调用。程序说明见代码后注释。

```
function VIE = function_of_VIE_BC(n,mu0,muinf,nt,JXYe,uve)
%%%%%%% 各个结点对应局部坐标
kesi = [-1 0 1 -1 0 1 -1 0 1];
ita  = [-1 -1 -1 0 0 0 1 1 1];
%%%%%%% 各个结点对应局部坐标
%%%%%%% 初始化VIE
VIE = zeros(1,9);
%%%%%%% 初始化VIE
%%%%%%% 循环计算单元内各个结点黏度
for i = 1:9
    %%%%%%%% 插值函数求导
    fy_kesi = [1/4*ita(i)*(kesi(i)-1)*(ita(i)-1)+1/4*kesi(i)*ita(i)*(ita(i)-1)
        -ita(i)*kesi(i)*(ita(i)-1)
        1/4*ita(i)*(kesi(i)+1)*(ita(i)-1)+1/4*kesi(i)*ita(i)*(ita(i)-1)
        1/2*(kesi(i)-1)*(1-ita(i)^2)+1/2*kesi(i)*(1-ita(i)^2)
        -2*kesi(i)*(1-ita(i)^2)
        1/2*(kesi(i)+1)*(1-ita(i)^2)+1/2*kesi(i)*(1-ita(i)^2)
        1/4*ita(i)*(kesi(i)-1)*(ita(i)+1)+1/4*kesi(i)*ita(i)*(ita(i)+1)
        -ita(i)*kesi(i)*(ita(i)+1)
        1/4*ita(i)*(kesi(i)+1)*(ita(i)+1)+1/4*kesi(i)*ita(i)*(ita(i)+1)];
    fy_ita  = [1/4*kesi(i)*(kesi(i)-1)*(ita(i)-1)+1/4*kesi(i)*ita(i)*(kesi(i)-1)
        1/2*(1-kesi(i)^2)*(ita(i)-1)+1/2*ita(i)*(1-kesi(i)^2)
        1/4*kesi(i)*(kesi(i)+1)*(ita(i)-1)+1/4*kesi(i)*ita(i)*(kesi(i)+1)
        -kesi(i)*ita(i)*(kesi(i)-1)
        -2*(1-kesi(i)^2)*ita(i)
        -kesi(i)*ita(i)*(kesi(i)+1)
        1/4*kesi(i)*(kesi(i)-1)*(ita(i)+1)+1/4*kesi(i)*ita(i)*(kesi(i)-1)
        1/2*(1-kesi(i)^2)*(ita(i)+1)+1/2*ita(i)*(1-kesi(i)^2)
```

```
            1/4 * kesi(i) * (kesi(i) +1) * (ita(i) +1) +1/4 * kesi(i) * ita(i) * (kesi(i) +1)];
    %%%%%%%%    插值函数求导
    %%%%%%%%    Jacobi 相关计算
    dx_dkesi = fy_kesi' * JXYe(:,1);
    dx_dita = fy_ita' * JXYe(:,1);
    dy_dkesi = fy_kesi' * JXYe(:,2);
    dy_dita = fy_ita' * JXYe(:,2);
    Jacobi = [dx_dkesi dy_dkesi
              dx_dita dy_dita];
    AAAA = inv(Jacobi) * [fy_kesi';fy_ita'];
    fy_x = AAAA(1,:)';
    fy_y = AAAA(2,:)';
    det_Jacobi = det(Jacobi);
    %%%%%%%%    Jacobi 相关计算
    %%%%%%%%    单元内结点黏度计算
    vxxvxx = (fy_x' * uve(:,1))^2;
    vyyvyy = (fy_y' * uve(:,2))^2;
    vxyvyx = (fy_y' * uve(:,1) + fy_x' * uve(:,2))^2;
    I2 = 2 * vxxvxx + 2 * vyyvyy + vxyvyx;    % 剪切速率
    VIE(i) = muinf + (mu0 - muinf) * (1 + (nt * I2)^2)^((n-1)/2);% B-C 本构方程
    %%%%%%%%    单元内结点黏度计算
end
%%%%%%    循环计算单元内各个结点黏度
```

6.3.2 主程序

参照 6.2.6 小节给出的流程编写计算程序。程序中包含双层 while 循环语句结构。其中，内层循环是为了计算当前时刻的速度、压力和黏度收敛结果，外层循环是为了判断非定常问题是否达到稳定状态。除了流程中介绍的内容之外，本程序还包括计算结果记录代码，通过修改变量 jilu_buchang 可以设定存储结果文件的间隔步长。程序中，非定常迭代计算的收敛标准为：在给定时间上限范围内，前后两个时刻区域的速度、压力和黏度误差小于给定精度。对于封闭区域流场计算，为了加速收敛，本例代码中指定了压力 0 点。为了方便后续结果分析，本例代码中还编写了计算区域平均速度的代码。具体内容详见代码中的注释说明。录入以下代码，并存储为 main_nonnewton_timedep.m 文件。

```
clc
clear
%%%%%%%%%%%%%%%%%%%%%%%%%%%%%%%%%%%%%%%%%
%%%%%%%%%%%%%%%       迭代步骤 A 开始      %%%%%%%%%%%%%%%%
%%%%%%%%%%%%%%%%%%%%%%%%%%%%%%%%%%%%%%%%%
```

```
%%%%%%%%%%%%%%%%%%%%%%%%%%%%%%%%%
%%%%%%%%%         物性参数        %%%%%%%%%
%%%%%%%%%%%%%%%%%%%%%%%%%%%%%%%%%
n = 0.75;          % 幂律指数
mu0 = 10000;       % 剪切速率为零时的黏度
muinf = 100;       % 剪切速率无穷大时的黏度
nt = 0.5;          % 自然时间
midu = 900;        % 密度
%%%%%%%%%%%%%%%%%%%%%%%%%%%%%%%%%
%%%%%%%%%         读取网格数据     %%%%%%%%%
%%%%%%%%%%%%%%%%%%%%%%%%%%%%%%%%%
load msh
%%%%%%%%%%%%%%%%%%%%%%%%%%%%%%%%%
%%%%%%%%%%       时间步长相关设定    %%%%%%%%%
%%%%%%%%%%%%%%%%%%%%%%%%%%%%%%%%%
delta_time = 1;    % 时间步长
t = 0;             % 初始时间
time_up = 50;      % 时间上限
%%%%%%%%%%%%%%%%%%%%%%%%%%%%%%%%%
%%%%%%       平板拖曳速度初始设定       %%%%%%
%%%%%%%%%%%%%%%%%%%%%%%%%%%%%%%%%
u3 = 0;            % 平板拖曳初始速度
du3 = 0.1;         % 平板拖曳加速度
%%%%%%%%%%%%%%%%%%%%%%%%%%%%%%%%%
%%%%%%%%%%%%       迭代步骤 A 结束    %%%%%%%%%%%%
%%%%%%%%%%%%%%%%%%%%%%%%%%%%%%%%%


%%%%%%%%%%%%%%%%%%%%%%%%%%%%%%%%%
%%%%%%%%%%%%       迭代步骤 B 开始    %%%%%%%%%%%%
%%%%%%%%%%%%%%%%%%%%%%%%%%%%%%%%%
%%%%%%%%%%%%%%%%%%%%%%%%%%%%%%%%%
%%%%%%%%%%         定义初始速度      %%%%%%%%%
%%%%%%%%%%%%%%%%%%%%%%%%%%%%%%%%%
ux0 = zeros(N_zong,1);% 初始速度、压力均设定为0
vy0 = zeros(N_zong,1);
p0 = zeros(N_ding,1);
ux_np1 = ux0;
vy_np1 = vy0;
```

```
p_np1 = p0;
uv_np1 = sqrt(ux_np1.*ux_np1+vy_np1.*vy_np1);   % 法向速度计算
        %%%%%%%%%%%%%%%%%%%%%%%%%%%%%%%%%%%
        %%%%%%%%%         初始黏度计算        %%%%%%%%%
        %%%%%%%%%%%%%%%%%%%%%%%%%%%%%%%%%%%
Vadd = zeros(N_zong,2);    % 定义结点黏度数据
for i_e = 1:E
    for i = 1:9
        JXYe(i,:) = JXYV(JMV(i_e,i),:);%提取单元结点坐标
        uve(i,1) = ux_np1(JMV(i_e,i),:);%提取单元结点速度
        uve(i,2) = vy_np1(JMV(i_e,i),:);
    end
        VIE = function_of_VIE_BC(n,mu0,muinf,nt,JXYe,uve);
        % 调用 B-C 模型单元内结点黏度计算函数
    for i = 1:9
        Vadd(JMV(i_e,i),1) = Vadd(JMV(i_e,i),1)+VIE(i);% 共用结点黏度累加
        Vadd(JMV(i_e,i),2) = Vadd(JMV(i_e,i),2)+1;% 共用次数累加
    end
end
for i = 1:N_zong
    vis_np1(i,1) = Vadd(i,1)/Vadd(i,2);% 结点黏度均值计算
end
        %%%%%%%%%%%%%%%%%%%%%%%%%%%%%%%%%%%
        %%%%%%%%         结果记录相关设定        %%%%%%%%%
        %%%%%%%%%%%%%%%%%%%%%%%%%%%%%%%%%%%
jilu = 0;   % 初始化数据记录序号
jilu_buchang = 1;  % 记录步长
        %%%%%%%%%%%%%%%%%%%%%%%%%%%%%%%%%%%
        %%%%%%%%         记录初始分布结果        %%%%%%%%%
        %%%%%%%%%%%%%%%%%%%%%%%%%%%%%%%%%%%
jilu = jilu+1;  % 初始速度、压力、黏度分布记录
U(:,jilu) = ux_np1;
V(:,jilu) = vy_np1;
P(:,jilu) = Pding2Pzong(p_np1,JMV)';
UV(:,jilu) = uv_np1;
vis(:,jilu) = vis_np1;
        %%%%%%%%%%%%%%%%%%%%%%%%%%%%%%%%%%%
        %%%%%%%%         计算初始平均速度        %%%%%%%%%
```

```
%%%%%%%%%%%%%%%%%%%%%%%%%%%%%%%%%%%
INTUV = 0;    % 初始化区域速度积分
AREA = 0;     % 初始化区域面积
for i = 1:E
    for ie = 1:9
        JXYVe(ie,:) = JXYV(JMV(i,ie),:);% 提取单元结点坐标
        UVe(ie,1) = uv_np1(JMV(i,ie),:);% 提取单元结点法向速度
    end
    [INTTe,AREAe] = function_of_INTUVe_AREAe(JXYe,T_k_1e);
    % 调用单元内速度积分及单元面积计算程序
    INTUV = INTUV + INTUVe;% 单元速度积分累加
    AREA = AREA + AREAe;   % 单元面积累加
end
UVave(times+1) = INTUV/AREA;% 区域平均速度
Ttime(times+1) = times*delta_time;% 记录平均速度对应的时间
%%%%%%%%%%%%%%%%%%%%%%%%%%%%%%%%%%%
%%%%%%%%%%%%%       迭代步骤 B 结束        %%%%%%%%%%%
%%%%%%%%%%%%%%%%%%%%%%%%%%%%%%%%%%%


%%%%%%%%%%%%%%%%%%%%%%%%%%%%%%%%%%%
%%%%%%%%%%%%%       迭代步骤 C 开始        %%%%%%%%%%%
%%%%%%%%%%%%%%%%%%%%%%%%%%%%%%%%%%%
        %%%%%%%%%%%%%%%%%%%%%%%%%%%%%
        %%%%%       非定常迭代计算开始条件        %%%%%
        %%%%%%%%%%%%%%%%%%%%%%%%%%%%%
norm_ux = 1;
norm_vy = 1;
norm_p = 1;
times = 0;
        %%%%%%%%%%%%%%%%%%%%%%%%%%%%%
        %%%%       开始非定常问题迭代求解        %%%%%%
        %%%%%%%%%%%%%%%%%%%%%%%%%%%%%
fprintf(' 现在开始计算,请耐心等待   \n')
while (  (norm_ux>1e-3||norm_vy>1e-3||norm_p>1e-3)   && t<time_up)
        %%%%%%%%%%%%%%%%%%%%%%%%%%%%%
        %%%%%%%%%        迭代步骤 C1        %%%%%%%%%
        %%%%%%%%%%          速度赋值          %%%%%%%%%%
        %%%%%%%%%%%%%%%%%%%%%%%%%%%%%
```

```
ux_n = ux_np1;
vy_n = vy_np1;
p_n = p_np1;
vis_n = vis_np1;
    %%%%%%%%%%%%%%%%%%%%%%%%%%%%%%
    %%%%%%%%%%          迭代步骤C2          %%%%%%%%%%
    %%%%%%%%%          设定边界条件          %%%%%%%%%
    %%%%%%%%%%%%%%%%%%%%%%%%%%%%%%
u1 = 0; v1 = 0;
u2 = 0; v2 = 0;
t = t + delta_time; %上平板拖曳速度与时间t有关
if t < = 10
    u3 = t * du3
    v3 = 0;
else
    if t < = 20 && t > 10
        u3 = 1 - (t - 10) * du3
        v3 = 0;
    else
        u3 = 0
        v3 = 0;
    end
end
u4 = 0; v4 = 0;
JBV1 = [BP1', u1 * ones(size(BP1))', v1 * ones(size(BP1))'];
JBV2 = [BP2, u2 * ones(size(BP2)), v2 * ones(size(BP2))];
JBV3 = [BP3', u3 * ones(size(BP3))', v3 * ones(size(BP3))'];
JBV4 = [BP4, u4 * ones(size(BP4)), v4 * ones(size(BP4))];
JBV = [JBV2; JBV4; JBV1; JBV3];
    %%%%%%%%%%%%%%%%%%%%%%%%%%%%%%
    %%%%%%%%%%          迭代步骤C3          %%%%%%%%%%
    %%%%%%%          非牛顿迭代初始赋值          %%%%%%%
    %%%%%%%%%%%%%%%%%%%%%%%%%%%%%%
ux_np1_kp1 = ux_n;
vy_np1_kp1 = vy_n;
p_np1_kp1 = p_n;
vis_np1_kp1 = vis_n;
    %%%%%%%%%%%%%%%%%%%%%%%%%%%%%%
```

```
%%%%%%%%        迭代步骤 C4        %%%%%%%%
%%%%%%       非牛顿迭代初始条件       %%%%%%%
%%%%%%%%%%%%%%%%%%%%%%%%%%%%%%%%
norm_ux_np1_kp1 = 1;
norm_vy_np1_kp1 = 1;
norm_p_np1_kp1 = 1;
norm_vis_np1_kp1 = 1;
times1 = 0;
%%%%%%%%%%%%%%%%%%%%%%%%%%%%%%%%
%%%%%%%%%        迭代步骤 C4        %%%%%%%%%
%%%%%%         非牛顿迭代计算         %%%%%%%
%%%%%%%%%%%%%%%%%%%%%%%%%%%%%%%%
while((norm_ux_np1_kp1 > 1e-5||norm_vy_np1_kp1 > 1e-5||norm_p_np1_
kp1 > 1e-5||norm_vis_np1_kp1 > 1e-5) && times1 < 1000)
%%%%%%%%%%%%%%%%%%%%%%%%%%%%%%%%
%%%%%%%%%       迭代步骤 C4.1       %%%%%%%%%
%%%      当前 n+1 时刻非牛顿迭代赋值      %%%%
%%%%%%%%%%%%%%%%%%%%%%%%%%%%%%%%
ux_np1_k = ux_np1_kp1;
vy_np1_k = vy_np1_kp1;
p_np1_k = p_np1_kp1;
vis_np1_k = vis_np1_kp1;
%%%%%%%%%%%%%%%%%%%%%%%%%%%%%%%%
%%%%%%%%%       迭代步骤 C4.2       %%%%%%%%%
%%%%%%       总体方程各子块初始化       %%%%%%
%%%%%%%%%%%%%%%%%%%%%%%%%%%%%%%%
B1 = sparse(N_ding, N_zong);
B2 = sparse(N_ding, N_zong);
D11 = sparse(N_zong, N_zong);
D12 = sparse(N_zong, N_zong);
D21 = sparse(N_zong, N_zong);
D22 = sparse(N_zong, N_zong);
M = sparse(N_zong, N_zong);
C1 = sparse(N_zong, N_ding);
C2 = sparse(N_zong, N_ding);
F1 = sparse(N_zong, 1);
F2 = sparse(N_zong, 1);
```

```
%%%%%%%%%%%%%%%%%%%%%%%%%%%
%%%%%%%%%%       迭代步骤 C4.3      %%%%%%%%%%
%%%%%%       系数矩阵单元子块计算及组合        %%%%%
%%%%%%%%%%%%%%%%%%%%%%%%%%%
for i_e = 1:E
    e_JMV = JMV(i_e,:);
    e_JMP = JMP(i_e,:);
    for i_inner_point = 1:9;
        JXYe(i_inner_point,:) = JXYV(JMV(i_e,i_inner_point),:);
        vise(i_inner_point,1) = vis_np1_k(JMV(i_e,i_inner_point),1);
    end
    [Me] = function_of_Me(JXYe,midu);
    [Be1,Be2] = function_of_Be(JXYe);
    [De11,De12,De21,De22] = function_of_De(JXYe,vise);
    [Ce1,Ce2] = function_of_Ce(JXYe);
    for r = 1:4
        for s = 1:9
            B1(e_JMP(r),e_JMV(s)) = B1(e_JMP(r),e_JMV(s)) + Be1(r,s);
            B2(e_JMP(r),e_JMV(s)) = B2(e_JMP(r),e_JMV(s)) + Be2(r,s);
        end
    end
    for r = 1:9
        for s = 1:9
        D11(e_JMV(r),e_JMV(s)) = D11(e_JMV(r),e_JMV(s)) + De11(r,s);
        D12(e_JMV(r),e_JMV(s)) = D12(e_JMV(r),e_JMV(s)) + De12(r,s);
        D21(e_JMV(r),e_JMV(s)) = D21(e_JMV(r),e_JMV(s)) + De21(r,s);
        D22(e_JMV(r),e_JMV(s)) = D22(e_JMV(r),e_JMV(s)) + De22(r,s);
        end
    end
    for r = 1:9
        for s = 1:9
            M(e_JMV(r),e_JMV(s)) = M(e_JMV(r),e_JMV(s)) + Me(r,s);
        end
    end
    for r = 1:9
        for s = 1:4
            C1(e_JMV(r),e_JMP(s)) = C1(e_JMV(r),e_JMP(s)) + Ce1(r,s);
            C2(e_JMV(r),e_JMP(s)) = C2(e_JMV(r),e_JMP(s)) + Ce2(r,s);
```

```
            end
        end
end
    %%%%%%%%%%%%%%%%%%%%%%%%%%%%%%%
    %%%%%%%%%%        迭代步骤 C4.4      %%%%%%%%%%%
    %%%%%%%%%%        总体方程集成        %%%%%%%%%%%
    %%%%%%%%%%%%%%%%%%%%%%%%%%%%%%%
    K = [M + delta_time * D11    delta_time * D12    - C1 * delta_time
         delta_time * D21    M + delta_time * D22    - C2 * delta_time
         B1    B2    zeros(N_ding,N_ding)];
    B = [M * ux_n - F1 * delta_time;M * vy_n - F2 * delta_time;zeros(N_ding,1)];
    clear B1 B2   C1 C2 D11 D12 D21 D22 M F1 F2
    %%%%%%%%%%%%%%%%%%%%%%%%%%%%%%%
    %%%%%%%%%%        迭代步骤 C4.5      %%%%%%%%%%%
    %%%%%%%%        代入速度边界条件      %%%%%%%%%%%
    %%%%%%%%%%%%%%%%%%%%%%%%%%%%%%%
N_matrix = 2 * N_zong + N_ding;
for i = 1:length(JBV(:,1))
    II = JBV(i,1);
    u = JBV(i,2);
    for J = 1:N_matrix
        B(J) = B(J) - K(J,II) * u;
    end
    K(II,:) = sparse(1,N_matrix);
    K(:,II) = sparse(N_matrix,1);
    K(II,II) = 1;
    B(II) = u;
end
for i = 1:length(JBV(:,1))
    II = N_zong + JBV(i,1);
    v = JBV(i,3);
    for J = 1:N_matrix
        B(J) = B(J) - K(J,II) * v;
    end
    K(II,:) = sparse(1,N_matrix);
    K(:,II) = sparse(N_matrix,1);
    K(II,II) = 1;
    B(II) = v;
```

```
end
%%%%%%%%%%%%%%%%%%%%%%%%%%%%%%%%
%%%%%%%%%        迭代步骤 C4.6      %%%%%%%%%%%
%%%%%%%%%         指定压力零点       %%%%%%%%%%%
%%%%%%%%%%%%%%%%%%%%%%%%%%%%%%%%
II = 2 * N_zong + 30;
p = 0;
for J = 1:N_matrix
    B(J) = B(J) - K(J,II) * p;
end
K(II,:) = zeros(1,N_matrix);
K(:,II) = zeros(N_matrix,1);
K(II,II) = 1;
B(II) = p;

%%%%%%%%%%%%%%%%%%%%%%%%%%%%%%%%
%%%%%%%%%        迭代步骤 C4.7      %%%%%%%%%%%
%%%%%%%%%         求解方程          %%%%%%%%%%%
%%%%%%  更新 n+1 时刻第 k+1 次非牛顿迭代结果  %%%%%%
%%%%%%%%%%%%%%%%%%%%%%%%%%%%%%%%
x = K\B;
ux_np1_kp1 = x(1:N_zong);
vy_np1_kp1 = x(1+N_zong:2*N_zong);
p_np1_kp1 = x(1+2*N_zong:2*N_zong+N_ding);%压力结点坐标
%%%%%%%%%%%%%%%%%%%%%%%%%%%%%%%%
%%%%%%%%%        迭代步骤 C4.8      %%%%%%%%%%%
%%%%  更新 n+1 时刻第 k+1 次非牛顿迭代黏度结果  %%%%
%%%%%%%%%%%%%%%%%%%%%%%%%%%%%%%%
%%%%%%%%%%%%%%%%%%%%%%%%%%%%%%%%
Vadd = zeros(N_zong,2);
for i_e = 1:E
    for i = 1:9
        JXYe(i,:) = JXYV(JMV(i_e,i),:);
        uve(i,1) = ux_np1_kp1(JMV(i_e,i),:);
        uve(i,2) = vy_np1_kp1(JMV(i_e,i),:);
    end
    VIE = function_of_VIE_BC(n,mu0,muinf,nt,JXYe,uve);
```

```
            for i = 1:9
                Vadd(JMV(i_e,i),1) = Vadd(JMV(i_e,i),1) + VIE(i);
                Vadd(JMV(i_e,i),2) = Vadd(JMV(i_e,i),2) + 1;
            end
        end
        for i = 1:N_zong
            vis_np1_kp1(i,1) = Vadd(i,1)/Vadd(i,2);
        end
```

%%%%%%%%%%%%%%%%%%%%%%%%%%%%%%%%%
%%%%%%%%%%%%%   迭代步骤 C4.9   %%%%%%%%%%%%
%%%%%%%%   非牛顿问题误差计算   %%%%%%%%%
%%%%%%%%%%%%%%%%%%%%%%%%%%%%%%%%%

```
        if norm(ux_np1_kp1 - ux_np1_k) < 1e-10
% 当绝对误差足够小时,收敛标准取绝对误差
            norm_ux_np1_kp1 = 0;
        else    % 否则,收敛标准取相对误差
            norm_ux_np1_kp1 = norm(ux_np1_kp1 - ux_np1_k)/norm(ux_np1_k);
        end
        if norm(vy_np1_kp1 - vy_np1_k) < 1e-10
% 当绝对误差足够小时,收敛标准取绝对误差
            norm_vy_np1_kp1 = 0;
        else    % 否则,收敛标准取相对误差
            norm_vy_np1_kp1 = norm(vy_np1_kp1 - vy_np1_k)/norm(vy_np1_k);
        end
        if norm(p_np1_kp1 - p_np1_k) < 1e-10
% 当绝对误差足够小时,收敛标准取绝对误差
            norm_p_np1_kp1 = 0;
        else    % 否则,收敛标准取相对误差
            norm_p_np1_kp1 = norm(p_np1_kp1 - p_np1_k)/norm(p_np1_k);
        end
        if norm(vis_np1_kp1 - vis_np1_k) < 1e-10
% 当绝对误差足够小时,收敛标准取绝对误差
            norm_vis_np1_kp1 = 0;
        else    % 否则,收敛标准取相对误差
            norm_vis_np1_kp1 = norm(vis_np1_kp1 - vis_np1_k)/norm(vis_rp1_k);
        end
```

%%%%%%%%%%%%%%%%%%%%%%%%%%%%%%%%%
%%%%%%%%%%%%   迭代步骤 C4.9   %%%%%%%%%%%%

%%%%%%%% 非牛顿迭代次数自增 %%%%%%%%
%%%%%%%%%%%%%%%%%%%%%%%%%%%%%%%%%%
times1 = times1 + 1;
%%%%%%%%%%%%%%%%%%%%%%%%%%%%%%%%%%
%%%%%%%%% 迭代步骤C4.10 %%%%%%%%%
%%%%%%%%% 输出迭代误差 %%%%%%%%%
%%%%%%%%%%%%%%%%%%%%%%%%%%%%%%%%%%
fprintf(' time = %4d && norm_ux = %6.9f && norm_vy = %6.9f && norm_p = %6.9f && norm_vis = %6.9f \n',times1, norm_ux_np1_kp1, norm_vy_np1_kp1, norm_p_np1_kp1, norm_vis_np1_kp1)
end
%%%%%%%%%%%%%%%%%%%%%%%%%%%%%%%%%%
%%%%%%%%% 迭代步骤C5 %%%%%%%%%%
%%%%%%%%% 当前时刻结果赋值 %%%%%%%%
%%%%%%%%%%%%%%%%%%%%%%%%%%%%%%%%%%
ux_np1 = ux_np1_kp1; % 当前时刻的收敛结果
vy_np1 = vy_np1_kp1;
uv_np1 = sqrt(ux_np1.*ux_np1 + vy_np1.*vy_np1);
p_np1 = p_np1_kp1;
vis_np1 = vis_np1_kp1;
%%%%%%%%%%%%%%%%%%%%%%%%%%%%%%%%%%
%%%%%%%%% 迭代步骤C6 %%%%%%%%%%
%%%%%%%%% 数据记录 %%%%%%%%%%
%%%%%%%%%%%%%%%%%%%%%%%%%%%%%%%%%%
if mod(times,jilu_buchang) == 0 % 每个记录步长存储一次结果
    jilu = jilu + 1;
    U(:,jilu) = ux_np1;
    V(:,jilu) = vy_np1;
    P(:,jilu) = Pding2Pzong(p_np1,JMV)';
    UV(:,jilu) = uv_np1;
end
%%%%%%%%%%%%%%%%%%%%%%%%%%%%%%%%%%
%%%%%%%%% 迭代步骤C7 %%%%%%%%%%
%%%%%%% 累加非定常计算时间步长个数 %%%%%%%
%%%%%%%%%%%%%%%%%%%%%%%%%%%%%%%%%%
times = times + 1;
%%%%%%%%%%%%%%%%%%%%%%%%%%%%%%%%%%
%%%%%%%%% 迭代步骤C8 %%%%%%%%%%

```
%%%%%%%%       计算平均速度     %%%%%%%%%%%
%%%%%%%%%%%%%%%%%%%%%%%%%%%%%%%
INTUV = 0;
AREA = 0;
for i = 1: E
    for ie = 1:9
        JXYVe(ie,:) = JXYV(JMV(i,ie),:);
        UVe(ie,1) = uv_np1(JMV(i,ie),end);
    end
    [INTTe,AREAe] = function_of_INTUVe_AREAe(JXYe,T_k_1e);
    INTUV = INTUV + INTUVe;
    AREA = AREA + AREAe;
end
UVave(times + 1) = INTUV/AREA;
Ttime(times + 1) = times * delta_time;
    %%%%%%%%%%%%%%%%%%%%%%%%%%%%%
    %%%%%%%%%     迭代步骤 C9     %%%%%%%%%%%
    %%%%%%%%    非定常问题误差计算    %%%%%%%%%%
    %%%%%%%%%%%%%%%%%%%%%%%%%%%%%
if norm(ux_np1 - ux_n) < 1e - 10  % 当绝对误差足够小时,收敛标准取绝对误差
    norm_ux = 0;
else                              % 否则,计算相对误差
    norm_ux = norm(ux_np1 - ux_n)/norm(ux_n);
end
if norm(vy_np1 - vy_n) < 1e - 10   % 当绝对误差足够小时,收敛标准取绝对误差
    norm_vy = 0;
else                              % 否则,计算相对误差
    norm_vy = norm(vy_np1 - vy_n)/norm(vy_n);
end
if norm(p_np1 - p_n) < 1e - 10    % 当绝对误差足够小时,收敛标准取绝对误差
    norm_p = 0;
else                              % 否则,计算相对误差
    norm_p = norm(p_np1 - p_n)/norm(p_n);
end
if norm(vis_np1 - vis_n) < 1e - 10  % 当绝对误差足够小时,收敛标准取绝对误差
    norm_vis = 0;
else                              % 否则,计算相对误差
    norm_vis = norm(vis_np1 - vis_n)/norm(vis_n);
```

```
    end
    fprintf('time = %4d && norm_ux = %6.9f && norm_vy = %6.9f && norm_p = %6.9f && norm_vis = %6.9f \n',t,norm_ux,norm_vy,norm_p,norm_vis)
end
%%%%%%%%%%%%%%%%%%%%%%%%%%%%%%%%%%%%%%%%%%%%
%%%%%%%%%%%%%%%        迭代步骤C结束    %%%%%%%%%%%%%%%%%
%%%%%%%%%%%%%%%%%%%%%%%%%%%%%%%%%%%%%%%%%%%%

%%%%%%%%%%%%%%%%%%%%%%%%%%%%%%%%%%%%%%%%%%%%
%%%%%%%%%%%%%%%        绘制平均速度变化曲线    %%%%%%%%%%%%%%%
%%%%%%%%%%%%%%%%%%%%%%%%%%%%%%%%%%%%%%%%%%%%
plot(Ttime,UVave);
shoulian = [Ttime',UVave'];
%%%%%%%%%%%%%%%%%%%%%%%%%%%%%%%%%%%%%%%%%%%%
%%%%%%%%%%%%%%%        绘制平均速度变化曲线    %%%%%%%%%%%%%%%
%%%%%%%%%%%%%%%%%%%%%%%%%%%%%%%%%%%%%%%%%%%%

%%%%%%%%%%%%%%%%%%%%%%%%%%%%%%%%%%%%%%%%%%%%
%%%%%%%%%%%%%%%%%%%        Tecplot结果   %%%%%%%%%%%%%%%%%%%
%%%%%%%%%%%%%%%%%%%%%%%%%%%%%%%%%%%%%%%%%%%%
E*4
N_zong
data1 = full([JXYV,P]);
data2 = full([JXYV,U,V,UV]);
JMV4 = JMV_9to4(JMV)
%%%%%%%%%%%%%%%%%%%%%%%%%%%%%%%%%%%%%%%%%%%%
%%%%%%%%%%%%%%%%%%%        Tecplot结果   %%%%%%%%%%%%%%%%%%%
%%%%%%%%%%%%%%%%%%%%%%%%%%%%%%%%%%%%%%%%%%%%
```

6.3.3 单元方程子块计算程序

单元方程中包括 M^e,B^e,C^e 和 D^e 子块。其中,B^e,C^e 和 D^e 子块的计算程序与第3章相关程序一致。对应文件名称分别为"function_of_Be.m""function_of_Ce.m"和"function_of_De.m"。时间项子块 M^e 的计算代码如下,存储文件名称为"function_of_Me.m",供主程序调用。

```
function [Me] = function_of_Me(JXYe,midu)
%%%%%%% 初始化Me
Me = zeros(9,9);
```

```
%%%%%%%  初始化 Me
%%%%%%%  高斯积分数据
gp = [0.932469514203152,0.661209386466265,0.238619186083197, -0.932469514203152,
     -0.661209386466265, -0.238619186083197];
gw = [0.171324492379170, 0.360761573048139, 0.467913934572691, 0.171324492379170,
     0.360761573048139,0.467913934572691];
kesi = gp;
ita = gp;
%%%%%%%  高斯积分数据
for i = 1:6
    for j = 1:6
        %%%%%%%  速度插值函数及其对 kesi 和 ita 的导数
        fy = [1/4 * kesi(i) * ita(j) * (kesi(i) - 1) * (ita(j) - 1);
              1/2 * ita(j) * (1 - kesi(i)^2) * (ita(j) - 1);
              1/4 * kesi(i) * ita(j) * (kesi(i) + 1) * (ita(j) - 1);
              1/2 * kesi(i) * (kesi(i) - 1) * (1 - ita(j)^2);
              (1 - kesi(i)^2) * (1 - ita(j)^2);
              1/2 * kesi(i) * (kesi(i) + 1) * (1 - ita(j)^2);
              1/4 * kesi(i) * ita(j) * (kesi(i) - 1) * (ita(j) + 1);
              1/2 * ita(j) * (1 - kesi(i)^2) * (ita(j) + 1);
              1/4 * kesi(i) * ita(j) * (kesi(i) + 1) * (ita(j) + 1)];
        fy_kesi = [1/4 * ita(j) * (kesi(i) - 1) * (ita(j) - 1) + 1/4 * kesi(i) * ita(j) *
                   (ita(j) - 1)
                   - ita(j) * kesi(i) * (ita(j) - 1)
                   1/4 * ita(j) * (kesi(i) + 1) * (ita(j) - 1) + 1/4 * kesi(i) * ita(j) * (ita(j) - 1)
                   1/2 * (kesi(i) - 1) * (1 - ita(j)^2) + 1/2 * kesi(i) * (1 - ita(j)^2)
                   -2 * kesi(i) * (1 - ita(j)^2)
                   1/2 * (kesi(i) + 1) * (1 - ita(j)^2) + 1/2 * kesi(i) * (1 - ita(j)^2)
                   1/4 * ita(j) * (kesi(i) - 1) * (ita(j) + 1) + 1/4 * kesi(i) * ita(j) * (ita(j) + 1)
                   - ita(j) * kesi(i) * (ita(j) + 1)
                   1/4 * ita(j) * (kesi(i) + 1) * (ita(j) + 1) + 1/4 * kesi(i) * ita(j) * (ita(j) + 1)];
        fy_ita = [1/4 * kesi(i) * (kesi(i) - 1) * (ita(j) - 1) + 1/4 * kesi(i) * ita(j) *
                  (kesi(i) - 1)
                  1/2 * (1 - kesi(i)^2) * (ita(j) - 1) + 1/2 * ita(j) * (1 - kesi(i)^2)
                  1/4 * kesi(i) * (kesi(i) + 1) * (ita(j) - 1) + 1/4 * kesi(i) * ita(j) * (kesi
                  (i) + 1)
                  - kesi(i) * ita(j) * (kesi(i) - 1)
                  -2 * (1 - kesi(i)^2) * ita(j)
```

```
                        - kesi(i) * ita(j) * (kesi(i) + 1)
            1/4 * kesi(i) * (kesi(i) - 1) * (ita(j) + 1) + 1/4 * kesi(i) * ita(j) * (kesi
                (i) - 1)
            1/2 * (1 - kesi(i)^2) * (ita(j) + 1) + 1/2 * ita(j) * (1 - kesi(i)^2)
            1/4 * kesi(i) * (kesi(i) + 1) * (ita(j) + 1) + 1/4 * kesi(i) * ita(j) * (kesi
                (i) + 1)];
        %%%%%%% 速度插值函数及其对 kesi 和 ita 的导数
        %%%%%%% Jacobi 相关计算
        dx_dkesi = fy_kesi' * JXYe(:,1);
        dx_dita = fy_ita' * JXYe(:,1);
        dy_dkesi = fy_kesi' * JXYe(:,2);
        dy_dita = fy_ita' * JXYe(:,2);
        Jacobi = [dx_dkesi dy_dkesi
                  dx_dita  dy_dita];
        AAAA = inv(Jacobi) * [fy_kesi';fy_ita'];
        fy_x = AAAA(1,:)';
        fy_y = AAAA(2,:)';
        det_Jacobi = det(Jacobi);
        %%%%%%% Jacobi 相关计算
        %%%%%%% Me 单元方程子块计算
        Me = Me + gw(i) * gw(j) * fy * fy' * midu * det_Jacobi;
        %%%%%%% Me 单元方程子块计算
    end
end
```

6.3.4 Bird-Carreau 本构模型的单元内结点黏度计算程序

Bird-Carreau 本构模型的单元内结点黏度计算程序与第 4 章 power-law 本构模型的单元结点黏度计算程序思路基本一致，计算时需要调用单元结点坐标和结点速度，区别在于黏度表达式不同。

```
function VIE = function_of_VIE_BC(n,mu0,muinf,nt,JXYe,uve)
%%%%%%% 各个结点对应局部坐标
kesi = [-1 0 1 -1 0 1 -1 0 1];
ita  = [-1 -1 -1 0 0 0 1 1 1];
%%%%%%% 各个结点对应局部坐标
%%%%%%% 初始化 VIE
VIE = zeros(1,9);
%%%%%%% 初始化 VIE
```

```
%%%%%%% 循环计算单元内各个结点黏度
for i = 1:9
    %%%%%%%% 插值函数求导
    fy_kesi = [1/4 * ita(i) * (kesi(i) - 1) * (ita(i) - 1) + 1/4 * kesi(i) * ita(i) * (ita(i) - 1)
        - ita(i) * kesi(i) * (ita(i) - 1)
    1/4 * ita(i) * (kesi(i) + 1) * (ita(i) - 1) + 1/4 * kesi(i) * ita(i) * (ita(i) - 1)
    1/2 * (kesi(i) - 1) * (1 - ita(i)^2) + 1/2 * kesi(i) * (1 - ita(i)^2)
        - 2 * kesi(i) * (1 - ita(i)^2)
    1/2 * (kesi(i) + 1) * (1 - ita(i)^2) + 1/2 * kesi(i) * (1 - ita(i)^2)
    1/4 * ita(i) * (kesi(i) - 1) * (ita(i) + 1) + 1/4 * kesi(i) * ita(i) * (ita(i) + 1)
        - ita(i) * kesi(i) * (ita(i) + 1)
    1/4 * ita(i) * (kesi(i) + 1) * (ita(i) + 1) + 1/4 * kesi(i) * ita(i) * (ita(i) + 1)];
    fy_ita = [1/4 * kesi(i) * (kesi(i) - 1) * (ita(i) - 1) + 1/4 * kesi(i) * ita(i) * (kesi(i) - 1)
    1/2 * (1 - kesi(i)^2) * (ita(i) - 1) + 1/2 * ita(i) * (1 - kesi(i)^2)
    1/4 * kesi(i) * (kesi(i) + 1) * (ita(i) - 1) + 1/4 * kesi(i) * ita(i) * (kesi(i) + 1)
        - kesi(i) * ita(i) * (kesi(i) - 1)
        - 2 * (1 - kesi(i)^2) * ita(i)
        - kesi(i) * ita(i) * (kesi(i) + 1)
    1/4 * kesi(i) * (kesi(i) - 1) * (ita(i) + 1) + 1/4 * kesi(i) * ita(i) * (kesi(i) - 1)
    1/2 * (1 - kesi(i)^2) * (ita(i) + 1) + 1/2 * ita(i) * (1 - kesi(i)^2)
    1/4 * kesi(i) * (kesi(i) + 1) * (ita(i) + 1) + 1/4 * kesi(i) * ita(i) * (kesi(i) + 1)];
    %%%%%%%% 插值函数求导
    %%%%%%%% Jacobi 相关计算
    dx_dkesi = fy_kesi' * JXYe(:,1);
    dx_dita = fy_ita' * JXYe(:,1);
    dy_dkesi = fy_kesi' * JXYe(:,2);
    dy_dita = fy_ita' * JXYe(:,2);
    Jacobi = [dx_dkesi dy_dkesi
              dx_dita  dy_dita];
    AAAA = inv(Jacobi) * [fy_kesi';fy_ita'];
    fy_x = AAAA(1,:)';
    fy_y = AAAA(2,:)';
    det_Jacobi = det(Jacobi);
    %%%%%%%% Jacobi 相关计算
    %%%%%%%% 单元内结点黏度计算
    vxxvxx = (fy_x' * uve(:,1))^2;
    vyyvyy = (fy_y' * uve(:,2))^2;
    vxyvyx = (fy_y' * uve(:,1) + fy_x' * uve(:,2))^2;
```

```
        I2 = 2 * vxxvxx + 2 * vyyvyy + vxyvyx;        % 剪切速率
        VIE(i) = muinf + (mu0 - muinf) * (1 + (nt * I2)^2)^((n-1)/2);% B-C 本构方程
    %%%%%%%%     单元内结点黏度计算
end
%%%%%%     循环计算单元内各个结点黏度
```

6.3.5　单元内速度积分程序及单元面积计算程序

在已知单元结点速度后，可利用二重数值积分计算单元区域内速度的积分。同样，利用二重数值积分还可以计算单元区域的面积。录入以下代码，存储文件名称为"function_of_INTUVe_AREAe.m"，供主程序调用。

```
function [INTTe, AREAe] = function_of_INTUVe_AREAe(JXYe, T_k_1e)
%%%%%%%    初始化 INTTe, AREAe
INTTe = 0;
AREAe = 0;
%%%%%%%    初始化 INTTe, AREAe
%%%%%%%    高斯积分数据
gp = [0.932469514203152, 0.661209386466265, 0.238619186083197, -0.932469514203152,
  -0.661209386466265, -0.238619186083197];
gw = [0.171324492379170, 0.360761573048139, 0.467913934572691, 0.171324492379170,
0.360761573048139, 0.467913934572691];
kesi = gp;
ita = gp;
%%%%%%%    高斯积分数据
for i = 1:6
    for j = 1:6
        %%%%%%%    速度插值函数及其对 kesi 和 ita 的导数
        fy = [1/4 * kesi(i) * ita(j) * (kesi(i) - 1) * (ita(j) - 1);
            1/2 * ita(j) * (1 - kesi(i)^2) * (ita(j) - 1);
            1/4 * kesi(i) * ita(j) * (kesi(i) + 1) * (ita(j) - 1);
            1/2 * kesi(i) * (kesi(i) - 1) * (1 - ita(j)^2);
             (1 - kesi(i)^2) * (1 - ita(j)^2);
            1/2 * kesi(i) * (kesi(i) + 1) * (1 - ita(j)^2);
            1/4 * kesi(i) * ita(j) * (kesi(i) - 1) * (ita(j) + 1);
            1/2 * ita(j) * (1 - kesi(i)^2) * (ita(j) + 1);
            1/4 * kesi(i) * ita(j) * (kesi(i) + 1) * (ita(j) + 1)];
        fy_kesi = [1/4 * ita(j) * (kesi(i) - 1) * (ita(j) - 1) + 1/4 * kesi(i) * ita(j) *
(ita(j) - 1)
```

$$-\text{ita}(j) * \text{kesi}(i) * (\text{ita}(j) - 1)$$
$$1/4 * \text{ita}(j) * (\text{kesi}(i) + 1) * (\text{ita}(j) - 1) + 1/4 * \text{kesi}(i) * \text{ita}(j) * (\text{ita}(j) - 1)$$
$$1/2 * (\text{kesi}(i) - 1) * (1 - \text{ita}(j)^2) + 1/2 * \text{kesi}(i) * (1 - \text{ita}(j)^2)$$
$$-2 * \text{kesi}(i) * (1 - \text{ita}(j)^2)$$
$$1/2 * (\text{kesi}(i) + 1) * (1 - \text{ita}(j)^2) + 1/2 * \text{kesi}(i) * (1 - \text{ita}(j)^2)$$
$$1/4 * \text{ita}(j) * (\text{kesi}(i) - 1) * (\text{ita}(j) + 1) + 1/4 * \text{kesi}(i) * \text{ita}(j) * (\text{ita}(j) + 1)$$
$$-\text{ita}(j) * \text{kesi}(i) * (\text{ita}(j) + 1)$$
$$1/4 * \text{ita}(j) * (\text{kesi}(i) + 1) * (\text{ita}(j) + 1) + 1/4 * \text{kesi}(i) * \text{ita}(j) * (\text{ita}(j) + 1)];$$
fy_ita = [$1/4 * \text{kesi}(i) * (\text{kesi}(i) - 1) * (\text{ita}(j) - 1) + 1/4 * \text{kesi}(i) * \text{ita}(j) * (\text{kesi}(i) - 1)$
$$1/2 * (1 - \text{kesi}(i)^2) * (\text{ita}(j) - 1) + 1/2 * \text{ita}(j) * (1 - \text{kesi}(i)^2)$$
$$1/4 * \text{kesi}(i) * (\text{kesi}(i) + 1) * (\text{ita}(j) - 1) + 1/4 * \text{kesi}(i) * \text{ita}(j) * (\text{kesi}(i) + 1)$$
$$-\text{kesi}(i) * \text{ita}(j) * (\text{kesi}(i) - 1)$$
$$-2 * (1 - \text{kesi}(i)^2) * \text{ita}(j)$$
$$-\text{kesi}(i) * \text{ita}(j) * (\text{kesi}(i) + 1)$$
$$1/4 * \text{kesi}(i) * (\text{kesi}(i) - 1) * (\text{ita}(j) + 1) + 1/4 * \text{kesi}(i) * \text{ita}(j) * (\text{kesi}(i) - 1)$$
$$1/2 * (1 - \text{kesi}(i)^2) * (\text{ita}(j) + 1) + 1/2 * \text{ita}(j) * (1 - \text{kesi}(i)^2)$$
$$1/4 * \text{kesi}(i) * (\text{kesi}(i) + 1) * (\text{ita}(j) + 1) + 1/4 * \text{kesi}(i) * \text{ita}(j) * (\text{kesi}(i) + 1)];$$

%%%%%%% 速度插值函数及其对 kesi 和 ita 的导数
%%%%%%% Jacobi 相关计算
dx_dkesi = fy_kesi' * JXYe(:,1);
dx_dita = fy_ita' * JXYe(:,1);
dy_dkesi = fy_kesi' * JXYe(:,2);
dy_dita = fy_ita' * JXYe(:,2);
Jacobi = [dx_dkesi dy_dkesi
          dx_dita   dy_dita];
AAAA = inv(Jacobi) * [fy_kesi';fy_ita'];
fy_x = AAAA(1,:)';
fy_y = AAAA(2,:)';
det_Jacobi = det(Jacobi);
%%%%%%% Jacobi 相关计算
%%%%%% 单元内速度积分及单元面积计算
INTTe = INTTe + gw(i) * gw(j) * fy' * T_k_1e * det_Jacobi;
AREAe = AREAe + gw(i) * gw(j) * det_Jacobi;
%%%%%% 单元内速度积分及单元面积计算
   end
end

6.3.6 其他程序

本章实例计算程序中，还使用了网格细化程序"JMV_9to4.m"和压力插值程序"Pding2Pzong.m"。其中，程序代码见第 3 章相关内容。

6.4 结果分析

开始迭代计算前给定区域初始速度为零，迭代计算的时间间隔为 1s，每隔 1s 记录一次数据。区域的平均速度变化如图 6-3 所示。可见，前 10s 过程中流场处于加速流动状态，后 10s 过程中流场处于减速流动状态。图 6-4 给出了前 20s 的速度分布。值得注意的是，在 $t=20s$ 时，区域速度分布不为零。理论上，在忽略惯性项的影响时，如果前后两个时刻之间的时间间隔足够小，则当前时刻的速度分布应该与前一时刻的速度分布无关。这样，$t=20s$ 时，区域速度理论上应为 0。但是，实际计算发现，$t=20s$ 时，速度分布却不为零，速度均值为 4.05×10^{-8} m/s，在 $t=23s$ 时，区域平均速度为 1.82×10^{-22} m/s。这是由于存在非零时间间隔，在 $t=19s$ 时作为 $t=20s$ 时计算的初始条件，对 $t=20s$ 时的计算结果造成了一定影响，随后 $t=20s$ 时的结果又对后续时刻速度分布造成影响。当我们将时间间隔由 1s 减少为 0.1s 时，$t=20s$ 时速度分布的平均值为 6.23×10^{-8} m/s，当 $t=20.3s$ 时，区域平均速度就降低为 1.05×10^{-25} m/s。可见，时间间隙越小，前一时刻的结果对后一时刻的结果影响越小，越有利于提高计算精度。

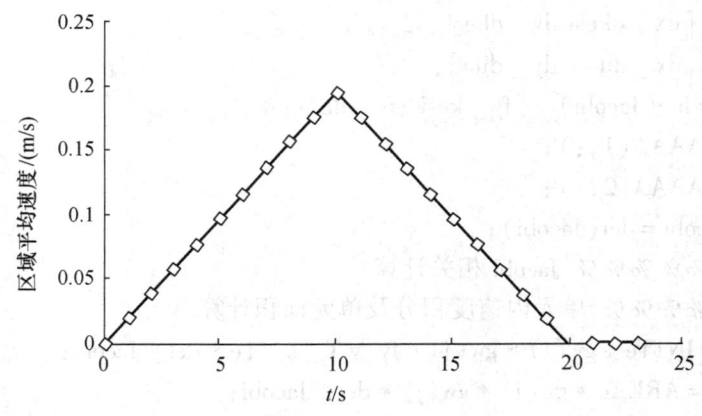

图 6-3 区域的平均速度变化

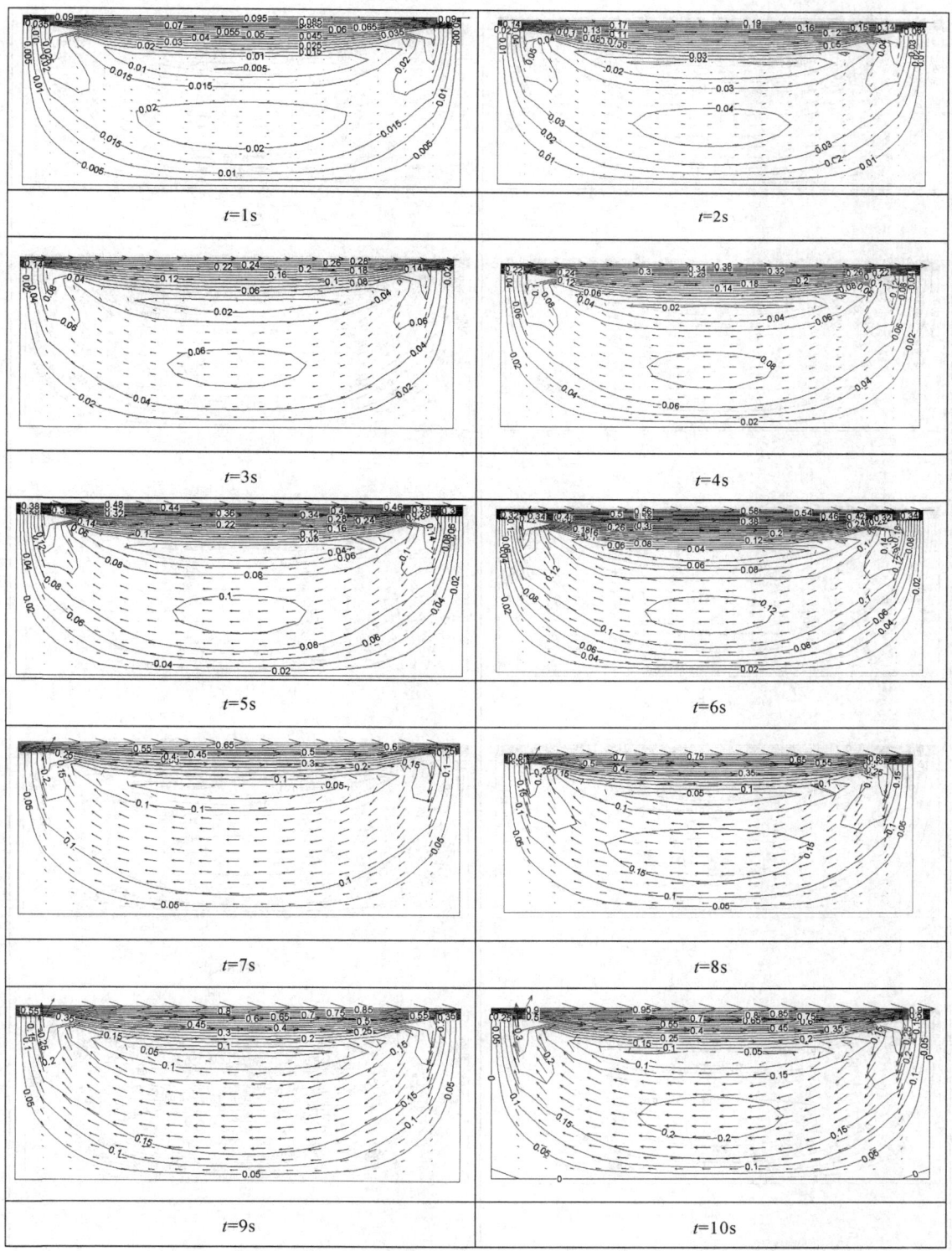

图 6-4 不同时刻区域内的速度分布

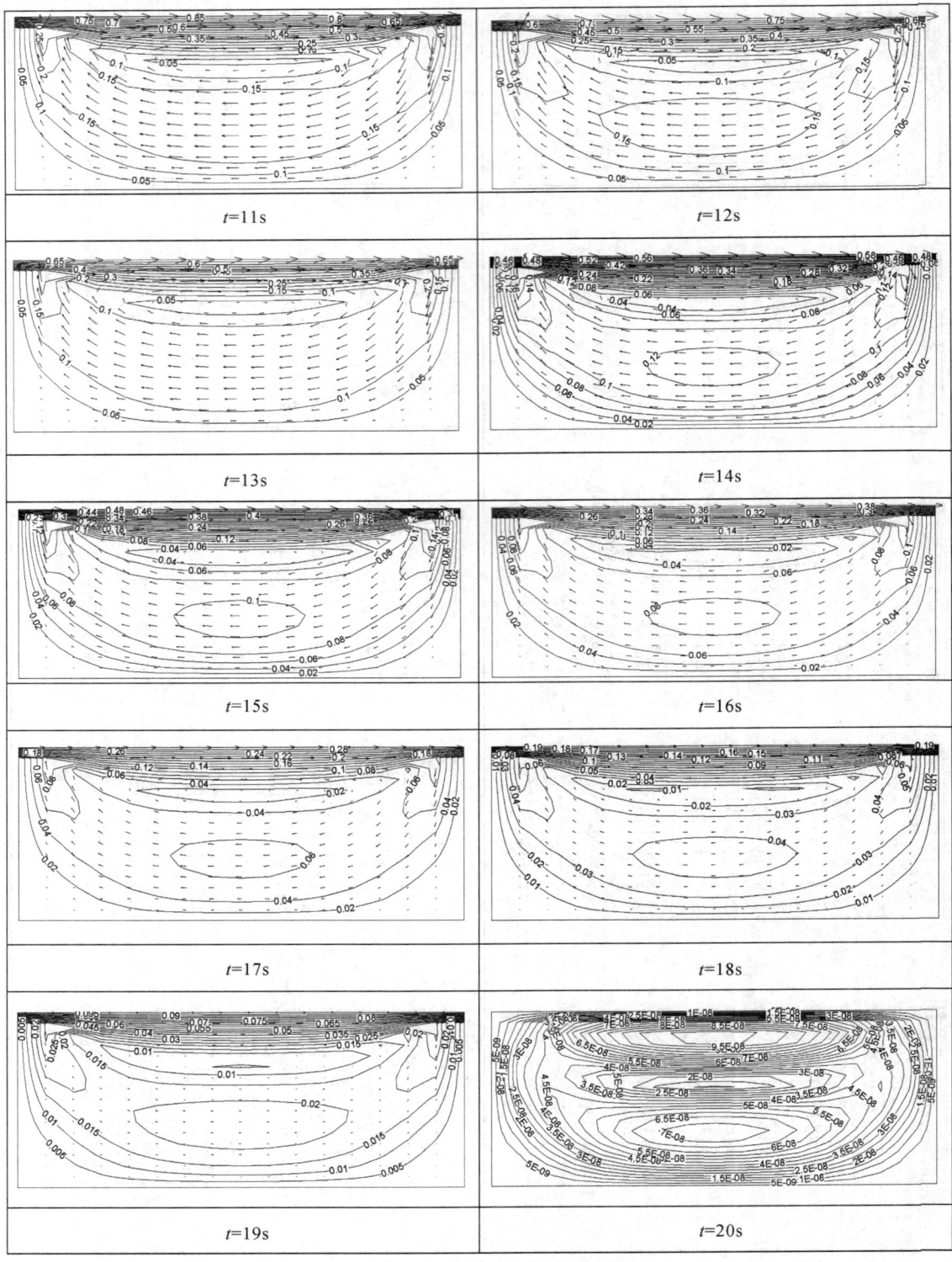

图 6-4 不同时刻区域内的速度分布（续）

第 7 章　与时间有关的热传导问题的有限元求解

本章讲述与时间有关的热传导问题的有限元求解方法。从求解方程的形式来看本章内容是第 2 章内容的延伸。本章以矩形区域温升过程计算为例，讲述在给定对流换热边界条件和给定加热热流密度边界条件时，非定常热传导方程的求解方法。并分析了加热热流密度和空气温度对区域温升过程的影响。

7.1　求解实例和数学方程

7.1.1　求解实例

计算如图 7-1 所示的矩形区域的温度分布。区域的导热系数 $k = 2\text{W}/(\text{m} \cdot \text{K})$，密度 ρ 为 $900\text{kg}/\text{m}^3$，比定容热容 $c_V = 20\text{J}/(\text{kg} \cdot \text{K})$。底边给定加热热流密度 $q = 100\text{W}/\text{m}^2$。其余各边与 10℃ 空气接触，对流换热，空气的对流换热系数 $\alpha = 10\text{W}/(\text{m}^2 \cdot \text{K})$。区域大小为 $100\text{mm} \times 100\text{mm}$，初始温度为 20℃。

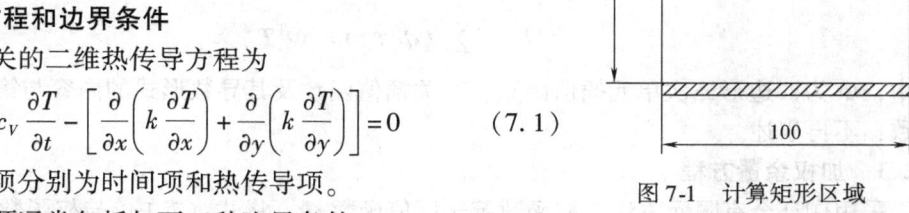

图 7-1　计算矩形区域

7.1.2　数学方程和边界条件

与时间有关的二维热传导方程为

$$\rho c_V \frac{\partial T}{\partial t} - \left[\frac{\partial}{\partial x}\left(k \frac{\partial T}{\partial x}\right) + \frac{\partial}{\partial y}\left(k \frac{\partial T}{\partial y}\right) \right] = 0 \qquad (7.1)$$

上式中两项分别为时间项和热传导项。

热传导问题通常包括如下三种边界条件：

(1) 已知边界温度分布

当已知计算区域边界上的温度函数时，边界条件可用如下公式表示为

$$T\big|_\Gamma = T_\Gamma(x, y, t) \qquad (7.2)$$

该类边界条件属于第一类边界条件，即本质边界条件。底边的边界条件属于该类边界条件。

(2) 已知边界热流密度

当已知计算区域表面的热流密度 q（W/m^2）时，边界条件可用如下公式表示为

$$-k \frac{\partial T}{\partial n}\bigg|_\Gamma = q(x, y, t) \qquad (7.3)$$

其中，当 q 的方向与边界的外法线方向 n 相反时，q 取值为负；反之取正。该类边界条件属于第二类边界条件，即自然边界条件。底边的边界条件属于这类边界条件。

(3) 已知对流换热系数

当已知与计算区域相接触的流体介质温度 T_f 和对流换热系数 α 时，边界条件可用如下公式表示为

$$-k \frac{\partial T}{\partial n}\bigg|_\Gamma = \alpha(t) \left[T_\Gamma - T_\text{f}(t) \right]\bigg|_\Gamma \qquad (7.4)$$

该类边界条件属于第二类边界条件，即自然边界条件。本例上边和左右两边的边界条件属于这种类型。

7.2 热传导方程的有限元求解

7.2.1 计算区域的离散

本章采用四边形二次单元进行网格离散，如图 7-2 所示。网格总数为 64，结点总数为 289。离散后得到单元结点数据 JMV 和 JMP、结点坐标数据 JXYV 和 JXYP、第一类边界结点数据 BP1～BP4、第二类边界单元及边界边数据 BE1～BE4。在 BP 和 BE 的基础上构建第一类温度边界条件 JBT1 数据和第二类温度边界条件 JBT2 数据。JBT1 数据共有两列，分别为边界结点号和边界温度值。JBT2 数据的列数与单元类型有关。对于二次单元来说，边界边上有三个结点，则 JBT2 分为五列，分别为处于第二类边界上的单元号、处于第二类边界上的边界边号、边界边上第一结点处边界值、边界边上第二结点处边界值和边界边上第三结点处边界值。

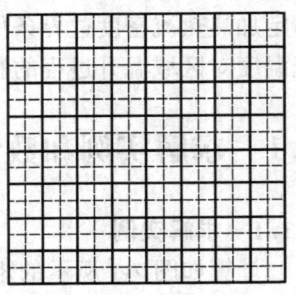

图 7-2　离散网格

7.2.2 插值函数及其相关计算

单元内任意一点温度可表示为

$$T = \sum_{i=1}^{9}(\Phi_i T_i^e) = \boldsymbol{\Phi}^T \boldsymbol{T}_I^e \tag{7.5}$$

式中，$\boldsymbol{\Phi}$ 为四边形二次单元插值函数，有关插值函数及其导数形式的内容与第 3 章相关内容一致，不再累述。

7.2.3 加权余量方程

采用伽辽金有限元方法，权函数等于插值函数 $\boldsymbol{\Phi}$。将式（7.1）与权函数相乘，并在积分区域内积分，得

$$\iint_\Omega \boldsymbol{\Phi}\left[\rho c_V \frac{\partial T}{\partial t} - \frac{\partial}{\partial x}\left(k\frac{\partial T}{\partial x}\right) - \frac{\partial}{\partial y}\left(k\frac{\partial T}{\partial y}\right)\right]dxdy = 0 \tag{7.6}$$

（1）时间项

将时间项中的物性常数提到积分号外，得到

$$\iint_\Omega \boldsymbol{\Phi}\left(\rho c_V \frac{\partial T}{\partial t}\right)dxdy = \rho c_V \iint_\Omega \boldsymbol{\Phi}\left(\frac{\partial T}{\partial t}\right)dxdy \tag{7.7}$$

（2）热传导项

使用格林公式，热传导方程展开得到

$$\begin{aligned}\iint_\Omega \boldsymbol{\Phi}\left[\frac{\partial}{\partial x}\left(k\frac{\partial T}{\partial x}\right)\right]dxdy &= \iint_\Omega \frac{\partial}{\partial x}\left(\boldsymbol{\Phi} k\frac{\partial T}{\partial x}\right)dxdy - k\iint_\Omega \frac{\partial \boldsymbol{\Phi}}{\partial x}\frac{\partial T}{\partial x}dxdy \\ &= \int_\Gamma \left(\boldsymbol{\Phi} k\frac{\partial T}{\partial n}\right)\frac{\partial n}{\partial x}\frac{\partial y}{\partial \Gamma}d\Gamma - k\iint_\Omega \frac{\partial \boldsymbol{\Phi}}{\partial x}\frac{\partial T}{\partial x}dxdy\end{aligned} \tag{7.8}$$

$$\iint_\Omega \boldsymbol{\Phi}\left[\frac{\partial}{\partial y}\left(k\frac{\partial T}{\partial y}\right)\right]dxdy = \iint_\Omega \frac{\partial}{\partial y}\left(\boldsymbol{\Phi} k\frac{\partial T}{\partial y}\right)dxdy - k\iint_\Omega \frac{\partial \boldsymbol{\Phi}}{\partial y}\frac{\partial T}{\partial y}dxdy$$

$$= \int_\Gamma \left(\boldsymbol{\Phi} k \frac{\partial T}{\partial n}\right) \frac{\partial n}{\partial y} \frac{\partial x}{\partial \Gamma} \mathrm{d}\Gamma - k\iint_\Omega \frac{\partial \boldsymbol{\Phi}}{\partial y} \frac{\partial T}{\partial y} \mathrm{d}x\mathrm{d}y \quad (7.9)$$

式中，

$$\frac{\mathrm{d}y}{\mathrm{d}\Gamma} = \cos\theta_x, \quad \frac{\mathrm{d}x}{\mathrm{d}\Gamma} = \cos\theta_y, \quad \frac{\mathrm{d}n}{\mathrm{d}x} = \cos\theta_x, \quad \frac{\mathrm{d}n}{\mathrm{d}y} = \cos\theta_y \quad (7.10)$$

将式（7.10）分别代入式（7.8）和式（7.9），得到

$$\iint_\Omega \boldsymbol{\Phi}\left[\frac{\partial}{\partial x}\left(k\frac{\partial T}{\partial x}\right)\right]\mathrm{d}x\mathrm{d}y = \int_\Gamma \left(\boldsymbol{\Phi} k \frac{\partial T}{\partial n}\right)\cos^2\theta_x \mathrm{d}\Gamma - k\iint_\Omega \frac{\partial \boldsymbol{\Phi}}{\partial x}\frac{\partial T}{\partial x}\mathrm{d}x\mathrm{d}y \quad (7.11)$$

$$\iint_\Omega \boldsymbol{\Phi}\left[\frac{\partial}{\partial y}\left(k\frac{\partial T}{\partial y}\right)\right]\mathrm{d}x\mathrm{d}y = \int_\Gamma \left(\boldsymbol{\Phi} k \frac{\partial T}{\partial n}\right)\cos^2\theta_y \mathrm{d}\Gamma - k\iint_\Omega \frac{\partial \boldsymbol{\Phi}}{\partial y}\frac{\partial T}{\partial y}\mathrm{d}x\mathrm{d}y \quad (7.12)$$

将式（7.11）和式（7.12）相加后，得到

$$\iint_\Omega \boldsymbol{\Phi}\left[\frac{\partial}{\partial x}\left(k\frac{\partial T}{\partial x}\right)\right]\mathrm{d}x\mathrm{d}y + \iint_\Omega \boldsymbol{\Phi}\left[\frac{\partial}{\partial y}\left(k\frac{\partial T}{\partial y}\right)\right]\mathrm{d}x\mathrm{d}y =$$

$$\int_\Gamma \left(\boldsymbol{\Phi} k \frac{\partial T}{\partial n}\right)\mathrm{d}\Gamma - \left(k\iint_\Omega \frac{\partial \boldsymbol{\Phi}}{\partial x}\frac{\partial T}{\partial x}\mathrm{d}x\mathrm{d}y + k\iint_\Omega \frac{\partial \boldsymbol{\Phi}}{\partial y}\frac{\partial T}{\partial y}\mathrm{d}x\mathrm{d}y\right) \quad (7.13)$$

将式(7.6)和式(7.13)相加,得到非定常热传导方程的加权余量方程为

$$\rho c_V \iint_\Omega \left(\boldsymbol{\Phi}\frac{\partial T}{\partial t}\right)\mathrm{d}x\mathrm{d}y + \left(k\iint_\Omega \frac{\partial \boldsymbol{\Phi}}{\partial x}\frac{\partial T}{\partial x}\mathrm{d}x\mathrm{d}y + k\iint_\Omega \frac{\partial \boldsymbol{\Phi}}{\partial y}\frac{\partial T}{\partial y}\mathrm{d}x\mathrm{d}y\right) = \int_\Gamma \left(\boldsymbol{\Phi} k \frac{\partial T}{\partial n}\right)\mathrm{d}\Gamma \quad (7.14)$$

7.2.4 单元方程的建立

将式（7.14）的积分区域转换为单元区域，得到

$$\rho c_V \iint_{\Omega^e} \left(\boldsymbol{\Phi}\frac{\partial T}{\partial t}\right)\mathrm{d}x\mathrm{d}y + \left(k\iint_{\Omega^e} \frac{\partial \boldsymbol{\Phi}}{\partial x}\frac{\partial T}{\partial x}\mathrm{d}x\mathrm{d}y + k\iint_{\Omega^e} \frac{\partial \boldsymbol{\Phi}}{\partial y}\frac{\partial T}{\partial y}\mathrm{d}x\mathrm{d}y\right) = \int_{\Gamma^e} \left(\boldsymbol{\Phi} k \frac{\partial T}{\partial n}\right)\mathrm{d}\Gamma \quad (7.15)$$

（1）时间项

将式（7.5）代入式（7.15）的时间项，得到

$$\rho c_V \iint_{\Omega^e} \left(\boldsymbol{\Phi}\frac{\partial T}{\partial t}\right)\mathrm{d}x\mathrm{d}y = \rho c_V \iint_\Omega \boldsymbol{\Phi}\boldsymbol{\Phi}^\mathrm{T}\mathrm{d}x\mathrm{d}y \dot{\boldsymbol{T}}_I^e = M^e \dot{\boldsymbol{T}}_I^e \quad (7.16)$$

（2）热传导项

将式（7.5）代入式（7.15）的左边第二项，得到

$$\left(k\iint_{\Omega^e} \frac{\partial \boldsymbol{\Phi}}{\partial x}\frac{\partial \boldsymbol{\Phi}^\mathrm{T}}{\partial x}\mathrm{d}x\mathrm{d}y + k\iint_{\Omega^e} \frac{\partial \boldsymbol{\Phi}}{\partial y}\frac{\partial \boldsymbol{\Phi}^\mathrm{T}}{\partial y}\mathrm{d}x\mathrm{d}y\right)\boldsymbol{T}_I^e = CD^e \boldsymbol{T}_I^e \quad (7.17)$$

（3）热传导边界项

当计算区域存在第二类边界条件时，需要计算式（7.15）的右边项：

$$\int_{\Gamma^e}\left(\boldsymbol{\Phi} k \frac{\partial T}{\partial n}\right)\mathrm{d}\Gamma = CDB^e \quad (7.18)$$

综合以上三部分，单元方程的矩阵形式可表示为

$$M^e \dot{\boldsymbol{T}}_I^e + CD^e \boldsymbol{T}_I^e = CDB^e \quad (7.19)$$

式中，

$$CD^e = k\iint_{\Omega^e} \frac{\partial \boldsymbol{\Phi}}{\partial x}\frac{\partial \boldsymbol{\Phi}^\mathrm{T}}{\partial x}\mathrm{d}x\mathrm{d}y + k\iint_{\Omega^e} \frac{\partial \boldsymbol{\Phi}}{\partial y}\frac{\partial \boldsymbol{\Phi}^\mathrm{T}}{\partial y}\mathrm{d}x\mathrm{d}y \quad (7.20\mathrm{a})$$

$$CDB^e = \int_{\Gamma^e} \left(\boldsymbol{\Phi} k \frac{\partial T}{\partial n} \right) \mathrm{d}\Gamma = \int_{\Gamma^e} \boldsymbol{\Phi}(\boldsymbol{\Phi}^{\mathrm{T}} \hat{\boldsymbol{q}}_I^e) \mathrm{d}\Gamma \quad (7.20\mathrm{b})$$

$$M^e = \rho c_V \iint_{\Omega} \boldsymbol{\Phi} \boldsymbol{\Phi}^{\mathrm{T}} \mathrm{d}x \mathrm{d}y \quad (7.20\mathrm{c})$$

式中，CDB^e 在处于第二类边界条件上的单元上进行计算，内部单元不需计算。

7.2.5 总体方程的组合

根据第 2 章介绍的组合方法，根据 JM 数据，将 M^e 组合成为 M，CD^e 组合成为 CD，将 CDB^e 组合成为 CDB，就得到了非定常热传导方程的总体方程：

$$M\dot{T}_I + CDT_I = CDB \quad (7.21)$$

该式中的时间导数 $\dot{T}_I$ 的处理中，涉及不同时刻的结点温度，引入参数 θ 后，第 $n+1$ 时间步长的温度 T_{n+1} 可表示为

$$T_{n+1} = T_n + \Delta t [(1-\theta)\dot{T}_{n+1} + \theta\dot{T}_n] \quad (7.22)$$

式中，$\theta \in [0,1]$；T_{n+1} 为第 n 时间步长的温度；Δt 为时间步长。将式（7.22）代入式（7.21）得到如下形式：

$$KT_{n+1} = b \quad (7.23)$$

式中，

$$K = M + \theta \Delta t CD \quad (7.24)$$
$$b = \Delta t CDB + [M - (1-\theta)\Delta t CD]T_n \quad (7.25)$$

7.2.6 代入边界条件及迭代求解

（1）给定温度的边界条件代入

根据 JBT1 的数据将第一类边界条件代入总体方程。可以采用乘大数代入法或对角线归一法。

（2）给定热流密度的边界条件代入

热流密度边界条件属于第二类边界条件，可以直接将边界数据写入 JBT2。在 CDB^e 的计算中，以 JBT2$(i,1)$ 数据确定单元序号；提取 JMV 的第 JBT2$(i,1)$ 行数据，得到单元所包含的结点序号；根据单元所包含的结点序号，构建单元结点坐标数据 JXYVe；根据 JBT2$(i,2)$ 数据确定单元边号；根据不同单元边号，确定式（7.20）中边界边插值函数 $\boldsymbol{\Phi}$；根据边界边号，构建边界值数据 $\hat{\boldsymbol{q}}_I^e$；将 $\boldsymbol{\Phi}$ 和 $\hat{\boldsymbol{q}}_I^e$ 代入式（7.20）计算 CDB^e。

（3）给定对流换热条件的边界条件代入

非定常问题中，求解给定对流换热边界条件的问题时，需要已知壁面处温度。在计算初始时刻，给定区域初始温度 T_k 为常数，根据式（7.4）计算边界各点的边界值，构建 JBT2 边界数据，综合其他边界条件，求解方程，得到新的区域温度分布 T_{k+1}，并计算相对误差：

$$R = \frac{|T_{k+1} - T_k|}{|T_k|} \quad (7.26)$$

然后进行误差判断，如果 $R \leqslant \varepsilon$，计算结束；如果 $R > \varepsilon$，重新构建对流换热边界条件，重新计算。

（4）非定常问题的迭代流程

非定常问题的迭代过程中，需要给定合适的时间步长，时间步长过大，则计算过程可能不收敛；时间步长太小，则计算过程耗时太长。具体步骤如下：

A. 设定物性参数；设定对流换热边界条件参数；读取网格数据；给定时间步长和计算时间上限。

B. 定义区域初始温度分布 T_0，并将 T_0 赋值给 T_{n+1}。

C. 给定非定常迭代开始条件后，计算并记录区域平均温度 T_{ave}；进行数据记录相关设定，并记录初始数据。

D. 开始非定常迭代计算：

- D1. 将 T_{n+1} 赋值给 T_n。
- D2. 将 T_n 赋值给 T_{n+1}^k。
- D3. 给定 $n+1$ 时刻对流换热迭代计算初始条件。
- D4. 开始进行对流换热迭代计算：
  - ▲ D4.1 将 T_{n+1}^{k+1} 赋值给 T_{n+1}^k；
  - ▲ D4.2 更新温度边界条件；
  - ▲ D4.3 初始化总体方程时间项子块 M、热传导项子块 CD 以及热传导边界项子块 CDB；
  - ▲ D4.4 计算单元方程时间项子块 M^e 和热传导项子块 CD^e，并组装；
  - ▲ D4.5 计算热传导边界项子块 CDB^e，并组装；
  - ▲ D4.6 构建计算方程；
  - ▲ D4.7 求解方程，更新 T_{n+1}^{k+1}；
  - ▲ D4.8 对流换热迭代误差计算，当相邻两次迭代结果的绝对误差或相对误差小于给定精度时，计算收敛，当前 $n+1$ 时刻迭代完成，转运行 D4.9 步后，转第 D5 步；否则，转运行 D4.8 步后，回到第 D4.1 步重新计算。绝对误差和相对误差的计算式分别为

$$R_{1\text{绝对}} = \max\left\{\left|T_{n+1}^{k+1} - T_{n+1}^k\right|\right\} \tag{7.27}$$

$$R_{1\text{相对}} = \max\left\{\frac{\left|T_{n+1}^{k+1} - T_{n+1}^k\right|}{\left|T_{n+1}^k\right|}\right\} \tag{7.28}$$

  - ▲ D4.9 累加非定常计算时间步长次数 time1 = time1 + 1，并输出迭代结果。
- D5. 将 T_{n+1}^{k+1} 赋值给 T_{n+1}。
- D6. 累加非定常迭代次数 times = times + 1。
- D7. 如果达到存储结果的记录步长，则存储结果。
- D8. 计算当前 $n+1$ 时刻区域平均温度。
- D9. 计算当前 $n+1$ 时刻与前一时刻 n 平均温度误差 R_2。如果累加计算时间小于时间上限，且 $R_2 \leq \varepsilon$，则表明计算非定常问题区域稳定，运行 D10 步后，停止计算；如果累加计算时间达到时间上限，$R_2 > \varepsilon$，则表明流场分布尚未稳定，计算时间达到时间上限，运行 D10 步后，停止计算。如果累加计算时间小于时间上限，且 $R_2 > \varepsilon$，则显示运行 D10 步后，返回第 D1 步，重新开始计算。非定常问题的绝对误差和相对误差表示为

$$R_{2\text{绝对}} = \left|T_{ave}^{k+1} - T_{ave}^k\right| \tag{7.29}$$

$$R_{2\text{相对}} = \frac{\left|T_{ave}^{k+1} - T_{ave}^k\right|}{\left|T_{are}^k\right|} \tag{7.30}$$

- D10. 输出非定常问题当前 $n+1$ 时刻的迭代结果。

7.3 相关程序编写

7.3.1 网格生成程序

本程序运用四边形单元将如图 7-1 所示收敛流动区域进行网格划分，生成网格数据 msh.mat，供主程序调用。使用时，需要设定区域总高和总长参数 $H=0.1\text{m}$ 和 $L=0.1\text{m}$、水平和竖直方向的网格数量 $N_x=8$ 和 $N_y=8$。利用第 3 章中的四边形网格绘制程序 rectangle_grid.m 绘制网格图形，验证网格划分结果是否正确。结果无误后，自动生成网格数据文件。录入以下程序后存储为 grid_generation_cr.m 文件。程序说明见代码后注释。

```
clc
clear
clf
%%%%%%%    区域几何尺寸及网格划分参数
H = 0.1;      % 区域总高
L = 0.1;      % 区域总长
Nx = 8;       % 水平方向的网格数量
Ny = 8;       % 竖直方向的网格数量
theta = 0;    % 网格平面旋转角度
%%%%%%%    区域几何尺寸及网格划分参数
%%%%%%%    总单元数和结点数
E = Nx * Ny;
N = (2 * Nx + 1) * (2 * Ny + 1);
%%%%%%%    总单元数和结点数
%%%%%%%    单元间距
Dx = L/Nx/2;
Dy = H/Ny/2;
%%%%%%%    单元间距
%%%%%%%    结点分布拓扑
AAA = zeros(Ny * 2 + 1, Nx * 2 + 1);
for i = 1:2:2 * Nx + 1
    AAA(1,i) = (i + 1)/2;
end
for i = 1:Nx
    AAA(1,2 * i) = (Nx + 1) * (Ny + 1) + i;
end
for i = 1:2 * Nx + 1
    AAA(2,i) = (Nx + 1) * (Ny + 1) + Nx + i;
end
```

```
for j = 3:2:2 * Ny + 1
    for i = 1:2:2 * Nx + 1
        AAA(j,i) = (i + 1)/2 + (Nx + 1) * (j - 1)/2;
    end
end
for j = 3:2:2 * Ny + 1
    for i = 1:Nx
        AAA(j,2 * i) = (Nx + 1) * (Ny + 1) + (Nx + 2 * Nx + 1) * (j - 1)/2 + i;
    end
end

for j = 4:2:2 * Ny
    for i = 1:2 * Nx + 1
        AAA(j,i) = (Nx + 1) * (Ny + 1) + (j/2) * Nx + (2 * Nx + 1) * (j/2 - 1) + i;
    end
end
%%%%%%    四边形二次单元 JXY 生成
for i = 1:2 * Ny + 1
    for j = 1:2 * Nx + 1
        JXY(AAA(i,j),1) = Dx * (j - 1);
        JXY(AAA(i,j),2) = Dy * (i - 1);
    end
end
%%%%%%    四边形二次单元 JXY 生成
%%%%%%    网格平面旋转
for i = 1:length(JXY(:,1))
    R = sqrt((JXY(i,1) + 1)^2 + JXY(i,2)^2);
    theta1 = atan(JXY(i,2)/(JXY(i,1) + 1));
    JXY(i,1) = R * cos(theta/180 * pi + theta1);
    JXY(i,2) = R * sin(theta/180 * pi + theta1);
end
%%%%%%    网格平面旋转
%%%%%%    四边形二次单元 JMV 生成
k = 0;
for i = 1:Ny
    for j = 1:Nx
        k = k + 1;
        JM(k,:) = [AAA(2 * i - 1,2 * j - 1),AAA(2 * i - 1,2 * j),...
```

```
                    AAA(2*i-1,2*j+1),AAA(2*i,2*j-1),AAA(2*i,2*j),...
                    AAA(2*i,2*j+1),AAA(2*i+1,2*j-1),AAA(2*i+1,2*j),...
                    AAA(2*i+1,2*j+1),];
        end
end
%%%%%%% 四边形二次单元 JMV 生成
%%%%%%% 四边形线性单元 JMP 生成
JMP = [JM(:,1),JM(:,3),JM(:,9),JM(:,7)];
%%%%%%% 四边形线性单元 JMP 生成
%%%%%%% BP 数据生成
BP1 = AAA(1,:);          % 底边定义为 1 号边界
BP2 = AAA(:,2*Nx+1);%出口定义为 2 号边界
BP3 = AAA(2*Ny+1,:);%上边定义为 1 号边界
BP4 = AAA(:,1);          % 入口定义为 4 号边界
%%%%%%% BP 数据生成
%%%%%%% BE 数据生成
thetax1 = pi/2 - theta/180*pi;      % 1 号边界外法线方向与 x 轴夹角
thetay1 = pi - theta/180*pi;         % 1 号边界外法线方向与 y 轴夹角
thetax2 = theta/180*pi;              % 2 号边界外法线方向与 x 轴夹角
thetay2 = pi/2 - thetax2;            % 2 号边界外法线方向与 y 轴夹角
thetax3 = pi - pi/2 + theta/180*pi; % 3 号边界外法线方向与 x 轴夹角
thetay3 = pi - theta/180*pi + pi;    % 3 号边界外法线方向与 y 轴夹角
thetax4 = (180 + theta)/180*pi;     % 4 号边界外法线方向与 x 轴夹角
thetay4 = pi/2 + theta/180*pi;       % 4 号边界外法线方向与 y 轴夹角
AAA1 = ones(Nx,1)*cos(thetax1); % 1 号边界方向余弦
AAA2 = ones(Nx,1)*cos(thetay1); % 1 号边界方向余弦
BE1 = [[1:Nx]',ones(size([1:Nx]')),AAA1,AAA2];
BBB1 = ones(Ny,1)*cos(thetax2); % 2 号边界方向余弦
BBB2 = ones(Ny,1)*cos(thetay2); % 2 号边界方向余弦
BE2 = [[Nx:Nx:Ny*Nx]',2*ones(size([1:Ny]')),BBB1,BBB2];
CCC1 = ones(Nx,1)*cos(thetax3); % 3 号边界方向余弦
CCC2 = ones(Nx,1)*cos(thetay3); % 3 号边界方向余弦
BE3 = [[Nx*(Ny-1)+1:Nx*Ny]',3*ones(size([1:Nx]')),CCC1,CCC2];
DDD1 = ones(Ny,1)*cos(thetax4); % 4 号边界方向余弦
DDD2 = ones(Ny,1)*cos(thetay4); % 4 号边界方向余弦
BE4 = [[1:Nx:(Ny-1)*Nx+1]',4*ones(size([1:Ny]')),DDD1,DDD2];
%%%%%%% BE 数据生成
%%%%%%% 调用四边形网格绘制程序
```

```
rectangle_grid(JMP,JXY);
%%%%%% 调用四边形网格绘制程序
%%%%%% 清除多余变量,并存储结果
clear Dx Dy   H L Nx Ny i j k
clear theta theta1 R   AAA   JMP   N_ding
clear thetax1 thetax2 thetax3 thetax4
clear thetay1 thetay2 thetay3 thetay4
clear AAA1 AAA2 BBB1 BBB2 CCC1 CCC2 DDD1 DDD2
save msh
%%%%%% 清除多余变量,并存储结果
```

7.3.2 主程序

主程序运行前,需按照实际边界情况修改边界条件数据,生成 JBT1 数据。如果存在热流密度边界条件,则生成相关部分 JBT2 数据。如果存在对流换热边界,则需要给定对流换热系数。迭代程序中,将生成的对流换热边界数据,连同热流密度边界条件一同生成 JBT2 数据。此外,还需给定时间步长 delta_time、数据记录步长 jilu_buchang、初始温度分布 Ti-ni 及计算时间上限 time_up。录入以下代码,并存储于 main.m 文件。程序说明见代码后注释。

```
clc
clear
format short e
%%%%%%%%%%%%%%%%%%%%%%%%%%%%%%%%%%%%%%%%%
%%%%%%%%%%%%%%        迭代步骤 A 开始     %%%%%%%%%%%%%%
%%%%%%%%%%%%%%%%%%%%%%%%%%%%%%%%%%%%%%%%%
                %%%%%%%%%%%%%%%%%%%%%%%%%%%%%%%%
                %%%%%%%%        物性参数        %%%%%%%%%%%%%
                %%%%%%%%%%%%%%%%%%%%%%%%%%%%%%%%
midu = 900;           % 密度
k = 2;                % 导热系数
cV = 20;              % 比定容热容
                %%%%%%%%%%%%%%%%%%%%%%%%%%%%%%%%
                %%%%%%%%      边界条件参数       %%%%%%%%%%%%
                %%%%%%%%%%%%%%%%%%%%%%%%%%%%%%%%
alpha = 10;% 空气自然对流换热系数
Tf = 5;    % 空气温度;
q1 = -1000;% 加热热流密度
```

%%%%%%%%%%%%%%%%%%%%%%%%%%%%%%%%%%%%
%%%%%%%%   读取网格数据   %%%%%%%%%%%%
%%%%%%%%%%%%%%%%%%%%%%%%%%%%%%%%%%%%
load msh
%%%%%%%%%%%%%%%%%%%%%%%%%%%%%%%%%%%%
%%%%%%%%%%%%   时间步长相关设定   %%%%%%%%%%%%%
%%%%%%%%%%%%%%%%%%%%%%%%%%%%%%%%%%%%
delta_time = 50;
time_up = 100000;
t = 0;
%%%%%%%%%%%%%%%%%%%%%%%%%%%%%%%%%%%%
%%%%%%%%%%%%   迭代步骤 A 结束   %%%%%%%%%%%%%
%%%%%%%%%%%%%%%%%%%%%%%%%%%%%%%%%%%%

%%%%%%%%%%%%%%%%%%%%%%%%%%%%%%%%%%%%
%%%%%%%%%%%%   迭代步骤 B 开始   %%%%%%%%%%%%%
%%%%%%%%%%%%%%%%%%%%%%%%%%%%%%%%%%%%
%%%%%%%%   定义初始温度 T0,并赋值给 Tn+1   %%%%%%%%
%%%%%%%%%%%%%%%%%%%%%%%%%%%%%%%%%%%%
T0 = 20;
T_np1 = ones(N,1) * T0;
T(:,1) = T_np1;
%%%%%%%%%%%%%%%%%%%%%%%%%%%%%%%%%%%%
%%%%%%%%%%%%   迭代步骤 B 结束   %%%%%%%%%%%%%
%%%%%%%%%%%%%%%%%%%%%%%%%%%%%%%%%%%%

%%%%%%%%%%%%%%%%%%%%%%%%%%%%%%%%%%%%
%%%%%%%%%%%%   迭代步骤 C 开始   %%%%%%%%%%%%%
%%%%%%%%%%%%%%%%%%%%%%%%%%%%%%%%%%%%
%%%%%%%%   非定常问题迭代计算开始条件   %%%%%%%%%%
%%%%%%%%%%%%%%%%%%%%%%%%%%%%%%%%%%%%
norm_Tave = 1;% 温度相对误差
times = 0;% 迭代次数
%%%%%%%%%%%%%%%%%%%%%%%%%%%%%%%%%%%%
%%%%%%%%%%%%   计算初始温度平均值   %%%%%%%%%%%%
%%%%%%%%%%%%%%%%%%%%%%%%%%%%%%%%%%%%

```
INTT = 0;
AREA = 0;
for i = 1:E
    for ie = 1:9
        JXYe(ie,:) = JXY(JM(i,ie),:);
        T_np1e(ie,1) = T_np1(JM(i,ie),:);
    end
    INTTe = function_of_INTTe(JXYe,T_np1e);
    INTT = INTT + INTTe;
    AREAe = function_of_AREAe(JXYe);
    AREA = AREA + AREAe;
end
Tave(times + 1) = INTT/AREA;
Ttime(times + 1) = times * delta_time;
            %%%%%%%%%%%%%%%%%%%%%%%%%%%%%
            %%%%%%%%%%%    初始化数据记录参数    %%%%%%%%%%%
            %%%%%%%%%%%       并记录初始数据       %%%%%%%%%%%
            %%%%%%%%%%%%%%%%%%%%%%%%%%%%%
jilu = 0;    % 初始化数据记录序号
jilu_buchang = 2;    % 设定记录步长
jilu = jilu + 1;
T(:,jilu) = T_np1;
%%%%%%%%%%%%%%%%%%%%%%%%%%%%%%%%%%%%%%%
%%%%%%%%%%%%%%%        迭代步骤 C 结束        %%%%%%%%%%%%
%%%%%%%%%%%%%%%%%%%%%%%%%%%%%%%%%%%%%%%


%%%%%%%%%%%%%%%%%%%%%%%%%%%%%%%%%%%%%%%
%%%%%%%%%%%%%%%        迭代步骤 D 开始        %%%%%%%%%%%%
%%%%%%%%%%%%%%%        开始非定常迭代计算        %%%%%%%%%%%%
%%%%%%%%%%%%%%%%%%%%%%%%%%%%%%%%%%%%%%%
fprintf('    现在开始计算,请耐心等待     \n')
while( norm_Tave > 0.0001 && t < time_up)
            %%%%%%%%%%%%%%%%%%%%%%%%%%%%%
            %%%%%%%%%%%         迭代步骤 D1        %%%%%%%%%%%
            %%%%%%%%%%%       将 Tn +1 赋值给 Tn     %%%%%%%%%%%
            %%%%%%%%%%%%%%%%%%%%%%%%%%%%%
    T_n = T_np1;
```

```matlab
%%%%%%%%%%%%%%%%%%%%%%%%%%%%%%%%%%
%%%%%%%%        迭代步骤 D2      %%%%%%%%%%%%%
%%%%%%%      将 Tn 赋值给 Tn+1k+1    %%%%%%%%%%%
%%%%%%%%%%%%%%%%%%%%%%%%%%%%%%%%%%
T_np1_kp1 = T_n;    % 利用上一时刻收敛结果开始计算
%%%%%%%%%%%%%%%%%%%%%%%%%%%%%%%%%%
%%%%%%%%        迭代步骤 D3      %%%%%%%%%%%%%
%%%%%%    给定对流换热迭代初始条件   %%%%%%%%%%%
%%%%%%%%%%%%%%%%%%%%%%%%%%%%%%%%%%
norm_T_np1_kp1 = 1;    % 迭代初始值
time1 = 0;
%%%%%%%%%%%%%%%%%%%%%%%%%%%%%%%%%%
%%%%%%%%        迭代步骤 D4      %%%%%%%%%%%%%
%%%%%%    开始对流换热迭代计算     %%%%%%%%%%%
%%%%%%%%%%%%%%%%%%%%%%%%%%%%%%%%%%
while( norm_T_np1_kp1 > 0.001 && time1 < 1000 )
    %%%%%%%%%%%%%%%%%%%%%%%%%%%%%%%%%%
    %%%%%%%%      迭代步骤 D4.1    %%%%%%%%%%%%
    %%%%%%%    Tn+1k+1 赋值给 Tn+1k   %%%%%%%%%%
    %%%%%%%%%%%%%%%%%%%%%%%%%%%%%%%%%%
    T_np1_k = T_np1_kp1;
    %%%%%%%%%%%%%%%%%%%%%%%%%%%%%%%%%%
    %%%%%%%%      迭代步骤 D4.2    %%%%%%%%%%%%
    %%%%%%%      更新温度边界条件   %%%%%%%%%%%
    %%%%%%%%%%%%%%%%%%%%%%%%%%%%%%%%%%
    AAA = ones(size(BE1(:,1))) * q1 * (-1);
    JBT21 = [BE1,AAA,AAA,AAA];
    for i = 1:length(BE2(:,1))
        EB = BE2(i,1);
        PB = [JM(EB,3),JM(EB,6),JM(EB,9)];
        TB = [T_np1_k(PB(1),1),T_np1_k(PB(2),1),T_np1_k(PB(3),1)];
        q = -1 * alpha * (TB - Tf * ones(1,3));
        JBT22(i,:) = [BE2(i,:),q];
    end
    for i = 1:length(BE3(:,1))
        EB = BE3(i,1);
        PB = [JM(EB,7),JM(EB,8),JM(EB,9)];
        TB = [T_np1_k(PB(1),1),T_np1_k(PB(2),1),T_np1_k(PB(3),1)];
```

```
            q = -1 * alpha * (TB - Tf * ones(1,3));
            JBT23(i,:) = [BE3(i,:),q];
        end
        for i = 1:length(BE4(:,1))
            EB = BE4(i,1);
            PB = [JM(EB,1),JM(EB,4),JM(EB,7)];
            TB = [T_np1_k(PB(1),1),T_np1_k(PB(2),1),T_np1_k(PB(3),1)];
            q = -1 * alpha * (TB - Tf * ones(1,3))/k;
            JBT24(i,:) = [BE4(i,:),q];
        end
JBT2 = [JBT21;JBT22;JBT23;JBT24];
    %%%%%%%%%%%%%%%%%%%%%%%%%%%%%%%%%%%%
    %%%%%%%%%%    迭代步骤 D4.3    %%%%%%%%%%%%%%%%
    %%%%%%%%%%    初始化总体方程各子块    %%%%%%%%%%%%%
    %%%%%%%%%%%%%%%%%%%%%%%%%%%%%%%%%%%%
M = zeros(N,N);
CD = zeros(N,N);
CDB = zeros(N,1);
    %%%%%%%%%%%%%%%%%%%%%%%%%%%%%%%%%%%%
    %%%%%%%%%%         迭代步骤 D4.4         %%%%%%%%%%
    %%%%%%%    Me 和 CDe 子块计算并组装      %%%%%%%%%%
    %%%%%%%%%%%%%%%%%%%%%%%%%%%%%%%%%%%%
for i_e = 1:E
    e_JM = JM(i_e,:);
    for i_inner_point = 1:9;
        JXYe(i_inner_point,:) = JXY(JM(i_e,i_inner_point),:);
    end
    [CDe] = function_of_CDe(JXYe,k);
    [Me] = function_of_Me(JXYe,midu,cV);
    for r = 1:9
        for s = 1:9
            CD(e_JM(r),e_JM(s)) = CD(e_JM(r),e_JM(s)) + CDe(r,s);
            M(e_JM(r),e_JM(s)) = M(e_JM(r),e_JM(s)) + Me(r,s);
        end
    end
end
clear r s i_inner_point i_e e_vis e_uv
clear JXYe e_JM e_JMP
```

```
%%%%%%%%%%%%%%%%%%%%%%%%%%%%%%%%%%%
%%%%%%%%         迭代步骤 D4.5      %%%%%%%%%%%%
%%%%%%%%       CDBe 子块计算并组装    %%%%%%%%%%%
%%%%%%%%%%%%%%%%%%%%%%%%%%%%%%%%%%%
for i = 1:length(JBT2(:,1))
    for ie = 1:9
        JXYe(ie,:) = JXY(JM(JBT2(i,1),ie),:);
    end
    [CDBe] = function_of_CDBe(JXYe,JBT2(i,:));
    for r = 1:9
        CDB(JM(JBT2(i,1),r),1) = CDB(JM(JBT2(i,1),r),1) + CDBe(r,1);
    end
end
%%%%%%%%%%%%%%%%%%%%%%%%%%%%%%%%%%%
%%%%%%%%%%         迭代步骤 D4.6      %%%%%%%%%%%%
%%%%%%%%%%         构建计算方程       %%%%%%%%%%%%
%%%%%%%%%%%%%%%%%%%%%%%%%%%%%%%%%%%
alpha = 0.5;
Knp1 = M + alpha * delta_time * CD;
Kn = M - (1 - alpha) * delta_time * CD;
Fnnp1 = delta_time * (0.5 * CDB + (1 - 0.5) * CDB) + Kn * T_n;
%%%%%%%%%%%%%%%%%%%%%%%%%%%%%%%%%%%
%%%%%%%%%%         迭代步骤 D4.7      %%%%%%%%%%%%
%%%%%%%%      求解方程,更新 Tn+1k+1    %%%%%%%%%%%
%%%%%%%%%%%%%%%%%%%%%%%%%%%%%%%%%%%
T_np1_kp1 = Knp1\Fnnp1;
%%%%%%%%%%%%%%%%%%%%%%%%%%%%%%%%%%%
%%%%%%%%%%         迭代步骤 D4.8      %%%%%%%%%%%%
%%%%%%%%      对流换热迭代误差计算     %%%%%%%%%%%
%%%%%%%%%%%%%%%%%%%%%%%%%%%%%%%%%%%
if norm(T_np1_kp1 - T_np1_k) < 1e-10
    norm_T_np1_kp1 = 0;
else
    norm_T_np1_kp1 = norm(T_np1_kp1 - T_np1_k)/norm(T_np1_k);
end
%%%%%%%%%%%%%%%%%%%%%%%%%%%%%%%%%%%
%%%%%%%%%         迭代步骤 D4.9      %%%%%%%%%%%%
```

```
%%%%%    累加非定常计算时间步长次数,输出迭代结果    %%%%%
%%%%%%%%%%%%%%%%%%%%%%%%%%%%%%%%%
    time1 = time1 + 1;
    fprintf('     time1 = %4d &&   norm_T = %6.9f \n',time1,norm_T_np1_kp1)
end
%%%%%%%%%%%%%%%%%%%%%%%%%%%%%%%%%
%%%%%%%%          迭代步骤 D5        %%%%%%%%%%%%%
%%%%%%          Tn+1k+1 赋值给 Tn+1       %%%%%%%%%%%
%%%%%%%%%%%%%%%%%%%%%%%%%%%%%%%%%
T_np1 = T_np1_kp1;    % 当前时刻的收敛结果
%%%%%%%%%%%%%%%%%%%%%%%%%%%%%%%%%
%%%%%%%%          迭代步骤 D6        %%%%%%%%%%%%%
%%%%%%          累加非定常迭代次数         %%%%%%%%%%%
%%%%%%%%%%%%%%%%%%%%%%%%%%%%%%%%%
times = times + 1;
t = times * delta_time;  % 计算当前时刻
%%%%%%%%%%%%%%%%%%%%%%%%%%%%%%%%%
%%%%%%%%          迭代步骤 D7        %%%%%%%%%%%%%
%%%%%          达到记录步长时记录数据       %%%%%%%%%%%
%%%%%%%%%%%%%%%%%%%%%%%%%%%%%%%%%
if mod(times,jilu_buchang) = = 0   % 每个记录步长存储一次结果
    jilu = jilu + 1;
    T(:,jilu) = T_np1;
end
%%%%%%%%%%%%%%%%%%%%%%%%%%%%%%%%%
%%%%%%%%          迭代步骤 D8        %%%%%%%%%%%%%
%%%%%          计算 n+1 时刻平均温度       %%%%%%%%%%%
%%%%%%%%%%%%%%%%%%%%%%%%%%%%%%%%%
INTT = 0;
AREA = 0;
for i = 1:E
    for ie = 1:9
        JXYe(ie,:) = JXY(JM(i,ie),:);
        T_np1e(ie,1) = T_np1(JM(i,ie),:);
    end
    INTTe = function_of_INTTe(JXYe,T_np1e);
    INTT = INTT + INTTe;
    AREAe = function_of_AREAe(JXYe);
```

```
                AREA = AREA + AREAe;
        end
        Tave(times + 1) = INTT/AREA;
        Ttime(times + 1) = times * delta_time;
            %%%%%%%%%%%%%%%%%%%%%%%%%%%%%%%
            %%%%%%%%%         迭代步骤 D9        %%%%%%%%%%%%
            %%%%%%%%%        计算相对误差       %%%%%%%%%%%%
            %%%%%%%%%%%%%%%%%%%%%%%%%%%%%%%
        if norm(Tave(times + 1) - Tave(times)) < 1e - 10
            norm_Tave = 0;
        else
            norm_Tave = (Tave(times + 1) - Tave(times))/Tave(times);
        end
            %%%%%%%%%%%%%%%%%%%%%%%%%%%%%%%
            %%%%%%%%%         迭代步骤 D10       %%%%%%%%%%%%
            %%%%%%%%%        输出迭代结果       %%%%%%%%%%%%
            %%%%%%%%%%%%%%%%%%%%%%%%%%%%%%%
        fprintf('t = %4d &&  norm_Tave = %6.9f \n',t,norm_Tave)
end
%%%%%%%%%%%%%%%%%%%%%%%%%%%%%%%%%%%%
%%%%%%%%%%%%%%        迭代步骤 D 结束       %%%%%%%%%%%%
%%%%%%%%%%%%%%%%%%%%%%%%%%%%%%%%%%%%


%%%%%%%%%%%%%%        绘制平均温度变化曲线       %%%%%%%%%%%%
%%%%%%%%%%%%%%%%%%%%%%%%%%%%%%%%%%%%
plot(Ttime,Tave);
%%%%%%%%%%%%%%%%%%%%%%%%%%%%%%%%%%%%
%%%%%%%%%%%%%%        绘制平均温度变化曲线       %%%%%%%%%%%%
%%%%%%%%%%%%%%%%%%%%%%%%%%%%%%%%%%%%

%%%%%%%%%%%%%%%%%%%%%%%%%%%%%%%%%%%%
%%%%%%%%%%%%%%%%       Tecplot 结果      %%%%%%%%%%%%%%
%%%%%%%%%%%%%%%%%%%%%%%%%%%%%%%%%%%%
E*4
N
data1 = full([JXY,T]);
data2 = full([JXY, T_np1]);
```

```
JM_924 = JM_9to4(JM)
%%%%%%%%%%%%%%%%%%%%%%%%%%%%%%%%%%%%%%
%%%%%%%%%%%%%%%%%%    Tecplot 结果    %%%%%%%%%%%%%%%%%%%
%%%%%%%%%%%%%%%%%%%%%%%%%%%%%%%%%%%%%%
```

7.3.3 单元温度积分计算程序

本程序用于计算使用四边形二次单元离散计算区域时单元内温度积分。将本程序计算得到的每个单元温度积分并累加，可得到整个计算区域上温度的积分。录入以下代码，并存储于function_of_INTTe.m文件。程序说明见代码后注释。

```
function [INTTe] = function_of_INTTe(JXYe,T_k_1e)
%%%%%%% 初始化 INTTe
INTTe = 0;
%%%%%%% 初始化 INTTe
%%%%%%% 高斯积分数据
gp = [0.932469514203152,0.661209386466265,0.238619186083197,-0.932469514203152,
      -0.661209386466265,-0.238619186083197];
gw = [0.171324492379170,0.360761573048139,0.467913934572691,0.171324492379170,
      0.360761573048139,0.467913934572691];
kesi = gp;
ita = gp;
%%%%%%% 高斯积分数据
for i = 1:6
    for j = 1:6
        %%%%%%% 速度插值函数及其对 kesi 和 ita 的导数
        fy = [1/4 * kesi(i) * ita(j) * (kesi(i) - 1) * (ita(j) - 1);
              1/2 * ita(j) * (1 - kesi(i)^2) * (ita(j) - 1);
              1/4 * kesi(i) * ita(j) * (kesi(i) + 1) * (ita(j) - 1);
              1/2 * kesi(i) * (kesi(i) - 1) * (1 - ita(j)^2);
              (1 - kesi(i)^2) * (1 - ita(j)^2);
              1/2 * kesi(i) * (kesi(i) + 1) * (1 - ita(j)^2);
              1/4 * kesi(i) * ita(j) * (kesi(i) - 1) * (ita(j) + 1);
              1/2 * ita(j) * (1 - kesi(i)^2) * (ita(j) + 1);
              1/4 * kesi(i) * ita(j) * (kesi(i) + 1) * (ita(j) + 1)];
        fy_kesi = [1/4 * ita(j) * (kesi(i) - 1) * (ita(j) - 1) + 1/4 * kesi(i) * ita(j) *
                   (ita(j) - 1)
                   -ita(j) * kesi(i) * (ita(j) - 1)
                   1/4 * ita(j) * (kesi(i) + 1) * (ita(j) - 1) + 1/4 * kesi(i) * ita(j) * (ita(j) - 1)
```

$1/2*(\text{kesi}(i)-1)*(1-\text{ita}(j)^2)+1/2*\text{kesi}(i)*(1-\text{ita}(j)^2)$
$-2*\text{kesi}(i)*(1-\text{ita}(j)^2)$
$1/2*(\text{kesi}(i)+1)*(1-\text{ita}(j)^2)+1/2*\text{kesi}(i)*(1-\text{ita}(j)^2)$
$1/4*\text{ita}(j)*(\text{kesi}(i)-1)*(\text{ita}(j)+1)+1/4*\text{kesi}(i)*\text{ita}(j)*(\text{ita}(j)+1)$
$-\text{ita}(j)*\text{kesi}(i)*(\text{ita}(j)+1)$
$1/4*\text{ita}(j)*(\text{kesi}(i)+1)*(\text{ita}(j)+1)+1/4*\text{kesi}(i)*\text{ita}(j)*(\text{ita}(j)+1)]$;
fy_ita = $[1/4*\text{kesi}(i)*(\text{kesi}(i)-1)*(\text{ita}(j)-1)+1/4*\text{kesi}(i)*\text{ita}(j)*(\text{kesi}(i)-1)$
$1/2*(1-\text{kesi}(i)^2)*(\text{ita}(j)-1)+1/2*\text{ita}(j)*(1-\text{kesi}(i)^2)$
$1/4*\text{kesi}(i)*(\text{kesi}(i)+1)*(\text{ita}(j)-1)+1/4*\text{kesi}(i)*\text{ita}(j)*(\text{kesi}(i)+1)$
$-\text{kesi}(i)*\text{ita}(j)*(\text{kesi}(i)-1)$
$-2*(1-\text{kesi}(i)^2)*\text{ita}(j)$
$-\text{kesi}(i)*\text{ita}(j)*(\text{kesi}(i)+1)$
$1/4*\text{kesi}(i)*(\text{kesi}(i)-1)*(\text{ita}(j)+1)+1/4*\text{kesi}(i)*\text{ita}(j)*(\text{kesi}(i)-1)$
$1/2*(1-\text{kesi}(i)^2)*(\text{ita}(j)+1)+1/2*\text{ita}(j)*(1-\text{kesi}(i)^2)$
$1/4*\text{kesi}(i)*(\text{kesi}(i)+1)*(\text{ita}(j)+1)+1/4*\text{kesi}(i)*\text{ita}(j)*(\text{kesi}(i)+1)]$;

```
%%%%%%% 速度插值函数及其对 kesi 和 ita 的导数
%%%%%%% Jacobi 相关计算
dx_dkesi = fy_kesi' * JXYe(:,1);
dx_dita = fy_ita' * JXYe(:,1);
dy_dkesi = fy_kesi' * JXYe(:,2);
dy_dita = fy_ita' * JXYe(:,2);
Jacobi = [dx_dkesi  dy_dkesi
          dx_dita   dy_dita];
AAAA = inv(Jacobi) * [fy_kesi';fy_ita'];
fy_x = AAAA(1,:)';
fy_y = AAAA(2,:)';
det_Jacobi = det(Jacobi);
%%%%%%% Jacobi 相关计算
%%%%%%% INTTe 单元方程子块计算
INTTe = INTTe + gw(i) * gw(j) * fy' * T_k_1e * det_Jacobi;
%%%%%%% INTTe 单元方程子块计算
    end
end
```

7.3.4 单元面积计算程序

本程序用于计算使用四边形二次单元离散计算区域时单元面积。将本程序计算得到的每个单元面积累加，可得到整个计算区域的面积。录入以下代码，并存储于 function_of_

AREAe.m 文件。程序说明见代码后注释。

```
function [AREAe] = function_of_AREAe(JXYe)
%%%%%%% 初始化 AREAe
AREAe = 0;
%%%%%%% 初始化 AREAe
%%%%%%% 高斯积分数据
gp = [0.932469514203152, 0.661209386466265, 0.238619186083197, -0.932469514203152,
    -0.661209386466265, -0.238619186083197];
gw = [0.171324492379170, 0.360761573048139, 0.467913934572691, 0.171324492379170,
0.360761573048139, 0.467913934572691];
kesi = gp;
ita = gp;
%%%%%%% 高斯积分数据
for i = 1:6
    for j = 1:6
        %%%%%%% 速度插值函数及其对 kesi 和 ita 的导数
        fy = [1/4 * kesi(i) * ita(j) * (kesi(i) - 1) * (ita(j) - 1);
            1/2 * ita(j) * (1 - kesi(i)^2) * (ita(j) - 1);
            1/4 * kesi(i) * ita(j) * (kesi(i) + 1) * (ita(j) - 1);
            1/2 * kesi(i) * (kesi(i) - 1) * (1 - ita(j)^2);
            (1 - kesi(i)^2) * (1 - ita(j)^2);
            1/2 * kesi(i) * (kesi(i) + 1) * (1 - ita(j)^2);
            1/4 * kesi(i) * ita(j) * (kesi(i) - 1) * (ita(j) + 1);
            1/2 * ita(j) * (1 - kesi(i)^2) * (ita(j) + 1);
            1/4 * kesi(i) * ita(j) * (kesi(i) + 1) * (ita(j) + 1)];
        fy_kesi = [1/4 * ita(j) * (kesi(i) - 1) * (ita(j) - 1) + 1/4 * kesi(i) * ita(j) *
            (ita(j) - 1)
            -ita(j) * kesi(i) * (ita(j) - 1)
            1/4 * ita(j) * (kesi(i) + 1) * (ita(j) - 1) + 1/4 * kesi(i) * ita(j) * (ita(j) - 1)
            1/2 * (kesi(i) - 1) * (1 - ita(j)^2) + 1/2 * kesi(i) * (1 - ita(j)^2)
            -2 * kesi(i) * (1 - ita(j)^2)
            1/2 * (kesi(i) + 1) * (1 - ita(j)^2) + 1/2 * kesi(i) * (1 - ita(j)^2)
            1/4 * ita(j) * (kesi(i) - 1) * (ita(j) + 1) + 1/4 * kesi(i) * ita(j) * (ita(j) + 1)
            -ita(j) * kesi(i) * (ita(j) + 1)
            1/4 * ita(j) * (kesi(i) + 1) * (ita(j) + 1) + 1/4 * kesi(i) * ita(j) * (ita(j) + 1)];
        fy_ita = [1/4 * kesi(i) * (kesi(i) - 1) * (ita(j) - 1) + 1/4 * kesi(i) * ita(j) *
            (kesi(i) - 1)
            1/2 * (1 - kesi(i)^2) * (ita(j) - 1) + 1/2 * ita(j) * (1 - kesi(i)^2)
```

```
                   1/4 * kesi(i) * (kesi(i) + 1) * (ita(j) - 1) + 1/4 * kesi(i) * ita(j) * (kesi(i) + 1)
                   - kesi(i) * ita(j) * (kesi(i) - 1)
                   - 2 * (1 - kesi(i)^2) * ita(j)
                   - kesi(i) * ita(j) * (kesi(i) + 1)
                   1/4 * kesi(i) * (kesi(i) - 1) * (ita(j) + 1) + 1/4 * kesi(i) * ita(j) * (kesi(i) - 1)
                   1/2 * (1 - kesi(i)^2) * (ita(j) + 1) + 1/2 * ita(j) * (1 - kesi(i)^2)
                   1/4 * kesi(i) * (kesi(i) + 1) * (ita(j) + 1) + 1/4 * kesi(i) * ita(j) * (kesi(i) + 1)];
        %%%%%%% 速度插值函数及其对 kesi 和 ita 的导数
        %%%%%%% Jacobi 相关计算
        dx_dkesi = fy_kesi' * JXYe(:,1);
        dx_dita = fy_ita' * JXYe(:,1);
        dy_dkesi = fy_kesi' * JXYe(:,2);
        dy_dita = fy_ita' * JXYe(:,2);
        Jacobi = [dx_dkesi  dy_dkesi
                  dx_dita   dy_dita];
        AAAA = inv(Jacobi) * [fy_kesi';fy_ita'];
        fy_x = AAAA(1,:)';
        fy_y = AAAA(2,:)';
        det_Jacobi = det(Jacobi);
        %%%%%%% Jacobi 相关计算
        %%%%%% AREAe 单元方程子块计算
        AREAe = AREAe + gw(i) * gw(j) * det_Jacobi;
        %%%%%% AREAe 单元方程子块计算
    end
end
```

7.3.5　热传导项 CD^e 子块计算程序

本程序用于计算使用四边形二次单元离散计算区域时，热传导方程热传导项有限元单元方程 CD^e 子块。使用时需要提供单元结点坐标和物料的导热系数。本程序计算得到的结果将组装到总体方程 CD 子块中。录入以下代码，并存储于 function_of_CDe.m 文件。程序说明见代码后注释。

```
function [CDe] = function_of_CDe(e_JXY,k)
%%%%%% 初始化 CDe
CDe = zeros(9,9);
%%%%%% 初始化 CDe
%%%%%% 高斯积分数据
gp = [0.932469514203152,0.661209386466265,0.238619186083197, -0.932469514203152,
     -0.661209386466265, -0.238619186083197];
```

```
gw = [0.171324492379170, 0.360761573048139, 0.467913934572691, 0.171324492379170,
      0.360761573048139, 0.467913934572691];
kesi = gp;
ita = gp;
%%%%%%% 高斯积分数据
for i = 1:6
    for j = 1:6
        %%%%%%% 速度插值函数对 kesi 和 ita 的导数
        fy_kesi = [1/4*ita(j)*(kesi(i)-1)*(ita(j)-1)+1/4*kesi(i)*ita(j)*
                   (ita(j)-1)
                  -ita(j)*kesi(i)*(ita(j)-1)
                  1/4*ita(j)*(kesi(i)+1)*(ita(j)-1)+1/4*kesi(i)*ita(j)*(ita(j)-1)
                  1/2*(kesi(i)-1)*(1-ita(j)^2)+1/2*kesi(i)*(1-ita(j)^2)
                  -2*kesi(i)*(1-ita(j)^2)
                  1/2*(kesi(i)+1)*(1-ita(j)^2)+1/2*kesi(i)*(1-ita(j)^2)
                  1/4*ita(j)*(kesi(i)-1)*(ita(j)+1)+1/4*kesi(i)*ita(j)*(ita(j)+1)
                  -ita(j)*kesi(i)*(ita(j)+1)
                  1/4*ita(j)*(kesi(i)+1)*(ita(j)+1)+1/4*kesi(i)*ita(j)*(ita(j)+1)];
        fy_ita = [1/4*kesi(i)*(kesi(i)-1)*(ita(j)-1)+1/4*kesi(i)*ita(j)*
                  (kesi(i)-1)
                  1/2*(1-kesi(i)^2)*(ita(j)-1)+1/2*ita(j)*(1-kesi(i)^2)
                  1/4*kesi(i)*(kesi(i)+1)*(ita(j)-1)+1/4*kesi(i)*ita(j)*(kesi
                  (i)+1)
                  -kesi(i)*ita(j)*(kesi(i)-1)
                  -2*(1-kesi(i)^2)*ita(j)
                  -kesi(i)*ita(j)*(kesi(i)+1)
                  1/4*kesi(i)*(kesi(i)-1)*(ita(j)+1)+1/4*kesi(i)*ita(j)*(kesi(i)-1)
                  1/2*(1-kesi(i)^2)*(ita(j)+1)+1/2*ita(j)*(1-kesi(i)^2)
                  1/4*kesi(i)*(kesi(i)+1)*(ita(j)+1)+1/4*kesi(i)*ita(j)*(kesi(i)+1)];
        %%%%%%% 速度插值函数对 kesi 和 ita 的导数
        %%%%%%% Jacobi 相关计算
        dx_dkesi = fy_kesi'*e_JXY(:,1);
        dx_dita = fy_ita'*e_JXY(:,1);
        dy_dkesi = fy_kesi'*e_JXY(:,2);
        dy_dita = fy_ita'*e_JXY(:,2);
        Jacobi = [dx_dkesi  dy_dkesi
                  dx_dita   dy_dita];
        AAAA = inv(Jacobi)*[fy_kesi';fy_ita'];
```

```
                fy_x = AAAA(1,:)';
                fy_y = AAAA(2,:)';
                det_Jacobi = det(Jacobi);
                %%%%%%% Jacobi 相关计算
                %%%%%% CDe 单元方程子块计算
                CDe = CDe + gw(i) * gw(j) * k * (fy_x * fy_x' + fy_y * fy_y') * det_Jacobi;
                %%%%%% CDe 单元方程子块计算
        end
end
```

7.3.6 时间项 CD^e 子块计算程序

本程序用于计算使用四边形二次单元离散计算区域时,热传导方程时间项有限元单元方程 M^e 子块。使用时需要提供单元结点坐标和物料的导热系数。本程序计算得到的结果将组装到总体方程 M 子块中。录入以下代码,并存储于 function_of_Me.m 文件。程序说明见代码后注释。

```
function [TIMe] = function_of_Me(e_JXY,midu,cV)
%%%%%% 初始化 TIMe
TIMe = zeros(9,9);
%%%%%% 初始化 TIMe
%%%%%% 高斯积分数据
gp = [0.932469514203152,0.661209386466265,0.238619186083197,-0.932469514203152,
 -0.661209386466265,-0.238619186083197];
gw = [0.171324492379170,0.360761573048139,0.467913934572691,0.171324492379170,
0.360761573048139,0.467913934572691];
kesi = gp;
ita = gp;
%%%%%% 高斯积分数据
for i = 1:6
    for j = 1:6
        %%%%%%% 速度插值函数及其对 kesi 和 ita 的导数
        fy = [1/4 * kesi(i) * ita(j) * (kesi(i) - 1) * (ita(j) - 1);
            1/2 * ita(j) * (1 - kesi(i)^2) * (ita(j) - 1);
            1/4 * kesi(i) * ita(j) * (kesi(i) + 1) * (ita(j) - 1);
            1/2 * kesi(i) * (kesi(i) - 1) * (1 - ita(j)^2);
             (1 - kesi(i)^2) * (1 - ita(j)^2);
            1/2 * kesi(i) * (kesi(i) + 1) * (1 - ita(j)^2);
            1/4 * kesi(i) * ita(j) * (kesi(i) - 1) * (ita(j) + 1);
```

$$1/2 * \text{ita}(j) * (1 - \text{kesi}(i)^2) * (\text{ita}(j) + 1);$$
$$1/4 * \text{kesi}(i) * \text{ita}(j) * (\text{kesi}(i) + 1) * (\text{ita}(j) + 1)];$$
fy_kesi = [1/4 * ita(j) * (kesi(i) − 1) * (ita(j) − 1) + 1/4 * kesi(i) * ita(j) *
       (ita(j) − 1)
   − ita(j) * kesi(i) * (ita(j) − 1)
   1/4 * ita(j) * (kesi(i) + 1) * (ita(j) − 1) + 1/4 * kesi(i) * ita(j) * (ita(j) − 1)
   1/2 * (kesi(i) − 1) * (1 − ita(j)^2) + 1/2 * kesi(i) * (1 − ita(j)^2)
   − 2 * kesi(i) * (1 − ita(j)^2)
   1/2 * (kesi(i) + 1) * (1 − ita(j)^2) + 1/2 * kesi(i) * (1 − ita(j)^2)
   1/4 * ita(j) * (kesi(i) − 1) * (ita(j) + 1) + 1/4 * kesi(i) * ita(j) * (ita(j) + 1)
   − ita(j) * kesi(i) * (ita(j) + 1)
   1/4 * ita(j) * (kesi(i) + 1) * (ita(j) + 1) + 1/4 * kesi(i) * ita(j) * (ita(j) + 1)];
fy_ita = [1/4 * kesi(i) * (kesi(i) − 1) * (ita(j) − 1) + 1/4 * kesi(i) * ita(j) *
       (kesi(i) − 1)
   1/2 * (1 − kesi(i)^2) * (ita(j) − 1) + 1/2 * ita(j) * (1 − kesi(i)^2)
   1/4 * kesi(i) * (kesi(i) + 1) * (ita(j) − 1) + 1/4 * kesi(i) * ita(j) * (kesi(i) + 1)
   − kesi(i) * ita(j) * (kesi(i) − 1)
   − 2 * (1 − kesi(i)^2) * ita(j)
   − kesi(i) * ita(j) * (kesi(i) + 1)
   1/4 * kesi(i) * (kesi(i) − 1) * (ita(j) + 1) + 1/4 * kesi(i) * ita(j) * (kesi(i) − 1)
   1/2 * (1 − kesi(i)^2) * (ita(j) + 1) + 1/2 * ita(j) * (1 − kesi(i)^2)
   1/4 * kesi(i) * (kesi(i) + 1) * (ita(j) + 1) + 1/4 * kesi(i) * ita(j) * (kesi(i) + 1)];
%%%%%%% 速度插值函数及其对 kesi 和 ita 的导数
%%%%%%% Jacobi 相关计算
dx_dkesi = fy_kesi' * e_JXY(:,1);
dx_dita = fy_ita' * e_JXY(:,1);
dy_dkesi = fy_kesi' * e_JXY(:,2);
dy_dita = fy_ita' * e_JXY(:,2);
Jacobi = [dx_dkesi dy_dkesi
      dx_dita dy_dita];
AAAA = inv(Jacobi) * [fy_kesi';fy_ita'];
fy_x = AAAA(1,:)';
fy_y = AAAA(2,:)';
det_Jacobi = det(Jacobi);
%%%%%%% Jacobi 相关计算
%%%%%% TIMe 单元方程子块计算
TIMe = TIMe + gw(i) * gw(j) * fy * fy' * midu * cV * det_Jacobi;
%%%%%% TIMe 单元方程子块计算

7.3.7 热传导边界项 CDB^e 子块计算程序

本程序用于计算使用四边形二次单元离散计算区域时，热传导方程边界项有限元单元方程 CDB^e 子块。使用时需要提供单元结点坐标和第二类温度边界条件数据。由于四边形四条边位于压力边界上时的处理方法不同，所以需要分四种情况分别讨论。本程序计算得到的结果将组装到总体方程 CDB 子块中。录入以下代码，并存储于 function_of_CDBe.m 文件。程序说明见代码后注释。

```
function [CDBe] = function_of_CDBe(JXYe,JBT2e)
%%%%%%% 初始化 CDBe
CDBe = zeros(9,1);
%%%%%%% 初始化 CDBe
%%%%%%% 高斯积分数据
gp = [0.932469514203152,0.661209386466265,0.238619186083197,-0.932469514203152,
    -0.661209386466265,-0.238619186083197];
gw = [0.171324492379170,0.360761573048139,0.467913934572691,0.171324492379170,
0.360761573048139,0.467913934572691];
kesi = gp;
ita = gp;
%%%%%%% 高斯积分数据
%%%%%%% 提取 JBT2 数据
T_side = JBT2e(1,2);
q1 = JBT2e(1,5);
q2 = JBT2e(1,6);
q3 = JBT2e(1,7);
%%%%%%% 提取 JBT2 数据
%%%%%%% 当第二类边界条件施加于单元第 1 号边时,CDBe 的计算
if T_side == 1
    for i = 1:6
        fy = [1/4 * kesi(i) * (-1) * (kesi(i) -1) * ((-1) -1);
            1/2 * (-1) * (1 - kesi(i)^2) * ((-1) -1);
            1/4 * kesi(i) * (-1) * (kesi(i) +1) * ((-1) -1);
            1/2 * kesi(i) * (kesi(i) -1) * (1 - (-1)^2);
            (1 - kesi(i)^2) * (1 - (-1)^2);
            1/2 * kesi(i) * (kesi(i) +1) * (1 - (-1)^2);
            1/4 * kesi(i) * (-1) * (kesi(i) -1) * ((-1) +1);
```

```
                1/2 * (-1) * (1 - kesi(i)^2) * ((-1) + 1);
                1/4 * kesi(i) * (-1) * (kesi(i) + 1) * ((-1) + 1);];
        qb = [q1 q2 q3 0 0 0 0 0]';
        q = fy' * qb;
        lb = sqrt((JXYe(1,1) - JXYe(2,1))^2 + (JXYe(1,2) - JXYe(2,2))^2)/2;
        CDBe = CDBe + gw(i) * q * fy * lb;
    end
end
%%%%%%% 当第二类边界条件施加于单元第 1 号边时,CDBe 的计算
%%%%%%% 当第二类边界条件施加于单元第 2 号边时,CDBe 的计算
if T_side == 2
    for j = 1:6
        fy = [1/4 * 1 * ita(j) * (1 - 1) * (ita(j) - 1);
                1/2 * ita(j) * (1 - 1^2) * (ita(j) - 1);
                1/4 * 1 * ita(j) * (1 + 1) * (ita(j) - 1);
                1/2 * 1 * (1 - 1) * (1 - ita(j)^2);
                (1 - 1^2) * (1 - ita(j)^2);
                1/2 * 1 * (1 + 1) * (1 - ita(j)^2);
                1/4 * 1 * ita(j) * (1 - 1) * (ita(j) + 1);
                1/2 * ita(j) * (1 - 1^2) * (ita(j) + 1);
                1/4 * 1 * ita(j) * (1 + 1) * (ita(j) + 1);];
        qb = [0 0 q1 0 0 q2 0 0 q3]';
        q = fy' * qb;
        lb = sqrt((JXYe(1,1) - JXYe(2,1))^2 + (JXYe(1,2) - JXYe(2,2))^2)/2;
        CDBe = CDBe + gw(j) * q * fy * lb;
    end
end
%%%%%%% 当第二类边界条件施加于单元第 2 号边时,CDBe 的计算
%%%%%%% 当第二类边界条件施加于单元第 3 号边时,CDBe 的计算
if T_side == 3
    for i = 1:6
        fy = [1/4 * kesi(i) * 1 * (kesi(i) - 1) * (1 - 1);
                1/2 * 1 * (1 - kesi(i)^2) * (1 - 1);
                1/4 * kesi(i) * 1 * (kesi(i) + 1) * (1 - 1);
                1/2 * kesi(i) * (kesi(i) - 1) * (1 - 1^2);
                (1 - kesi(i)^2) * (1 - 1^2);
                1/2 * kesi(i) * (kesi(i) + 1) * (1 - 1^2);
                1/4 * kesi(i) * 1 * (kesi(i) - 1) * (1 + 1);
```

```
                1/2 * 1 * (1 - kesi(i)^2) * (1+1);
                1/4 * kesi(i) * 1 * (kesi(i) + 1) * (1+1);];
            qb = [0 0 0 0 0 0 q3 q2 q1]';
            q = fy' * qb;
            lb = sqrt((JXYe(3,1) - JXYe(1,1))^2 + (JXYe(3,2) - JXYe(1,2))^2)/2;
            CDBe = CDBe + gw(i) * q * fy * lb;
        end
end
%%%%%%% 当第二类边界条件施加于单元第3号边时,CDBe 的计算
%%%%%%% 当第二类边界条件施加于单元第4号边时,CDBe 的计算
if T_side = =4
    for j = 1:6
        fy = [1/4 * (-1) * ita(j) * ((-1) - 1) * (ita(j) - 1);
            1/2 * ita(j) * (1 - (-1)^2) * (ita(j) - 1);
            1/4 * (-1) * ita(j) * ((-1) + 1) * (ita(j) - 1);
            1/2 * (-1) * ((-1) - 1) * (1 - ita(j)^2);
            (1 - (-1)^2) * (1 - ita(j)^2);
            1/2 * (-1) * ((-1) + 1) * (1 - ita(j)^2);
            1/4 * (-1) * ita(j) * ((-1) - 1) * (ita(j) + 1);
            1/2 * ita(j) * (1 - (-1)^2) * (ita(j) + 1);
            1/4 * (-1) * ita(j) * ((-1) + 1) * (ita(j) + 1);];
        qb = [q3 0 0 q2 0 0 q1 0 0]';
        q = fy' * qb;
        lb = sqrt((JXYe(1,1) - JXYe(2,1))^2 + (JXYe(1,2) - JXYe(2,2))^2)/2;
        CDBe = CDBe + gw(j) * q * fy * lb;
    end
end
%%%%%%% 当第二类边界条件施加于单元第4号边时,CDBe 的计算
```

7.3.8 其他程序

网格细化程序 JMV_9to4.m、网格图形绘制程序 rectangle_grid.m 详见第3章相关内容。

7.4 计算结果分析

7.4.1 区域温度变化

图 7-3 所示给出了计算区域温度的升温过程,随着加热时间增加,区域温度逐渐升高,整个区域趋近于等温。图 7-4 所示给出了计算区域平均温度的升高过程,经过 9550s,收敛误差 $R_2 < 0.0001$,区域温度达到稳定状态。

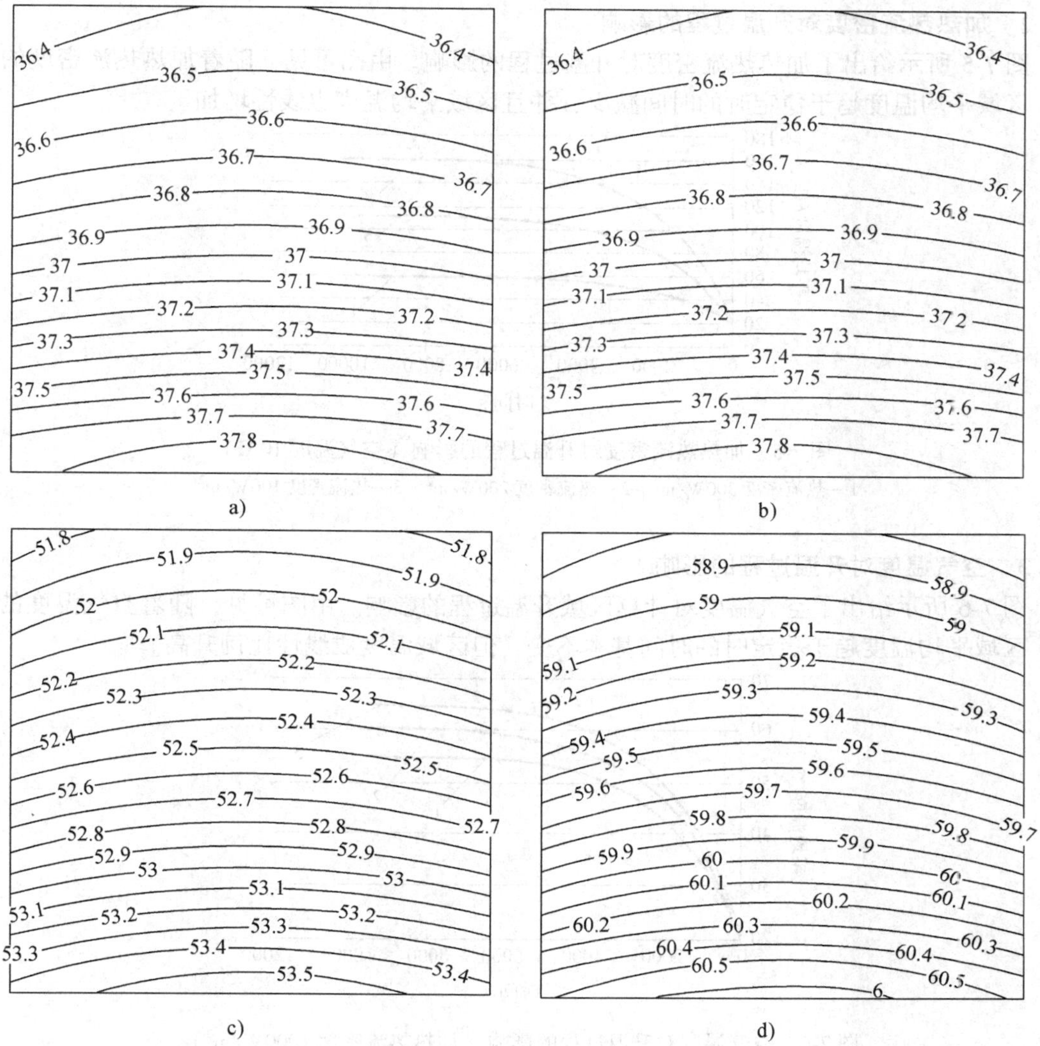

图 7-3 区域温度分布随时间变化过程
a) 1000s b) 3000s c) 7000s d) 9550s

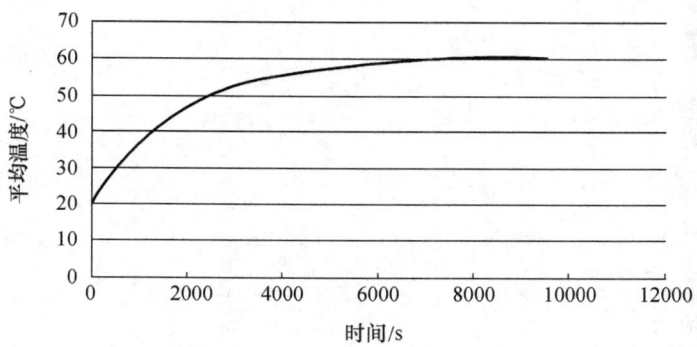

图 7-4 平均温度随加热时间变化过程

7.4.2 加热热流密度对升温过程的影响

图 7-5 所示给出了加热热流密度对升温过程的影响。由图可见，随着加热热流密度的增加，区域平均温度趋于稳定时的时间减少，并且区域平均温度也线性增加。

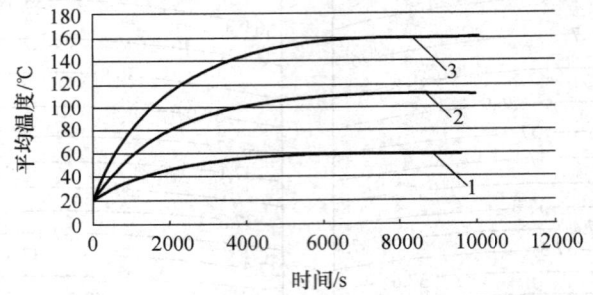

图 7-5 加热热流密度对升温过程的影响（空气温度 10℃）
1—热流密度 300W/m² 2—热流密度 200W/m² 3—热流密度 100W/m²

7.4.3 空气温度对升温过程的影响

图 7-6 所示给出了空气温度对计算区域升温过程的影响。由图可见，随着空气温度的升高，区域平均温度趋于稳定时的时间基本不变，但区域温度成线性比例升高。

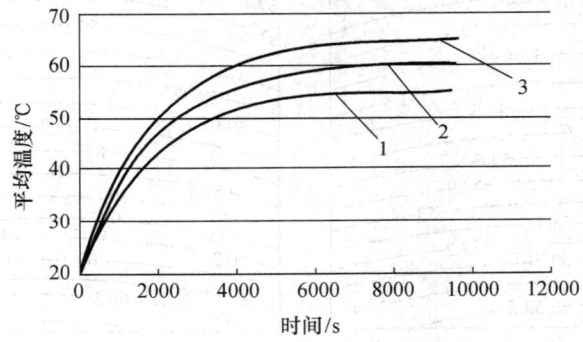

图 7-6 空气温度对升温过程的影响（加热热流密度 1000W/m²）
1—空气温度 5℃ 2—空气温度 10℃ 3—空气温度 15℃

第8章 速度与温度耦合问题的有限元求解

本章将讲解定常情况下非等温非牛顿流体的流动和热传导问题,主要讲述两部分内容,一是能量方程的离散方法,二是当物料黏度与剪切速率和温度都有关的情况下能量方程与 N-S 方程组的求解流程。本章问题求解中,采用四边形单元离散计算区域,采用速度-压力有限元方法求解 N-S 方程组,采用 θ 因子法求解能量方程。

8.1 求解实例和数学方程

8.1.1 求解实例

对于如图 8-1 所示收敛-发散流动区域,上、下边界为固定壁面,左右两侧分别为入口和出口。区域尺寸如图 8-1 所示,单位为 mm。入口压力为 10000Pa,出口敞开。入口物料温度为 180℃,上、下壁面均安装加热器,加热热流密度 500W/m²,出口边界按照绝热处理。流体黏度与剪切速率和温度有关,即

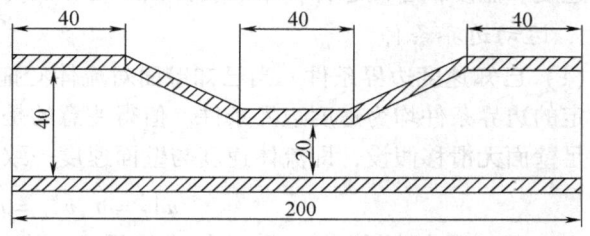

图 8-1 计算区域物理模型

$$\mu = [\mu_\infty + (\mu_0 - \mu_\infty)(1 + \lambda^2 \dot{\gamma}^2)^{\frac{n-1}{2}}]\exp\left[\alpha\left(\frac{1}{T-T_0} - \frac{1}{T_\alpha - T_0}\right)\right] \tag{8.1}$$

有关温度修正本构方程详见本章 8.1.4 小节。流体物性参数见表 8-1。

表 8-1 物性参数

参数	符号	数值	参数	符号	数值
幂律指数	n	0.75	导热系数	k	2 W/(m·K)
零剪切速率下的黏度	μ_0	10000Pa·s	比定容热容	c_V	20 J/(kg·K)
无穷大剪切速率下的黏度	μ_∞	100Pa·s	温度系数	α	2000K^{-1}
自然时间	λ	0.5 s	绝对零度	T_0	-273℃
密度	ρ	900kg/m³	基准温度	T_α	200℃

8.1.2 数学方程

上述二维收敛-发散空间内流动及热传导问题可以用连续性方程、运动方程和能量方程来描述。其中连续性方程和运动方程构成了 N-S 方程组。

连续性方程:
$$\frac{\partial u}{\partial x} + \frac{\partial v}{\partial y} = 0 \tag{8.2}$$

x 方向运动方程:
$$-\frac{\partial p}{\partial x} + \left(\frac{\partial \tau_{xx}}{\partial x} + \frac{\partial \tau_{xy}}{\partial y}\right) = 0 \tag{8.3a}$$

y 方向运动方程：
$$-\frac{\partial p}{\partial y}+\left(\frac{\partial \tau_{yx}}{\partial x}+\frac{\partial \tau_{yy}}{\partial y}\right)=0 \tag{8.3b}$$

式中，τ 为切应力，满足牛顿流体本构方程，即

$$\tau=\begin{pmatrix}\tau_{xx}&\tau_{xy}\\\tau_{yx}&\tau_{yy}\end{pmatrix}=\mu\begin{pmatrix}2\dfrac{\partial u}{\partial x}&\dfrac{\partial u}{\partial y}+\dfrac{\partial v}{\partial x}\\\dfrac{\partial v}{\partial x}+\dfrac{\partial u}{\partial y}&2\dfrac{\partial v}{\partial y}\end{pmatrix} \tag{8.3c}$$

能量方程：

$$\rho c_V\left(u\frac{\partial T}{\partial x}+v\frac{\partial T}{\partial y}\right)=\frac{\partial}{\partial x}\left(k\frac{\partial T}{\partial x}\right)+\frac{\partial}{\partial y}\left(k\frac{\partial T}{\partial y}\right)+\mu\left[2\left(\frac{\partial u}{\partial x}\right)^2+2\left(\frac{\partial v}{\partial y}\right)^2+\left(\frac{\partial u}{\partial y}+\frac{\partial v}{\partial x}\right)^2\right] \tag{8.4}$$

能量方程中的三部分分别称为对流项、热传导项和黏性耗散项。式中，ρ 为密度；c_V 为比定容热容；k 为导热系数；μ 为黏度，具体数值见表 8-1。

8.1.3 边界条件

速度和温度耦合问题计算中需要提供运动和热传导两类边界条件。

1. 运动边界条件

（1）已知速度边界条件　当已知壁面对流体有拖曳驱动、壁面固定或已知入口流量时，所设定的边界条件均为速度边界条件。值得注意的是，本书中所有涉及壁面的问题，均假定为满足壁面无滑移假设，即流体速度与壁面速度一致：

$$u|_\Gamma=\hat{u},v|_\Gamma=\hat{v} \tag{8.5}$$

（2）已知压力边界条件　当已知入口压力、出口压力时，需要设定压力边界条件。通常情况下，以上所述边界压力均为壁面法向压力。此外，我们还规定压力方向垂直壁面指向流体内时，压力数值为正；压力方向垂直壁面指向流体外时，压力数值为负：

$$p_n|_\Gamma=\hat{p}_n \tag{8.6}$$

2. 热传导边界条件

（1）已知边界温度分布　当已知计算区域边界上的温度函数时，边界条件可用如下公式表示为

$$T|_\Gamma=T_\Gamma(x,y,t) \tag{8.7}$$

该类边界条件属于第一类边界条件，即本质边界条件。

（2）已知边界热流密度　当已知计算区域表面的热流密度 q（W/m²）时，边界条件可用如下公式表示为

$$-k\frac{\partial T}{\partial n}\bigg|_\Gamma=q(x,y,t) \tag{8.8}$$

其中，q 的方向与边界的外法线方向 n 相反时，q 取值为负；反之取正。该类边界条件属于第二类边界条件，即自然边界条件。

（3）已知边界对流换热系数　当已知与计算区域相接触的流体介质温度 T_f 和对流换热系数 α 时，边界条件可用如下公式表示为

$$-k\frac{\partial T}{\partial n}\bigg|_\Gamma=\alpha(t)\left[T_\Gamma-T_f(t)\right]\bigg|_\Gamma \tag{8.9}$$

该类边界条件属于第二类边界条件,即自然边界条件。

8.1.4 与剪切速率和温度有关的本构方程

流体黏度不仅与剪切速率有关,而且还与温度有关。在式(8.1)给出的本构方程中,在非牛顿流体本构方程上引入温度修正因子来描述剪切速率和温度对黏度的综合影响:

$$\mu = \mu_{NN}(\dot{\gamma})H(T) \tag{8.10}$$

式中,$\mu_{NN}(\dot{\gamma})$ 描述了非牛顿流体本构特征中剪切速率对黏度的影响;$H(T)$ 为温度修正因子。

第4章我们介绍了非牛顿幂律流体的本构方程,本章我们讲述另外一种更常用的非牛顿流体本构方程——Bird-Carreau 模型,其表达式为

$$\mu_{NN} = \mu_{\infty} + (\mu_0 - \mu_{\infty})(1 + \lambda^2 \dot{\gamma}^2)^{\frac{n-1}{2}} \tag{8.11}$$

式中,黏度与剪切速率有关,μ_{∞} 为无穷大剪切速率下的黏度;μ_0 为剪切速率为零时的黏度;λ 为自然时间;n 为幂律指数;$\dot{\gamma}$ 为剪切速率,$\dot{\gamma}$ 可表示为

$$\dot{\gamma} = \left[2\left(\frac{\partial u}{\partial x}\right)^2 + 2\left(\frac{\partial v}{\partial y}\right)^2 + \left(\frac{\partial v}{\partial x} + \frac{\partial u}{\partial y}\right)^2 \right]^{\frac{1}{2}} \tag{8.12}$$

常用的温度修正方法包括 Arrihen 温度修正法和近似 Arrihen 温度修正法:

Arrihen 温度修正法:$H(T) = \exp\left[\alpha\left(\dfrac{1}{T-T_0} - \dfrac{1}{T_\alpha - T_0}\right)\right]$ (8.13)

近似 Arrihen 温度修正法:$H(T) = \exp[-\alpha(T - T_\alpha)]$ (8.14)

本构方程中同时含有剪切速率和温度时,能量方程和 N-S 方程组需要联立求解。

8.2 能量方程的有限元求解

本章所涉及的非牛顿流体流动 N-S 方程组有限元求解部分,请参考第4章相关内容,这里不再累述。本节重点讲述能量方程的有限元求解方法,其中包括考虑温度修正时的黏度计算。

8.2.1 计算区域的离散

本章采用四边形单元离散计算区域。速度和温度单元均采用四边形二次单元;压力单元采用四边形线性单元。在求解 N-S 方程组和能量方程时,单元结点数据 JM 和结点坐标数据 JXY 共用。对于 8.1.3 小节中讲述的内容,温度边界条件数据可分为第一类温度边界条件数据 JBT1 和第二类温度边界条件数据 JBT2。JBT1 的行数为所有处于第一类边界条件上且已知温度的结点总数,列数为2并分别为结点序号和结点温度。JBT2 的行数为所有处于第二类边界条件上单元的边界边总数,列数与单元类型有关,以四边形二次单元为例,列数为7,分别为边界单元序号、边界边序号、边界边外法线方向余弦 $\cos\theta_x$、边界边外法线方向余弦 $\cos\theta_y$ 以及边界边上三结点对应的边界值。三结点对应的边界条件数值需要按照单元内部结点序号顺序排列。

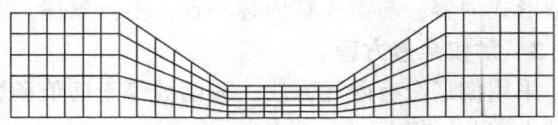

图 8-2 区域网格离散结果

计算区域离散网格如图 8-2 所示,其中单元数为 150,二次单元结点总数为 671,线性单元

结点总数为 186。

网格离散得到的数据包括单元总数 E、二次单元结点总数 N_z、线性单元结点总数 N_d、二次单元结点数据 JMV、二次单元结点坐标数据 JXYV、线性单元结点数据 JMP、线性单元结点坐标数据 JXYP、边界结点数据 BP1~BP4、边界单元数据 BE1~BE4。在存储边界结点数据 BP 和边界单元数据 BE 时，定义底边为 1 边界，出口为 2 边界，入口为 4 边界，其余边为 3 边界。其中，边界结点数据 BP 存储边界结点序号；边界单元数据 BE 存储边界单元序号、边界边号、边界边外法线方向余弦等数据。存储网格数据的基本信息见表 8-2。

表 8-2 网格数据基本信息

名称	符号	数值	数据量
单元总数	E	100	1×1
二次单元结点总数	N_z	451	1×1
线性单元结点总数	N_d	126	1×1
二次单元结点数据	JMV	—	100×9
线性单元结点数据	JMP	—	100×4
二次单元结点坐标数据	JXYV	—	451×2
线性单元结点坐标数据	JXYP	—	126×2
边界结点数据	BP1	—	1×41
边界结点数据	BP2	—	11×1
边界结点数据	BP3	—	1×41
边界结点数据	BP4	—	11×1
边界单元数据	BE1	—	20×4
边界单元数据	BE2	—	5×1
边界单元数据	BE3	—	20×4
边界单元数据	BE4	—	5×1

8.2.2 插值函数及其相关计算

单元内任意一点速度、温度和压力可分别表示为

$$u = \sum_{i=1}^{9}(\Phi_i u_i^e) = \Phi^T \boldsymbol{u}_I^e, \quad v = \sum_{i=1}^{9}(\Phi_i v_i^e) = \Phi^T \boldsymbol{v}_I^e \tag{8.15}$$

$$T = \sum_{i=1}^{9}(\Phi_i T_i^e) = \Phi^T \boldsymbol{T}_I^e \tag{8.16}$$

$$p = \sum_{i=1}^{4}(\Psi_i p_i^e) = \Psi^T \boldsymbol{p}_I^e \tag{8.17}$$

式中，Φ 为四边形二次单元插值函数；Ψ 为四边形线性单元插值函数。有关插值函数及其导数形式内容，与第 3 章内容一致，不再累述。

8.2.3 加权余量方程

采用伽辽金有限元方法，权函数等于插值函数。将式（8.4）与权函数相乘，并在积分区域内积分，得

$$\iint_\Omega \Phi \left\{ \rho c_V \left(u \frac{\partial T}{\partial x} + v \frac{\partial T}{\partial y} \right) - \left[\frac{\partial}{\partial x}\left(k \frac{\partial T}{\partial x} \right) + \frac{\partial}{\partial y}\left(k \frac{\partial T}{\partial y} \right) \right] - \right.$$

$$\mu\left[2\left(\frac{\partial u}{\partial x}\right)^2 + 2\left(\frac{\partial v}{\partial y}\right)^2 + \left(\frac{\partial u}{\partial y} + \frac{\partial v}{\partial x}\right)^2\right]\right\}\mathrm{d}x\mathrm{d}y = 0 \tag{8.18}$$

对流项中不仅包含温度项,而且还包含速度项。在求解温度分布时,需要已知速度分布结果。在求解含有对流项问题时,为了加快收敛速度,通常引入 θ 因子。也就是将式(8.18)中对流项分为两个部分,其中一部分温度 T_k 为已知,使用前一次求解结果,另一部分温度 T_{k+1} 作为未知数。这样处理后,对流项变换为

$$\rho c_V \iint_\Omega \boldsymbol{\Phi}\left(u\frac{\partial T}{\partial x} + v\frac{\partial T}{\partial y}\right)\mathrm{d}x\mathrm{d}y = \rho c_V \iint_\Omega \boldsymbol{\Phi}(1-\theta)\left(u\frac{\partial T_k}{\partial x} + v\frac{\partial T_k}{\partial y}\right)\mathrm{d}x\mathrm{d}y +$$
$$\rho c_V \iint_\Omega \boldsymbol{\Phi}\theta\left(u\frac{\partial T_{k+1}}{\partial x} + v\frac{\partial T_{k+1}}{\partial y}\right)\mathrm{d}x\mathrm{d}y \tag{8.19}$$

式中, $\theta \in (0,1)$,确定 θ 时,应考虑能量方程求解的收敛情况。

热传导项展开得到

$$k\iint_\Omega \boldsymbol{\Phi}\left(\frac{\partial^2 T}{\partial x^2} + \frac{\partial^2 T}{\partial y^2}\right)\mathrm{d}x\mathrm{d}y$$

$$= k\iint_\Omega \left(\boldsymbol{\Phi}\frac{\partial^2 T}{\partial x^2}\right)\mathrm{d}x\mathrm{d}y + k\iint_\Omega \left(\boldsymbol{\Phi}\frac{\partial^2 T}{\partial y^2}\right)\mathrm{d}x\mathrm{d}y$$

$$= k\iint_\Omega \frac{\partial}{\partial x}\left(\boldsymbol{\Phi}\frac{\partial T}{\partial x}\right)\mathrm{d}x\mathrm{d}y - k\iint_\Omega \frac{\partial \boldsymbol{\Phi}}{\partial x}\frac{\partial T}{\partial x}\mathrm{d}x\mathrm{d}y + \iint_\Omega \frac{\partial}{\partial y}\left(\boldsymbol{\Phi}\frac{\partial T}{\partial y}\right)\mathrm{d}x\mathrm{d}y - k\iint_\Omega \frac{\partial \boldsymbol{\Phi}}{\partial y}\frac{\partial T}{\partial y}\mathrm{d}x\mathrm{d}y$$

$$= k\iint_\Omega \frac{\partial}{\partial x}\left(\boldsymbol{\Phi}\frac{\partial T}{\partial x}\right)\mathrm{d}x\mathrm{d}y + k\iint_\Omega \frac{\partial}{\partial y}\left(\boldsymbol{\Phi}k\frac{\partial T}{\partial y}\right)\mathrm{d}x\mathrm{d}y - k\left(\iint_\Omega \frac{\partial \boldsymbol{\Phi}}{\partial x}\frac{\partial T}{\partial x}\mathrm{d}x\mathrm{d}y + \iint_\Omega \frac{\partial \boldsymbol{\Phi}}{\partial y}\frac{\partial T}{\partial y}\mathrm{d}x\mathrm{d}y\right)$$

$$= k\int_\Gamma \left(\boldsymbol{\Phi}\frac{\partial T}{\partial x}\right)\frac{\mathrm{d}y}{\mathrm{d}\Gamma}\mathrm{d}\Gamma + k\int_\Gamma \left(\boldsymbol{\Phi}\frac{\partial T}{\partial y}\right)\frac{\mathrm{d}x}{\mathrm{d}\Gamma}\mathrm{d}\Gamma - k\left(\iint_\Omega \frac{\partial \boldsymbol{\Phi}}{\partial x}\frac{\partial T}{\partial x}\mathrm{d}x\mathrm{d}y + \iint_\Omega \frac{\partial \boldsymbol{\Phi}}{\partial y}\frac{\partial T}{\partial y}\mathrm{d}x\mathrm{d}y\right)$$

$$= k\int_\Gamma \left(\boldsymbol{\Phi}\frac{\partial T}{\partial x}\right)\frac{\partial n}{\partial x}\frac{\partial y}{\partial \Gamma}\mathrm{d}\Gamma + k\int_\Gamma \left(\boldsymbol{\Phi}\frac{\partial T}{\partial y}\right)\frac{\partial n}{\partial y}\frac{\partial x}{\partial \Gamma}\mathrm{d}\Gamma - k\left(\iint_\Omega \frac{\partial \boldsymbol{\Phi}}{\partial x}\frac{\partial T}{\partial x}\mathrm{d}x\mathrm{d}y + \iint_\Omega \frac{\partial \boldsymbol{\Phi}}{\partial y}\frac{\partial T}{\partial y}\mathrm{d}x\mathrm{d}y\right)$$

$$= k\int_\Gamma \left(\boldsymbol{\Phi}\frac{\partial T}{\partial n}\right)\cos^2\theta_x \mathrm{d}\Gamma + k\int_\Gamma \left(\boldsymbol{\Phi}\frac{\partial T}{\partial n}\right)\cos^2\theta_y \mathrm{d}\Gamma - k\left(\iint_\Omega \frac{\partial \boldsymbol{\Phi}}{\partial x}\frac{\partial T}{\partial x}\mathrm{d}x\mathrm{d}y + \iint_\Omega \frac{\partial \boldsymbol{\Phi}}{\partial y}\frac{\partial T}{\partial y}\mathrm{d}x\mathrm{d}y\right)$$

$$= k\int_\Gamma \left(\boldsymbol{\Phi}\frac{\partial T}{\partial n}\right)\mathrm{d}\Gamma - k\left(\iint_\Omega \frac{\partial \boldsymbol{\Phi}}{\partial x}\frac{\partial T}{\partial x}\mathrm{d}x\mathrm{d}y + \iint_\Omega \frac{\partial \boldsymbol{\Phi}}{\partial y}\frac{\partial T}{\partial y}\mathrm{d}x\mathrm{d}y\right) \tag{8.20}$$

式中, $\frac{\mathrm{d}y}{\mathrm{d}\Gamma} = \cos\theta_x, \frac{\mathrm{d}x}{\mathrm{d}\Gamma} = \cos\theta_y, \frac{\mathrm{d}n}{\mathrm{d}x} = \cos\theta_x, \frac{\mathrm{d}n}{\mathrm{d}y} = \cos\theta_y$,且 θ_x 和 θ_y 互余。该式中,我们取温度 T 为未知数 T_{k+1}。

将式(8.19)、式(8.20)代入式(8.18)得到

$$\rho c_V \iint_\Omega \boldsymbol{\Phi}(1-\theta)\left(u\frac{\partial T_{k+1}}{\partial x} + v\frac{\partial T_{k+1}}{\partial y}\right)\mathrm{d}x\mathrm{d}y + \rho c_V \iint_\Omega \boldsymbol{\Phi}\theta\left(u\frac{\partial T_k}{\partial x} + v\frac{\partial T_k}{\partial y}\right)\mathrm{d}x\mathrm{d}y +$$

$$k\iint_\Omega \frac{\partial \boldsymbol{\Phi}}{\partial x}\frac{\partial T_{k+1}}{\partial x}\mathrm{d}x\mathrm{d}y + k\iint_\Omega \frac{\partial \boldsymbol{\Phi}}{\partial y}\frac{\partial T_{k+1}}{\partial y}\mathrm{d}x\mathrm{d}y - \iint_\Omega \mu\boldsymbol{\Phi}\left[2\left(\frac{\partial u}{\partial x}\right)^2 + 2\left(\frac{\partial v}{\partial y}\right)^2 + \left(\frac{\partial u}{\partial y} + \frac{\partial v}{\partial x}\right)^2\right]\mathrm{d}x\mathrm{d}y$$

$$= \int_{\Gamma} \left(\boldsymbol{\Phi} k \frac{\partial T}{\partial n} \right) \mathrm{d}\Gamma \tag{8.21}$$

8.2.4 单元方程的建立

将式(8.21)的积分区域转换为单元区域,得到单元方程:

$$\rho c_V \iint_{\Omega^e} \boldsymbol{\Phi}(1-\theta) \left(u \frac{\partial T_{k+1}}{\partial x} + v \frac{\partial T_{k+1}}{\partial y} \right) \mathrm{d}x\mathrm{d}y + \rho c_V \iint_{\Omega^e} \boldsymbol{\Phi}\theta \left(u \frac{\partial T_k}{\partial x} + v \frac{\partial T_k}{\partial y} \right) \mathrm{d}x\mathrm{d}y +$$

$$k \iint_{\Omega^e} \frac{\partial \boldsymbol{\Phi}}{\partial x} \frac{\partial T_{k+1}}{\partial x} \mathrm{d}x\mathrm{d}y + k \iint_{\Omega^e} \frac{\partial \boldsymbol{\Phi}}{\partial y} \frac{\partial T_{k+1}}{\partial y} \mathrm{d}x\mathrm{d}y - \iint_{\Omega^e} \mu \boldsymbol{\Phi} \left[2\left(\frac{\partial u}{\partial x}\right)^2 + 2\left(\frac{\partial v}{\partial y}\right)^2 + \left(\frac{\partial u}{\partial y} + \frac{\partial v}{\partial x}\right)^2 \right] \mathrm{d}x\mathrm{d}y$$

$$= \int_{\Gamma^e} \left(\boldsymbol{\Phi} k \frac{\partial T}{\partial n} \right) \mathrm{d}\Gamma \tag{8.22}$$

1. 对流项

将式(8.15)和式(8.16)代入式(8.22)左边第一、二项,则对流项的离散式为

$$\rho c_V \iint_{\Omega^e} \boldsymbol{\Phi}(1-\theta) \left(u \frac{\partial T_{k+1}}{\partial x} + v \frac{\partial T_{k+1}}{\partial y} \right) \mathrm{d}x\mathrm{d}y + \rho c_V \iint_{\Omega^e} \boldsymbol{\Phi}\theta \left(u \frac{\partial T_k}{\partial x} + v \frac{\partial T_k}{\partial y} \right) \mathrm{d}x\mathrm{d}y$$

$$= \rho c_V \iint_{\Omega^e} \boldsymbol{\Phi}(1-\theta) \left(\boldsymbol{\Phi}^{\mathrm{T}} \boldsymbol{u}_I^e \frac{\partial (\boldsymbol{\Phi}^{\mathrm{T}} T_{k+1}^e)}{\partial x} + \boldsymbol{\Phi}^{\mathrm{T}} \boldsymbol{v}_I^e \frac{\partial (\boldsymbol{\Phi}^{\mathrm{T}} T_{k+1}^e)}{\partial y} \right) \mathrm{d}x\mathrm{d}y +$$

$$\rho c_V \iint_{\Omega^e} \boldsymbol{\Phi}\theta \left(\boldsymbol{\Phi}^{\mathrm{T}} \boldsymbol{u}_I^e \frac{\partial (\boldsymbol{\Phi}^{\mathrm{T}} T_k^e)}{\partial x} + \boldsymbol{\Phi}^{\mathrm{T}} \boldsymbol{v}_I^e \frac{\partial (\boldsymbol{\Phi}^{\mathrm{T}} T_k^e)}{\partial y} \right) \mathrm{d}x\mathrm{d}y$$

$$= \rho c_V (1-\theta) \iint_{\Omega^e} \boldsymbol{\Phi} \left(\boldsymbol{\Phi}^{\mathrm{T}} \boldsymbol{u}_I^e \frac{\partial \boldsymbol{\Phi}^{\mathrm{T}}}{\partial x} + \boldsymbol{\Phi}^{\mathrm{T}} \boldsymbol{v}_I^e \frac{\partial \boldsymbol{\Phi}^{\mathrm{T}}}{\partial y} \right) \mathrm{d}x\mathrm{d}y T_{k+1}^e +$$

$$\rho c_V \theta \iint_{\Omega^e} \boldsymbol{\Phi} \left(\boldsymbol{\Phi}^{\mathrm{T}} \boldsymbol{u}_I^e \frac{\partial \boldsymbol{\Phi}^{\mathrm{T}}}{\partial x} + \boldsymbol{\Phi}^{\mathrm{T}} \boldsymbol{v}_I^e \frac{\partial \boldsymbol{\Phi}^{\mathrm{T}}}{\partial y} \right) \mathrm{d}x\mathrm{d}y T_k^e$$

$$= (1-\theta) DL^e \cdot T_{k+1}^e + \theta DL^e \cdot T_k^e \tag{8.23}$$

式中,

$$DL^e = \rho c_V \iint_{\Omega^e} \boldsymbol{\Phi} \left(\boldsymbol{\Phi}^{\mathrm{T}} \boldsymbol{u}_I^e \frac{\partial \boldsymbol{\Phi}^{\mathrm{T}}}{\partial x} + \boldsymbol{\Phi}^{\mathrm{T}} \boldsymbol{v}_I^e \frac{\partial \boldsymbol{\Phi}^{\mathrm{T}}}{\partial y} \right) \mathrm{d}x\mathrm{d}y \tag{8.24}$$

T_k^e 作为已知条件;T_{k+1}^e 为未知数,要进行迭代求解。

2. 热传导项和边界项

将式(8.15)和式(8.16)代入式(8.22)中热传导项得到

$$k \iint_{\Omega^e} \frac{\partial \boldsymbol{\Phi}}{\partial x} \frac{\partial T_{k+1}}{\partial x} \mathrm{d}x\mathrm{d}y + k \iint_{\Omega^e} \frac{\partial \boldsymbol{\Phi}}{\partial y} \frac{\partial T_{k+1}}{\partial x} \mathrm{d}x\mathrm{d}y$$

$$= \left[k \iint_{\Omega^e} \frac{\partial \boldsymbol{\Phi}}{\partial x} \left(\frac{\partial \boldsymbol{\Phi}^{\mathrm{T}}}{\partial x} \right) \mathrm{d}x\mathrm{d}y + k \iint_{\Omega^e} \frac{\partial \boldsymbol{\Phi}}{\partial y} \left(\frac{\partial \boldsymbol{\Phi}^{\mathrm{T}}}{\partial y} \right) \mathrm{d}x\mathrm{d}y \right] T_{k+1}^e$$

$$= CD^e T_{k+1}^e \tag{8.25}$$

式中,

$$CD^e = k \iint_{\Omega^e} \frac{\partial \boldsymbol{\Phi}}{\partial x} \left(\frac{\partial \boldsymbol{\Phi}^{\mathrm{T}}}{\partial x} \right) \mathrm{d}x\mathrm{d}y + k \iint_{\Omega^e} \frac{\partial \boldsymbol{\Phi}}{\partial y} \left(\frac{\partial \boldsymbol{\Phi}^{\mathrm{T}}}{\partial y} \right) \mathrm{d}x\mathrm{d}y \tag{8.26}$$

当计算区域的某边界处于第二类边界条件上时需要计算式（8.22）等号右边边界项。定义：

$$\int_{\Gamma^e} \left(\boldsymbol{\Phi} k \frac{\partial T}{\partial n}\right) \mathrm{d}\Gamma = CDB^e \tag{8.27}$$

以如图 8-3 所示单元为例，当单元内部编号为 4 的边上已知热流密度 $\hat{q}$，则在该边上定义局部坐标 ξ：

$$\xi = \frac{s}{L} \tag{8.28}$$

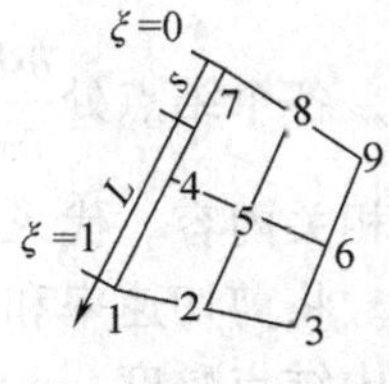

该边上三个结点对应局部坐标为 $\xi = -1$，$\xi = 0$ 和 $\xi = 1$，对应的插值函数分别为

图 8-3　第二类边界条件作用于单元第四条边时的局部坐标

$$\Phi_1 = \frac{1}{2}\xi(\xi - 1) \tag{8.29a}$$

$$\Phi_2 = 1 - \xi^2 \tag{8.29b}$$

$$\Phi_3 = \frac{1}{2}\xi(\xi + 1) \tag{8.29c}$$

则式（8.27）中 $\boldsymbol{\Phi}$ 表示为

$$\boldsymbol{\Phi} = \begin{bmatrix} \frac{1}{2}\xi(\xi+1) & 0 & 0 & 1-\xi^2 & 0 & 0 & \frac{1}{2}\xi(\xi-1) & 0 & 0 \end{bmatrix}^\mathrm{T} \tag{8.30}$$

边界条件作用在三个结点上的热流密度表示为 $\hat{q}_1$，$\hat{q}_2$ 和 $\hat{q}_3$，式（8.27）中 $k\dfrac{\partial T}{\partial n}$ 表示为

$$k\frac{\partial T}{\partial n} = \begin{bmatrix} \hat{q}_3 & 0 & 0 & \hat{q}_2 & 0 & 0 & \hat{q}_1 & 0 & 0 \end{bmatrix}^\mathrm{T} \tag{8.31}$$

3. 黏性耗散项

将式（8.15）和式（8.16）代入式（8.22）中黏性耗散项得到

$$\mu\iint_{\Omega^e} \boldsymbol{\Phi}\left[2\left(\frac{\partial u}{\partial x}\right)^2 + 2\left(\frac{\partial v}{\partial y}\right)^2 + \left(\frac{\partial u}{\partial y} + \frac{\partial v}{\partial x}\right)^2\right]\mathrm{d}x\mathrm{d}y$$

$$= \mu\iint_{\Omega^e} \boldsymbol{\Phi}\left[2\left(\frac{\partial \boldsymbol{\Phi}^\mathrm{T}}{\partial x}\boldsymbol{u}_I^e\right)^2 + 2\left(\frac{\partial \boldsymbol{\Phi}^\mathrm{T}}{\partial y}\boldsymbol{v}_I^e\right)^2 + \left(\frac{\partial \boldsymbol{\Phi}^\mathrm{T}}{\partial y}\boldsymbol{u}_I^e + \frac{\partial \boldsymbol{\Phi}^\mathrm{T}}{\partial x}\boldsymbol{v}_I^e\right)^2\right]\mathrm{d}x\mathrm{d}y$$

$$= \mu\iint_{\Omega^e} \boldsymbol{\Phi}\left[2\left(\frac{\partial \boldsymbol{\Phi}^\mathrm{T}}{\partial x}\boldsymbol{u}_I^e \frac{\partial \boldsymbol{\Phi}^\mathrm{T}}{\partial x}\boldsymbol{u}_I^e\right) + 2\left(\frac{\partial \boldsymbol{\Phi}^\mathrm{T}}{\partial y}\boldsymbol{v}_I^e \frac{\partial \boldsymbol{\Phi}^\mathrm{T}}{\partial y}\boldsymbol{v}_I^e\right)^2 + \right.$$

$$\left.\left(\frac{\partial \boldsymbol{\Phi}^\mathrm{T}}{\partial y}\boldsymbol{u}_I^e \frac{\partial \boldsymbol{\Phi}^\mathrm{T}}{\partial y}\boldsymbol{u}_I^e + 2\frac{\partial \boldsymbol{\Phi}^\mathrm{T}}{\partial y}\boldsymbol{u}_I^e \frac{\partial \boldsymbol{\Phi}^\mathrm{T}}{\partial x}\boldsymbol{v}_I^e + \frac{\partial \boldsymbol{\Phi}^\mathrm{T}}{\partial x}\boldsymbol{v}_I^e \frac{\partial \boldsymbol{\Phi}^\mathrm{T}}{\partial x}\boldsymbol{v}_I^e\right)\right]\mathrm{d}x\mathrm{d}y$$

$$= NH^e \tag{8.32}$$

归纳上述三项，单元方程可写成如下的矩阵形式：

$$[(1-\theta)DL^e + CD^e]\boldsymbol{T}_{k+1}^e = CDB^e + NH^e - \theta DL^e \boldsymbol{T}_k^e \tag{8.33}$$

4. 结点黏度计算

单元内任意一点处的黏度使用插值函数与结点黏度可表示为

$$\eta = \boldsymbol{\Phi}^\mathrm{T} \boldsymbol{\eta}_I^e \tag{8.34}$$

将式（8.15）代入黏度表达式中的剪切速率式（8.12），得到

$$\dot{\gamma} = \left[\left(\frac{\partial \boldsymbol{\Phi}^\mathrm{T}}{\partial x} \boldsymbol{u}_I^e \right)^2 + 2 \left(\frac{\partial \boldsymbol{\Phi}^\mathrm{T}}{\partial y} \boldsymbol{v}_I^e \right)^2 + \left(\frac{\partial \boldsymbol{\Phi}^\mathrm{T}}{\partial x} \boldsymbol{v}_I^e + \frac{\partial \boldsymbol{\Phi}^\mathrm{T}}{\partial y} \boldsymbol{u}_I^e \right)^2 \right]^{\frac{1}{2}} \tag{8.35}$$

上式中，各个结点处 $\dfrac{\partial \boldsymbol{\Phi}}{\partial x}$ 和 $\dfrac{\partial \boldsymbol{\Phi}}{\partial y}$ 可根据局部坐标及雅可比矩阵关系进行计算，其具体步骤详见第 3 章相关内容。代入结点速度后，可计算得到结点处剪切速率。将剪切速率和结点温度代入式（8.1），可计算得到单元内结点黏度。

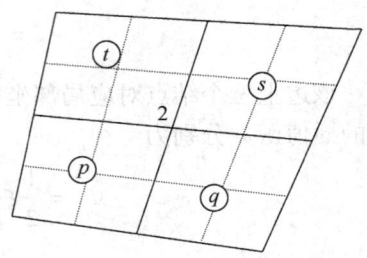

图 8-4　共用结点单元

当计算得到单元内结点黏度后，要考虑一个结点共用于多个单元的问题，如图 8-4 所示，结点 2 共用于 t，s，p 和 q 四个单元，在四个单元内计算出四个结点黏度后，需要进行总体结点黏度平均或加权平均，即

$$\eta_2 = \frac{\eta_{s2} + \eta_{t2} + \eta_{p2} + \eta_{q2}}{4} \tag{8.36}$$

$$\eta_2 = \frac{\eta_{s2} A_s + \eta_{t2} A_t + \eta_{p2} A_p + \eta_{q2} A_q}{A_s + A_t + A_p + A_q} \tag{8.37}$$

式（8.37）为加权平均计算式，式中 A_s，A_t，A_p 和 A_q 为单元 s，t，p 和 q 的面积。

编程时，对于总体结点黏度计算步骤为：

（1）提取结点数据

对于第 i 个单元，根据 JM 数据，提取单元结点坐标数据 JXYe 和单元结点速度数据 uve。

（2）计算单元内结点黏度（不考虑温度修正）

根据式（8.35）计算单元内结点剪切速率，并代入式（8.1）的非牛顿流体项，计算单元内结点黏度（不考虑温度修正）。

（3）计算总体结点黏度（不考虑温度修正）

计算建立结点黏度数组，总行数等于总结点数，列数等于 2；将单元黏度中的每个数据，按照该单元的 JM 数据累加入结点黏度数组的第一列相应位置，总体结点黏度中第一列某元素进行一次累加计算；该元素同行的另外一个元素，数值自动加 1；所有单元黏度都累加到总体黏度第一列后，结点黏度就等于结点黏度数据的第一列与第二列对应项相除的结果。

（4）温度修正

在第（3）步得到的总体结点黏度基础上，将每个结点的温度代入温度修正因子，根据式（8.1）计算带有温度修正项的结点黏度。

8.2.5　总体方程的组合

各个部分分块组装，得到总体方程：

$$\begin{pmatrix} D_{11} & D_{12} & -C_1 \\ D_{21} & D_{22} & -C_2 \\ B_1 & B_2 & 0 \end{pmatrix} \begin{pmatrix} u \\ v \\ p \end{pmatrix} = \begin{pmatrix} -F_1 \\ -F_2 \\ 0 \end{pmatrix} \tag{8.38}$$

$$[(1-\theta)DL + CD]T_{k+1} = CDB + NH - \theta DLT_k \tag{8.39}$$

式（8.38）为速度-压力有限元方法离散得到的 N-S 方程组有限元方程的总体方程，详细内容参见本书第 3 章相关章节。式（8.39）为能量方程有限元方程的总体方程。其中，DL 和 CD 项组合时，需要利用 JM 数据进行对位求和。对于第 i 个单元来说，进行双层循环求和，第一层循环指标 m 等于 1 到 JM 的列数（本例为 9），第二层循环指标 n 也等于 1 到 JM 的列数（本例为 9），对于一组 m 和 n，查找 JM (i, m) 和 JM (i, n) 对应数值，并完成如下累加计算：

$$DL(\mathrm{JM}(i,m),\mathrm{JM}(i,n)) = DL(\mathrm{JM}(i,m),\mathrm{JM}(i,n)) + DL^{e(i)}_{(m,n)} \tag{8.40}$$

$$CD(\mathrm{JM}(i,m),\mathrm{JM}(i,n)) = CD(\mathrm{JM}(i,m),\mathrm{JM}(i,n)) + CD^{e(i)}_{(m,n)} \tag{8.41}$$

值得注意的是，m 和 n 就是第 i 个单元系数矩阵各个元素对应的单元内部结点序号，JM (i, m) 和 JM (i, n) 对应数值即为第 i 个单元系数矩阵各个元素对应的总体结点序号。

NH 项组合时，也需要利用 JM 数据进行对位求和。对于第 i 个单元来说，进行循环求和，循环指标 j 等于 1 到 JM 的列数（本例为 9），查找 JM (i, j) 对应数值，并完成如下累加计算：

$$NH(\mathrm{JM}(i,j),1) = NH(\mathrm{JM}(i,j),1) + NH^{e(i)}_{(j,1)} \tag{8.42}$$

值得注意的是，j 为第 i 个单元向量各个元素对应的单元内部结点序号，JM (i, j) 对应数值即为第 i 个单元向量各个元素对应的总体结点序号。

CDB 项组合时，需要利用 JBT2 数据。其组合循环总数为 JBT2 数据的行数。当循环指标为 i 时，查寻 JBT2 第 i 行数据。根据 JBT2 $(i, 1)$ 数据确定边界所在单元序号，然后在单元内进行循环对位累加，循环指标为 j，根据 JM (JBT2 $(i, 1), j$) 对应数据，完成如下累加计算：

$$CDB(\mathrm{JM}(\mathrm{JBT2}(i,1),j),1) = CDB(\mathrm{JM}(\mathrm{JBT2}(i,1),j),1) + CDB^{e(i)}_{(j,1)} \tag{8.43}$$

8.2.6 能量方程与 N-S 方程组耦合时的求解流程

在解能量方程和 N-S 方程组耦合问题前需要给定初始速度和温度分布，为了加速收敛过程可将相同速度边界条件下牛顿流体的速度分布，以及相同热传导边界条件下的纯热传导问题温度分布作为初始条件。求解耦合问题的流程为：

A. 设定求解方程的黏性耗散因子 scale_NH 和温度 θ 因子 temp_theta，当 scale_NH = 0 时，则黏性耗散影响消失；当 scale_NH = 1 时，则完全考虑黏性耗散影响。当 temp_theta = 0 时，能量方程迭代中，惯性项计算不考虑上一次迭代结果的影响，为纯显示计算；当 temp_theta = 1 时，惯性项计算能量方程迭代中，只考虑上次迭代结果应为纯隐示计算。

B. 设定 Bird-Carreau 本构方程及温度修正物性参数；读取网格数据；设定边界条件。

C. 调用相同速度边界条件下牛顿流体的速度分布 u_0、v_0 和 p_0，以及相同热传导边界条件下的纯热传导问题温度分布 T_0 作为迭代计算初始条件，将 u_0、v_0、p_0 和 T_0 赋值给 u_{k+1}、v_{k+1}、p_{k+1} 和 T_{k+1}。

D. 利用 u_{k+1}、v_{k+1} 和 T_{k+1}，根据 8.2.4 (4) 内容计算黏度 μ_{k+1}。

E. 给定迭代初始条件，开始迭代计算：
- E1. 进行迭代赋值 $u_k = u_{k+1}$，$v_k = v_{k+1}$，$p_k = p_{k+1}$，$\mu_k = \mu_{k+1}$ 和 $T_k = T_{k+1}$；
- E2. 初始化总体方程各子块：B、C、D、F、DL、CD、CDB 和 NH；
- E3. 计算 N-S 方程组单元方程系数矩阵各子块 B^e、C^e、D^e，并组装，其中 D^e 子块计

算需要从 μ_{k+1} 中调用单元结点黏度；
- E4. 代入压力边界条件 JBP 数据，计算 N-S 方程组单元方程右边向量子块 F^e，并组装；
- E5. 构建 N-S 方程组总体方程；
- E6. 代入速度边界条件 JBV 数据；
- E7. 求解 N-S 方程组，更新 u_{k+1}，v_{k+1} 和 p_{k+1}；
- E8. 利用更新后的 u_{k+1}，v_{k+1} 和尚未更新的温度 T_k 更新黏度 μ_{k+1}；
- E9. 利用更新后的速度 u_{k+1}，v_{k+1} 和黏度 μ_{k+1} 计算能量方程系数矩阵单元子块 CD^e，DL^e 和 NH^e，并组装，其中 DL^e 需要调用单元结点速度数据，NH^e 需要调用单元结点速度数据和单元结点黏度数据；
- E10. 代入第二类温度边界条件 JBT2 数据，建立能量方程右边向量 CDB^e 子块，并组装；
- E11. 构建能量方程总体方程，其中考虑温度 θ 因子；
- E12. 代入第一类温度边界条件 JBT1 数据；
- E13. 求解能量方程，更新速度分布 T_{k+1}；
- E14. 利用更新后的 u_{k+1}，v_{k+1} 和 T_{k+1}，再次更新黏度 μ_{k+1}；
- E15. 计算当前 $k+1$ 次与前一迭代 k 次间的误差 R_1。如果累加迭代次数小于迭代次数上限，且 $R_1 \leq \varepsilon$，则表明计算耦合问题收敛，运行 E16 步后，停止计算；如果累加迭代次数达到迭代次数上限，但 $R_1 > \varepsilon$，则表明迭代尚未收敛，运行 E16 步后，计算结束；如果累加迭代次数小于迭代次数上限，且 $R_1 > \varepsilon$，则表明迭代尚未收敛，需要继续计算，运行 E16 步后，返回 E1 步，重新开始计算。耦合问题的绝对误差和相对误差表示为

$$R_{1绝对} = \max\{|u_{k+1}-u_k|,|v_{k+1}-v_k|,|p_{k+1}-p_k|,|T_{k+1}-T_k|,|\eta_{k+1}-\eta_k|\} \quad (8.44)$$

$$R_{1相对} = \max\left\{\frac{|u_{k+1}-u_k|}{|u_{k+1}|},\frac{|v_{k+1}-v_k|}{|v_{k+1}|},\frac{|p_{k+1}-p_k|}{|p_{k+1}|},\frac{|T_{k+1}-T_k|}{|T_{k+1}|},\frac{|\eta_{k+1}-\eta_k|}{|\eta_{k+1}|}\right\} \quad (8.45)$$

- E16. 累加迭代次数，输出迭代结果。

8.3 相关程序

本章中使用的程序存储在关盘中"第 8 章程序"目录下。目录"01-网格生成"中程序用于生成收敛流动区域的 msh_sl.mat 文件。目录"02-牛顿流体流动-四边形单元速度-压力法"中程序用于计算初始速度分布，运行前将 msh_sl.mat 文件复制到该目录中，运行后生成 result_of_n1.mat 文件。目录"03-热传导问题-四边形单元"中程序用于计算初始温度分布，运行前将 msh_sl.mat 文件复制到该目录中，运行后生成 result_of_CDT.mat 文件。目录"04-速度温度耦合-四边形单元"中程序为速度温度耦合计算程序，运行前需要将上述三部分程序生成的相关文件复制到本目录中。

8.3.1 网格生成程序

本程序运用四边形单元将如图 8-1 所示收敛-发散流动区域进行网格划分，生成网格数据 msh.mat，供主程序调用。使用时，需要设定区域总高和总长参数 $H=0.04\mathrm{m}$ 和 $L=0.2\mathrm{m}$、水平和竖直方向的网格数量 $N_x=20$ 和 $N_y=5$ 及收敛比 $SS=0.5$。其中，收敛比定义为区域中最窄部分的高度与最宽部分的高度的比值。利用第 3 章中的四边形网格绘制程序 rectangle _grid. m 绘制网格图形,验证网格划分结果是否正确。结果无误后,自动生成文件。录入以下程序后,存储为 grid _ generation _ sl. m 文件。程序说明见代码后注释。

```
clc
clear
clf
%%%%%%%   区域几何尺寸及网格划分参数
H = 0.04;    % 区域总高
L = 0.2;     % 区域总长
Nx = 20;     % 水平方向的网格数量,选择能被 5 整除的数
Ny = 5;      % 竖直方向的网格数量
SS = 0.5;    % 收敛比,定义为区域中最窄部分的高度与最宽部分的高度的比值
theta = 0;   % 网格平面旋转角度
%%%%%%%   区域几何尺寸及网格划分参数
%%%%%%%   总单元数和结点数
E = Nx * Ny;           % 总单元数
Nz = (2 * Nx + 1) * (2 * Ny + 1);    % 二次单元结点总数
Nd = (Nx + 1) * (Ny + 1);             % 线性单元结点总数
%%%%%%%   总单元数和结点数
%%%%%%%   单元间距
Dx = L/Nx/2;   % 水平方向网格间距
Dy = H/Ny/2;   % 竖直方向网格间距
%%%%%%%   单元间距
%%%%%%%   结点分布拓扑
AAA = zeros(Ny * 2 + 1, Nx * 2 + 1);
for i = 1:2:2 * Nx + 1
    AAA(1,i) = (i + 1)/2;
end
for i = 1:Nx
    AAA(1,2 * i) = (Nx + 1) * (Ny + 1) + i;
end
for i = 1:2 * Nx + 1
    AAA(2,i) = (Nx + 1) * (Ny + 1) + Nx + i;
end
for j = 3:2:2 * Ny + 1
    for i = 1:2 * Nx + 1
        AAA(j,i) = (i + 1)/2 + (Nx + 1) * (j - 1)/2;
    end
end
end
```

```
for j = 3:2:2*Ny+1
    for i = 1:Nx
        AAA(j,2*i) = (Nx+1)*(Ny+1)+(Nx+2*Nx+1)*(j-1)/2+i;
    end
end
for j = 4:2:2*Ny
    for i = 1:2*Nx+1
        AAA(j,i) = (Nx+1)*(Ny+1)+(j/2)*Nx+(2*Nx+1)*(j/2-1)+i;
    end
end
%%%%%%%  结点分布拓扑
%%%%%%%  收敛比例系数
SL1 = Nx/5*2+1;
SL2 = Nx/5*2;
SL3 = Nx/5*2;
SL4 = Nx/5*2;
SL5 = Nx/5*2;
SL4 = round((2*Nx+1)/5);
SL5 = round((2*Nx+1)/5);
SL3 = 2*Nx+1-SL1-SL2-SL4-SL5;
sl = [ones(1,SL1),(1-(1-SS)/SL2):(SS-1)/SL2:SS,ones(1,SL3)*SS,...
    SS+(1-SS)/SL4:(1-SS)/SL4:1,ones(1,SL5)];
%%%%%%%  收敛比例系数
%%%%%%%  四边形二次单元 JXYV 生成
for i = 1:2*Ny+1
    for j = 1:2*Nx+1
        JXYV(AAA(i,j),1) = Dx*(j-1);
        JXYV(AAA(i,j),2) = Dy*(i-1)*sl(j);
    end
end
%%%%%%%  四边形二次单元 JXYV 生成
%%%%%%%  网格平面旋转
for i = 1:length(JXYV(:,1))
    R = sqrt((JXYV(i,1)+1)^2+JXYV(i,2)^2);
    theta1 = atan(JXYV(i,2)/(JXYV(i,1)+1));
    JXYV(i,1) = R*cos(theta/180*pi+theta1);
    JXYV(i,2) = R*sin(theta/180*pi+theta1);
end
```

```
%%%%%%    网格平面旋转
%%%%%%    四边形二次单元 JMV 生成
k = 0;
for i = 1:Ny
    for j = 1:Nx
        k = k + 1;
        JMV(k,:) = [AAA(2*i-1,2*j-1),AAA(2*i-1,2*j),...
            AAA(2*i-1,2*j+1),AAA(2*i,2*j-1),AAA(2*i,2*j),...
            AAA(2*i,2*j+1),AAA(2*i+1,2*j-1),AAA(2*i+1,2*j),...
            AAA(2*i+1,2*j+1),];
    end
end
%%%%%%    四边形二次单元 JMV 生成
%%%%%%    四边形线性单元 JMP 和 JXYP 生成
JMP = [JMV(:,1),JMV(:,3),JMV(:,9),JMV(:,7)];
JXYP = JXYV([1:Nd],:);
%%%%%%    四边形线性单元 JMP 和 JXYP 生成
%%%%%%    BP 数据生成
BP1 = AAA(1,:);         % 底边定义为 1 号边界
BP2 = AAA(:,2*Nx+1);    % 出口定义为 2 号边界
BP3 = AAA(2*Ny+1,:);    % 上边定义为 1 号边界
BP4 = AAA(:,1);         % 入口定义为 4 号边界
%%%%%%    BP 数据生成
%%%%%%    BE 数据生成
thetax1 = pi/2 - theta/180*pi;      % 1 号边界外法线方向与 x 轴夹角
thetay1 = pi - theta/180*pi;        % 1 号边界外法线方向与 y 轴夹角
thetax2 = theta/180*pi;             % 2 号边界外法线方向与 x 轴夹角
thetay2 = pi/2 - thetax2;           % 2 号边界外法线方向与 y 轴夹角
thetax3 = pi - pi/2 + theta/180*pi; % 3 号边界外法线方向与 x 轴夹角
thetay3 = pi - theta/180*pi + pi;   % 3 号边界外法线方向与 y 轴夹角
thetax4 = (180 + theta)/180*pi;     % 4 号边界外法线方向与 x 轴夹角
thetay4 = pi/2 + theta/180*pi;      % 4 号边界外法线方向与 y 轴夹角
AAA1 = ones(Nx,1)*cos(thetax1);     % 1 号边界方向余弦
AAA2 = ones(Nx,1)*cos(thetay1);     % 1 号边界方向余弦
BE1 = [[1:Nx]',ones(size([1:Nx]')),AAA1,AAA2];
BBB1 = ones(Ny,1)*cos(thetax2);     % 2 号边界方向余弦
BBB2 = ones(Ny,1)*cos(thetay2);     % 2 号边界方向余弦
BE2 = [[Nx:Nx:Ny*Nx]',2*ones(size([1:Ny]')),BBB1,BBB2];
```

```
CCC1 = ones(Nx,1) * cos(thetax3); % 3 号边界方向余弦
CCC2 = ones(Nx,1) * cos(thetay3); % 3 号边界方向余弦
BE3 = [[Nx*(Ny-1)+1:Nx*Ny]',3*ones(size([1:Nx]')),CCC1,CCC2];
DDD1 = ones(Ny,1) * cos(thetax4); % 4 号边界方向余弦
DDD2 = ones(Ny,1) * cos(thetay4); % 4 号边界方向余弦
BE4 = [[1:Nx:(Ny-1)*Nx+1]',4*ones(size([1:Ny]')),DDD1,DDD2];
%%%%%%% BE 数据生成
%%%%%%% 调用四边形网格绘制程序
rectangle_grid(JMP,JXYV);
%%%%%%% 调用四边形网格绘制程序
%%%%%%% 清除多余变量,并存储结果
clear Dx Dy  H L Nx Ny i j k
clear theta theta1 R   AAA
clear thetax1 thetax2 thetax3 thetax4
clear thetay1 thetay2 thetay3 thetay4
clear AAA1 AAA2 BBB1 BBB2 CCC1 CCC2 DDD1 DDD2
clear SL1 SL2 SL3 SL4 SL5 SS sl
save msh_sl
%%%%%%% 清除多余变量,并存储结果
```

8.3.2 主程序

主程序中采用速度-压力有限元方法求解 N-S 方程组,采用 θ 因子法求解能量方程。主程序运行前,需要在相同速度边界下运行牛顿流体求解程序,并存储速度分布结果于 result_of_n1.mat 文件;在相同边界条件下运行纯热传导问题程序,并储存温度分布结果于 result_of_CDT.mat 文件。值得注意的是,在 result_of_n1.mat 和 result_of_CDT.mat 文件中存储的速度、压力和温度变量名为 ux_k_1、vy_k_1、p_k_1 和 T_k_1。按照实际边界情况设定边界条件数据,生成 JBV、JBP 和 JBT1 和 JBT2 等边界条件数据。主程序运行时会提取网格数据 msh.mat、初始速度分布 result_of_n1.mat 和初始温度分布 result_of_CDT.mat。程序中变量 scale_NH 为黏性耗散影响因子,当 scale_NH=0 时,则黏性耗散影响消失。当 scale_NH=1 时,需充分考虑黏性耗散的影响。变量 temp_theta 为温度 θ 因子,取值范围在 0 到 1 之间,应根据能量方程的收敛情况适当调整 temp_theta 大小。录入以下程序,并存储于 main.m 程序。程序说明见代码后注释。

```
clc
clear
format short e
%%%%%%%%%%%%%%%%%%%%%%%%%%%%%%%%%%%%%%%%
%%%%%%%%%        迭代步骤 A 开始   %%%%%%%%%%%%
%%%%%%%%%%%%%%%%%%%%%%%%%%%%%%%%%%%%%%%%
```

```
%%%%%%%%%%%%%%%%%%%%%%%%%%%%%%
%%%%%%%%%        计算参数设定       %%%%%%%%%%%%
%%%%%%%%%%%%%%%%%%%%%%%%%%%%%%
scale_NH = 1;          % 黏性耗散系数 scale_NH = 0 时,黏性耗散影响消失
temp_theta = 0.2;      % 温度 theta 因子
%%%%%%%%%%%%%%%%%%%%%%%%%%%%%%
%%%%%%%%%%%%        迭代步骤 A 结束       %%%%%%%%%%%%
%%%%%%%%%%%%%%%%%%%%%%%%%%%%%%


%%%%%%%%%%%%%%%%%%%%%%%%%%%%%%
%%%%%%%%%%%%        迭代步骤 B 开始       %%%%%%%%%%%%
%%%%%%%%%%%%%%%%%%%%%%%%%%%%%%

%%%%%%%%%%%%%%%%%%%%%%%%%%%%%%
%%%%%%%%%        物性参数       %%%%%%%%%%%%
%%%%%%%%%%%%%%%%%%%%%%%%%%%%%%
n = 0.75;              % 幂律指数
mu0 = 10000;           % 剪切速率为零时的黏度
muinf = 100;           % 剪切速率为无穷大时的黏度
nt = 0.5;              % 自然时间
midu = 900;            % 密度
k = 2;                 % 导热系数
cV = 20;               % 比热容
a = 2000;              % 温度系数
T0 = -273;             % 绝对零度
Ta = 200;              % 基准温度
%%%%%%%%%%%%%%%%%%%%%%%%%%%%%%
%%%%%%%%%        读取网格数据       %%%%%%%%%%%%
%%%%%%%%%%%%%%%%%%%%%%%%%%%%%%
load msh_sl
%%%%%%%%%%%%%%%%%%%%%%%%%%%%%%
%%%%%%%%%        设定边界条件       %%%%%%%%%%%%
%%%%%%%%%%%%%%%%%%%%%%%%%%%%%%
u1 = 0;v1 = 0;    % 速度边界条件
u3 = 0;v3 = 0;
JBV1 = [BP1',u1 * ones(size(BP1))',v1 * ones(size(BP1))'];
JBV3 = [BP3',u3 * ones(size(BP3))',v3 * ones(size(BP3))'];
JBV = [JBV1;JBV3];
P2 = 0;    % 压力边界条件
```

```
P4 = 10000;
JBP2 = [BE2,ones(size(BE2(:,1)))*P2,ones(size(BE2(:,1)))*P2];
JBP4 = [BE4,ones(size(BE4(:,1)))*P4,ones(size(BE4(:,1)))*P4];
JBP = [JBP2;JBP4];
T4 = 180;    % 与时间无关的温度边界条件
JBT14 = [BP4,T4*ones(size(BP4))];
JBT1 = [JBT14];
q1 = 500;    % 第二类温度边界条件,上壁面加热热流密度 500W/m²
q3 = 500;    % 第二类温度边界条件,下壁面加热热流密度 500W/m²
q2 = 0;      % 第二类温度边界条件数据,出口绝热
AAA = ones(size(BE1(:,1)))*q1*(-1);
JBT21 = [BE1,AAA,AAA,AAA];
BBB = ones(size(BE2(:,1)))*q2*(-1);
JBT22 = [BE2,BBB,BBB,BBB];
CCC = ones(size(BE3(:,1)))*q3*(-1);
JBT23 = [BE3,CCC,CCC,CCC];
JBT2 = [JBT21;JBT23;JBT22];
clear JBV2 JBV4 JBV1 JBV3 BP1 BP2 BP3 BP4
clear BE1 BE2 BE3 BE4 JBP1 JBP2 JBP3 JBP4
clear JBV2 JBV4 JBV1 JBV3 BP1 BP2 BP3 BP4
clear u1 v1 u2 v2 u3 v3 u4 v4
clear P1 P2 P3 P4 T1 T2 T3 T4
clear JBT11 JBT12 JBT13 JBT14
clear JBT21 JBT23 JBT22
clear q1 q2 q3 q4
clear AAA BBB CCC
%%%%%%%%%%%%%%%%%%%%%%%%%%%%%%%%%%%%%%%%%
%%%%%%%%%%%%%%%%%%         迭代步骤 B 结束      %%%%%%%%%%%%%%%%
%%%%%%%%%%%%%%%%%%%%%%%%%%%%%%%%%%%%%%%%%


%%%%%%%%%%%%%%%%%%%%%%%%%%%%%%%%%%%%%%%%%
%%%%%%%%%%%%%%%%%%         迭代步骤 C 开始      %%%%%%%%%%%%%%%%
%%%%%%%%%%%%%%%%%%%%%%%%%%%%%%%%%%%%%%%%%
            %%%%%%%%%%%%%%%%%%%%%%%%%%%%%%%
            %%%%%%%%%         调用初始条件       %%%%%%%%%%%%%%%%
            %%%%%%%%%%%%%%%%%%%%%%%%%%%%%%%
load result_of_n1       % 调用相同边界条件下牛顿流体速度分布结果 ux0,vy0,p0
load result_of_CDT      % 调用相同边界条件下纯热传导问题温度分布结果 T0
```

```
%%%%%%%%%%%%%%%%%%%%%%%%%%%%%%%%%%%
%%%%%%%%%%%        进行初始赋值      %%%%%%%%%%%
%%%%%%%%%%%%%%%%%%%%%%%%%%%%%%%%%%%
ux_k_1 = ux0;
vy_k_1 = vy0;
p_k_1 = p0;
%%%%%%%%%%%%%%%%%%%%%%%%%%%%%%%%%%%
%%%%%%%%%%%%         迭代步骤 C 结束    %%%%%%%%%%%%%
%%%%%%%%%%%%%%%%%%%%%%%%%%%%%%%%%%%


%%%%%%%%%%%%%%%%%%%%%%%%%%%%%%%%%%%
%%%%%%%%%%%%         迭代步骤 D 开始    %%%%%%%%%%%%%
%%%%%%%%%%%%%%         初始黏度计算      %%%%%%%%%%%%%
%%%%%%%%%%%%%%%%%%%%%%%%%%%%%%%%%%%
Vadd = sparse(Nz,2);       % 初始化黏度计算矩阵
for i = 1:E
    for ie = 1:9     % 提取单元结点坐标和速度
        JXYe(ie,:) = JXYV(JMV(i,ie),:);
        uve(ie,1) = ux_k_1(JMV(i,ie),:);
        uve(ie,2) = vy_k_1(JMV(i,ie),:);
    end
    VIE = function_of_VIE_BC(n,mu0,muinf,nt,JXYe,uve);
                                       % 调用单元结点黏度计算程序
    for ie = 1:9
        Vadd(JMV(i,ie),1) = Vadd(JMV(i,ie),1) + VIE(1,ie);   % 同序号结点黏度累加
        Vadd(JMV(i,ie),2) = Vadd(JMV(i,ie),2) + 1;            % 累加次数
    end
end
for i = 1:Nz
    vis_k_1(i,1) = Vadd(i,1)/Vadd(i,2);      % 平均值法计算结点黏度
    vis_k_1(i,1) = vis_k_1(i,1) * exp(a*(1/(T_k_1(i) - T0) - 1/(Ta - T0)));
                                       % 温度修正
end
clear Vadd VIE i i JXYe uve
%%%%%%%%%%%%%%%%%%%%%%%%%%%%%%%%%%%
%%%%%%%%%%%%         迭代步骤 D 结束    %%%%%%%%%%%%%
%%%%%%%%%%%%%%%%%%%%%%%%%%%%%%%%%%%
```

%%%%%%%%%%%%%%%%%%%%%%%%%%%%%%%%%%%%%
%%%%%%%%%%%%%   迭代步骤 E 开始   %%%%%%%%%%%%
%%%%%%%%%%%%%%%%%%%%%%%%%%%%%%%%%%%%%
         %%%%%%%%%%%%%%%%%%%%%%%%%%%%%%
         %%%%%%%%%   迭代初始条件   %%%%%%%%%%%%
         %%%%%%%%%%%%%%%%%%%%%%%%%%%%%%
norm_vis = 1;
norm_ux = 1;
norm_vy = 1;
norm_p = 1;
norm_T = 1;
times = 0;
         %%%%%%%%%%%%%%%%%%%%%%%%%%%%%%
         %%%%%%%%%   开始迭代计算   %%%%%%%%%%%%
         %%%%%%%%%%%%%%%%%%%%%%%%%%%%%%
fprintf(' 现在开始计算,请耐心等待   \n')
while (norm_vis > 1e-3 || norm_ux > 1e-3 || norm_vy > 1e-3 || norm_p > 1e-3 || norm_T > 1e-3 && times < 100)
         %%%%%%%%%%%%%%%%%%%%%%%%%%%%%%
         %%%%%%%%%%%   迭代步骤 E1   %%%%%%%%%%%%
         %%%%%%%   将 k+1 时的结果赋值给 k 时的值   %%%%%%%%
         %%%%%%%%%%%%%%%%%%%%%%%%%%%%%%
    ux_k = ux_k_1;
    vy_k = vy_k_1;
    p_k = p_k_1;
    vis_k = vis_k_1;
    T_k = T_k_1;
         %%%%%%%%%%%%%%%%%%%%%%%%%%%%%%
         %%%%%%%%%%   迭代步骤 E2   %%%%%%%%%%%%
         %%%%%%%%   初始化总体方程各子块   %%%%%%%%%%%%
         %%%%%%%%%%%%%%%%%%%%%%%%%%%%%%
    B1 = zeros(Nd, Nz);
    B2 = zeros(Nd, Nz);
    D11 = zeros(Nz, Nz);
    D12 = zeros(Nz, Nz);
    D21 = zeros(Nz, Nz);
    D22 = zeros(Nz, Nz);

```
C1 = zeros(Nz,Nd);
C2 = zeros(Nz,Nd);
F1 = zeros(Nz,1);
F2 = zeros(Nz,1);
DL = sparse(Nz,Nz);
CD = sparse(Nz,Nz);
CDB = sparse(Nz,1);
NH = sparse(Nz,1);
    %%%%%%%%%%%%%%%%%%%%%%%%%%%%%%%%%
    %%%%%%%%%         迭代步骤 E3      %%%%%%%%%%%%
    %%%   计算 N-S 方程组系数矩阵单元子块并组装   %%%%%%%%
    %%%%%%%%%%%%%%%%%%%%%%%%%%%%%%%%%
for i = 1:E
    e_JMV = JMV(i,:);
    e_JMP = JMP(i,:);
    for ie = 1:9        % 提取单元结点坐标和黏度
        JXYe(ie,:) = JXYV(JMV(i,ie),:);
        uve(ie,1) = ux_k(JMV(i,ie),1);
        uve(ie,2) = vy_k(JMV(i,ie),1);
        vise(ie,1) = vis_k(JMV(i,ie),1);
    end
    [Be1,Be2] = function_of_Be(JXYe);        % 调用 Be 子块计算程序
    [De11,De12,De21,De22] = function_of_De(JXYe,vise);
                                              % 调用 De 子块计算程序
    [Ce1,Ce2] = function_of_Ce(JXYe);        % 调用 Ce 子块计算程序
    for r = 1:4
        for s = 1:9
            B1(e_JMP(r),e_JMV(s)) = B1(e_JMP(r),e_JMV(s)) + Be1(r,s);
            B2(e_JMP(r),e_JMV(s)) = B2(e_JMP(r),e_JMV(s)) + Be2(r,s);
        end
    end
    for r = 1:9
        for s = 1:9
            D11(e_JMV(r),e_JMV(s)) = D11(e_JMV(r),e_JMV(s)) + De11(r,s);
            D12(e_JMV(r),e_JMV(s)) = D12(e_JMV(r),e_JMV(s)) + De12(r,s);
            D21(e_JMV(r),e_JMV(s)) = D21(e_JMV(r),e_JMV(s)) + De21(r,s);
            D22(e_JMV(r),e_JMV(s)) = D22(e_JMV(r),e_JMV(s)) + De22(r,s);
        end
```

```
            end
        for r = 1:9
            for s = 1:4
                C1(e_JMV(r),e_JMP(s)) = C1(e_JMV(r),e_JMP(s)) + Ce1(r,s);
                C2(e_JMV(r),e_JMP(s)) = C2(e_JMV(r),e_JMP(s)) + Ce2(r,s);
            end
        end
end
clear r s ie i vise uve JXYe
clear De11 De12   De21 De22
        %%%%%%%%%%%%%%%%%%%%%%%%%%%%%%%
        %%%%%%%%%      迭代步骤 E4      %%%%%%%%%%%%%%
        %%%    计算 N-S 方程组右边向量单元子块并组装    %%%%%%%%%
        %%%%%%%%%%%%%%%%%%%%%%%%%%%%%%%
for i_JBP = 1:length(JBP(:,1))
    P_element = JBP(i_JBP,1);    % 提取压力边界单元序号
    for ie = 1:9    % 提取单元结点坐标
        JXYe(ie,:) = JXYV(JMV(P_element,ie),:);
    end
    [Fe1,Fe2] = function_of_Fe(JXYe,JBP(i_JBP,:));
                                 % 调用 Fe 子块计算程序
    for r = 1:9    % 组装
        F1(JMV(P_element,r),1) = F1(JMV(P_element,r),1) + Fe1(r,1);
        F2(JMV(P_element,r),1) = F2(JMV(P_element,r),1) + Fe2(r,1);
    end
end
        %%%%%%%%%%%%%%%%%%%%%%%%%%%%%%%
        %%%%%%%%%      迭代步骤 E5      %%%%%%%%%%%%%%
        %%%%%%%    构建 N-S 方程组总体方程    %%%%%%%%%%
        %%%%%%%%%%%%%%%%%%%%%%%%%%%%%%%
K = [D11 D12  -C1        %   N-S 方程组系数矩阵
    D21 D22  -C2
    B1   B2   zeros(Nd,Nd)];
B = [-F1; -F2;zeros(Nd,1)];    % N-S 方程组右边向量
        %%%%%%%%%%%%%%%%%%%%%%%%%%%%%%%
        %%%%%%%%%      迭代步骤 E6      %%%%%%%%%%%%%%
        %%%%%%%      代入速度边界条件      %%%%%%%%%%%%
        %%%%%%%%%%%%%%%%%%%%%%%%%%%%%%%
```

```matlab
N_matrix = 2*Nz + Nd;
for i = 1:length(JBV(:,1))
    II = JBV(i,1);
    u = JBV(i,2);
    for J = 1:N_matrix
        B(J) = B(J) - K(J,II)*u;
    end
    K(II,:) = zeros(1,N_matrix);
    K(:,II) = zeros(N_matrix,1);
    K(II,II) = 1;
    B(II) = u;
end
for i = 1:length(JBV(:,1))
    II = Nz + JBV(i,1);
    v = JBV(i,3);
    for J = 1:N_matrix
        B(J) = B(J) - K(J,II)*v;
    end
    K(II,:) = zeros(1,N_matrix);
    K(:,II) = zeros(N_matrix,1);
    K(II,II) = 1;
    B(II) = v;
end
         %%%%%%%%%%%%%%%%%%%%%%%%%%%%%%%%
         %%%%%%%%%%       迭代步骤 E7     %%%%%%%%%%%%%%%%
         %%%%   求解 N-S 方程组,更新速度和压力  %%%%%%%%%%%%%%
         %%%%%%%%%%%%%%%%%%%%%%%%%%%%%%%%
x = K\B;
ux_k_1 = x(1:Nz);
vy_k_1 = x(1+Nz:2*Nz);
p_k_1 = x(1+2*Nz:2*Nz+Nd);
p_k_1 = Pding2Pzong(p_k_1,JMV);
         %%%%%%%%%%%%%%%%%%%%%%%%%%%%%%%%
         %%%%%%%%%%       迭代步骤 E8     %%%%%%%%%%%%%%%%
         %%%   当前速度和上一步温度更新黏度    %%%%%%%%%%%%%
         %%%%%%%%%%%%%%%%%%%%%%%%%%%%%%%%
Vadd = sparse(Nz,2);         % 初始化黏度计算矩阵
for i = 1:E
```

```
        for ie = 1:9        % 提取单元结点坐标和速度
            JXYe(ie,:) = JXYV(JMV(i,ie),:);
            uve(ie,1) = ux_k_1(JMV(i,ie),:);
            uve(ie,2) = vy_k_1(JMV(i,ie),:);
        end
        VIE = function_of_VIE_BC(n,mu0,muinf,nt,JXYe,uve);
                                          % 调用单元结点黏度计算程序
        for ie = 1:9
            Vadd(JMV(i,ie),1) = Vadd(JMV(i,ie),1) + VIE(1,ie);
                                          % 同序号结点黏度累加
            Vadd(JMV(i,ie),2) = Vadd(JMV(i,ie),2) + 1;           % 累加次数
        end
    end
    for i = 1:Nz
        vis_k_11(i,1) = Vadd(i,1)/Vadd(i,2);           % 平均值法计算结点黏度
        vis_k_11(i,1) = vis_k_1(i,1)*exp(a*(1/(T_k_1(i)-T0)-1/(Ta-T0)));
                                          % 温度修正
    end
        %%%%%%%%%%%%%%%%%%%%%%%%%%%%%%%%%%
        %%%%%%%%%        迭代步骤 E9        %%%%%%%%%%
        %%%%%    当前速度及更新黏度计算能量    %%%%%%%%%%
        %%%%%    单元方程系数矩阵子块并组装    %%%%%%%%%%
        %%%%%%%%%%%%%%%%%%%%%%%%%%%%%%%%%%
    for i = 1:E
        for ie = 1:9        % 提取单元结点坐标、速度和黏度
            JXYe(ie,:) = JXYV(JMV(i,ie),:);
            uve(ie,1) = ux_k_1(JMV(i,ie),1);
            uve(ie,2) = vy_k_1(JMV(i,ie),1);
            vise(ie,1) = vis_k_11(JMV(i,ie),1);
        end
        [CDe] = function_of_CDe(JXYe,k);      % 调用 CDe 子块计算程序
        [DLe] = function_of_DLe(JXYe,uve,midu,cV); % 调用 DLe 子块计算程序
        [NHe] = function_of_NHe(JXYe,uve,vise);    % 调用 NHe 子块计算程序
        for r = 1:9        % 组装
            for s = 1:9
                CD(JMV(i,r),JMV(i,s)) = CD(JMV(i,r),JMV(i,s)) + CDe(r,s);
                DL(JMV(i,r),JMV(i,s)) = DL(JMV(i,r),JMV(i,s)) + DLe(r,s);
            end
```

```
        end
        for r = 1:9            % 组装
            NH(JMV(i,r)) = NH(JMV(i,r)) + NHe(r,1);
        end
    end
        %%%%%%%%%%%%%%%%%%%%%%%%%%%%%%%%
        %%%%%%%%        迭代步骤 E10     %%%%%%%%%%
        %%%%%%%%    代入 JBT2 数据计算能量   %%%%%%%%
        %%%%%%%%    单元方程右边向量子块并组装   %%%%%%
        %%%%%%%%%%%%%%%%%%%%%%%%%%%%%%%%
for i = 1:length(JBT2(:,1))
    for ie = 1:9   % 提取温度第二类边界单元序号,并提取单元结点坐标
        JXYe(ie,:) = JXYV(JMV(JBT2(i,1),ie),:);
    end
    [CDBe] = function_of_CDBe(JXYe,JBT2(i,:));  % 调用 CDBe 子块计算程序
    for r = 1:9   % 组装
        CDB(JMV(JBT2(i,1),r),1) = CDB(JMV(JBT2(i,1),r),1) + CDBe(r,1);
    end
end
        %%%%%%%%%%%%%%%%%%%%%%%%%%%%%%%%
        %%%%%%%%        迭代步骤 E11     %%%%%%%%%%
        %%%%%%%%    构建能量方程总体方程    %%%%%%%%%%
        %%%%%%%%%%%%%%%%%%%%%%%%%%%%%%%%
H = [CD + (1 - temp_theta) * DL];    % 能量方程系数矩阵和右边向量
TB = (-1) * temp_theta * DL * T_k + NH * scale_NH + CDB;
        %%%%%%%%%%%%%%%%%%%%%%%%%%%%%%%%
        %%%%%%%%        迭代步骤 E12     %%%%%%%%%%
        %%%%%%%%      代入 JBT1 数据      %%%%%%%%%%
        %%%%%%%%%%%%%%%%%%%%%%%%%%%%%%%%
for i = 1:length(JBT1(:,1))    % 对角线归一法代入 JBT1 数据
    II = JBT1(i,1);
    TT = JBT1(i,2);
    for J = 1:Nz
        TB(J) = TB(J) - H(J,II) * TT;
    end
    H(II,:) = sparse(1,Nz);
    H(:,II) = sparse(Nz,1);
    H(II,II) = 1;
```

```
            TB(II) = TT;
    end
        %%%%%%%%%%%%%%%%%%%%%%%%%%%%
        %%%%%%%%%      迭代步骤 E13     %%%%%%%%%%%
        %%%%%%%    求解能量方程,更新温度      %%%%%%%%%%
        %%%%%%%%%%%%%%%%%%%%%%%%%%%%
T_k_1 = H\TB;
        %%%%%%%%%%%%%%%%%%%%%%%%%%%%
        %%%%%%%%%      迭代步骤 E14     %%%%%%%%%%%
        %%%%%%    当前速度和温度,更新黏度      %%%%%%%%%%%
        %%%%%%%%%%%%%%%%%%%%%%%%%%%%
Vadd = sparse(Nz,2);         % 初始化黏度计算矩阵
for i = 1:E
    for ie = 1:9       % 提取单元结点坐标和速度
        JXYe(ie,:) = JXYV(JMV(i,ie),:);
        uve(ie,1) = ux_k_1(JMV(i,ie),:);
        uve(ie,2) = vy_k_1(JMV(i,ie),:);
    end
    VIE = function_of_VIE_BC(n,mu0,muinf,nt,JXYe,uve);
                                % 调用单元结点黏度计算程序
    for ie = 1:9
        Vadd(JMV(i,ie),1) = Vadd(JMV(i,ie),1) + VIE(1,ie);
                                % 同序号结点黏度累加
        Vadd(JMV(i,ie),2) = Vadd(JMV(i,ie),2) + 1;         % 累加次数
    end
end
for i = 1:Nz
    vis_k_1(i,1) = Vadd(i,1)/Vadd(i,2);     % 平均值法计算结点黏度
    vis_k_1(i,1) = vis_k_1(i,1) * exp(a * (1/(T_k_1(i) - T0) - 1/(Ta - T0)));     % 温度修正
end
        %%%%%%%%%%%%%%%%%%%%%%%%%%%%
        %%%%%%%%%      迭代步骤 E15     %%%%%%%%%%%
        %%%%%%%%     误差计算       %%%%%%%%%%%%%
        %%%%%%%%%%%%%%%%%%%%%%%%%%%%
if norm(ux_k_1 - ux_k) < 1e - 10    % 当 ux_k_1 很小时,计算绝对误差
    norm_ux = 0;
else                        % 否则,计算相对误差
```

```
        norm_ux = norm(ux_k_1 - ux_k)/norm(ux_k);
    end
    if norm(vy_k_1 - vy_k) < 1e-10      % 当 vy_k_1 很小时,计算绝对误差
        norm_vy = 0;
    else                                 % 否则,计算相对误差
        norm_vy = norm(vy_k_1 - vy_k)/norm(vy_k);
    end
    if norm(p_k_1 - p_k) < 1e-10        % 当 p_k_1 很小时,计算绝对误差
        norm_p = 0;
    else                                 % 否则,计算相对误差
        norm_p = norm(p_k_1 - p_k)/norm(p_k);
    end
    if norm(T_k_1 - T_k) < 1e-10        % 当 T_k_1 很小时,计算绝对误差
        norm_T = 0;
    else                                 % 否则,计算相对误差
        norm_T = norm(T_k_1 - T_k)/norm(T_k);
    end
    if norm(vis_k_1 - vis_k) < 1e-10    % 当 vis_k_1 很小时,计算绝对误差
        norm_vis = 0;
    else                                 % 否则,计算相对误差
        norm_vis = norm(vis_k_1 - vis_k)/norm(vis_k);
    end
    %%%%%%%%%%%%%%%%%%%%%%%%%%%%%%%%
    %%%%%%%%%        迭代步骤 E16      %%%%%%%%%%%%
    %%%%%%%    累加迭代次数,输出迭代结果    %%%%%%%%%
    %%%%%%%%%%%%%%%%%%%%%%%%%%%%%%%%
    times = times + 1;          % 迭代次数自增
    fprintf('time = %4d && norm_ux = %6.9f && norm_vy = %6.9f && norm_p = %6.9f && norm_vis = %6.9f  && norm_T = %6.9f \n',times,norm_ux,norm_vy,norm_p,norm_vis,norm_T)      % 显示当前迭代结果
end
%%%%%%%%%%%%%%%%%%%%%%%%%%%%%%%%%%%%%%%%
%%%%%%%%%%%%%%         迭代步骤 E 结束        %%%%%%%%%%%%%%
%%%%%%%%%%%%%%%%%%%%%%%%%%%%%%%%%%%%%%%%

%%%%%%%%%%%%%%%%%%%%%%%%%%%%%%%%%%%%%%%%
%%%%%%%%%%%%%%%%        Tecplot 结果     %%%%%%%%%%%%%%%%%
%%%%%%%%%%%%%%%%%%%%%%%%%%%%%%%%%%%%%%%%
```

```
E * 4
Nz
v_norm = sqrt(ux_k_1.^2 + vy_k_1.^2);
data = full([JXYV,ux_k_1,vy_k_1,p_k_1,vis_k_1,v_norm,T_k_1])
JMV_924 = JMV_9to4(JMV)
%%%%%%%%%%%%%%%%%%%%%%%%%%%%%%%%%%%%%%%%%%
%%%%%%%%%%%%%%%%%     Tecplot 结果    %%%%%%%%%%%%%%%%%%
%%%%%%%%%%%%%%%%%%%%%%%%%%%%%%%%%%%%%%%%%%
```

8.3.3 单元结点黏度计算程序

本程序用于计算 Bird-Carreau 本构模型下四边形二次单元内结点黏度。使用时需要提供 Bird-Carreau 模型相关系数及单元结点坐标和速度。本程序计算结果将累加入黏度计算矩阵。录入以下代码，并存储为 function_of_VIE_BC.m 文件，供主程序调用。程序说明见代码后注释。

```
function VIE = function_of_VIE_BC(n,mu0,muinf,nt,JXYe,uve)
%%%%%% 各个结点对应局部坐标
kesi = [-1 0 1 -1 0 1 -1 0 1];
ita  = [-1 -1 -1 0 0 0 1 1 1];
%%%%%% 各个结点对应局部坐标
%%%%%% 初始化 VIE
VIE = zeros(1,9);
%%%%%% 初始化 VIE
%%%%%% 循环计算单元内各个结点黏度
for i = 1:9
    %%%%%%%% 插值函数求导
    fy_kesi = [1/4*ita(i)*(kesi(i)-1)*(ita(i)-1)+1/4*kesi(i)*ita(i)*(ita(i)-1)
               -ita(i)*kesi(i)*(ita(i)-1)
               1/4*ita(i)*(kesi(i)+1)*(ita(i)-1)+1/4*kesi(i)*ita(i)*(ita(i)-1)
               1/2*(kesi(i)-1)*(1-ita(i)^2)+1/2*kesi(i)*(1-ita(i)^2)
               -2*kesi(i)*(1-ita(i)^2)
               1/2*(kesi(i)+1)*(1-ita(i)^2)+1/2*kesi(i)*(1-ita(i)^2)
               1/4*ita(i)*(kesi(i)-1)*(ita(i)+1)+1/4*kesi(i)*ita(i)*(ita(i)+1)
               -ita(i)*kesi(i)*(ita(i)+1)
               1/4*ita(i)*(kesi(i)+1)*(ita(i)+1)+1/4*kesi(i)*ita(i)*(ita(i)+1)];
    fy_ita  = [1/4*kesi(i)*(kesi(i)-1)*(ita(i)-1)+1/4*kesi(i)*ita(i)*(kesi(i)-1)
               1/2*(1-kesi(i)^2)*(ita(i)-1)+1/2*ita(i)*(1-kesi(i)^2)
               1/4*kesi(i)*(kesi(i)+1)*(ita(i)-1)+1/4*kesi(i)*ita(i)*(kesi(i)+1)
```

$$-\text{kesi}(i)*\text{ita}(i)*(\text{kesi}(i)-1)$$
$$-2*(1-\text{kesi}(i)\verb|^|2)*\text{ita}(i)$$
$$-\text{kesi}(i)*\text{ita}(i)*(\text{kesi}(i)+1)$$
$$1/4*\text{kesi}(i)*(\text{kesi}(i)-1)*(\text{ita}(i)+1)+1/4*\text{kesi}(i)*\text{ita}(i)*(\text{kesi}(i)-1)$$
$$1/2*(1-\text{kesi}(i)\verb|^|2)*(\text{ita}(i)+1)+1/2*\text{ita}(i)*(1-\text{kesi}(i)\verb|^|2)$$
$$1/4*\text{kesi}(i)*(\text{kesi}(i)+1)*(\text{ita}(i)+1)+1/4*\text{kesi}(i)*\text{ita}(i)*(\text{kesi}(i)+1)];$$

%%%%%%%% 插值函数求导
%%%%%%%% Jacobi 相关计算
```
dx_dkesi = fy_kesi' * JXYe(:,1);
dx_dita = fy_ita' * JXYe(:,1);
dy_dkesi = fy_kesi' * JXYe(:,2);
dy_dita = fy_ita' * JXYe(:,2);
Jacobi = [dx_dkesi dy_dkesi
          dx_dita  dy_dita];
AAAA = inv(Jacobi) * [fy_kesi';fy_ita'];
fy_x = AAAA(1,:)';
fy_y = AAAA(2,:)';
det_Jacobi = det(Jacobi);
```
%%%%%%%% Jacobi 相关计算
%%%%%%%% 单元内结点黏度计算
```
vxxvxx = (fy_x' * uve(:,1))^2;
vyyvyy = (fy_y' * uve(:,2))^2;
vxyvyx = (fy_y' * uve(:,1) + fy_x' * uve(:,2))^2;
I2 = 2*vxxvxx + 2*vyyvyy + vxyvyx;     % 剪切速率
VIE(i) = muinf + (mu0 - muinf) * (1 + (nt*I2)^2)^((n-1)/2);% B-C 本构方程
```
%%%%%%%% 单元内结点黏度计算
end
%%%%%%% 循环计算单元内各个结点黏度

8.3.4 单元 D_{ij}^e 子块计算程序

本程序用于计算使用四边形二次单元离散计算区域时运动方程系数矩阵中 D_{ij}^e 子块。本程序计算结果将组装到总体方程 D_{ij} 子块中。程序代码与第 3 章 function_of_De.m 文件一致。

8.3.5 单元 C_i^e 子块计算程序

本程序用于计算使用四边形二次单元离散计算区域时运动方程系数矩阵中 C_i^e 子块。本程序计算结果将组装到总体方程 C_i 子块中。程序代码与第 3 章 function_of_Ce.m 文件一致。

8.3.6 单元 B_i^e 子块计算程序

本程序用于计算使用四边形二次单元离散计算区域时运动方程系数矩阵中 B_i^e 子块。本程序计算结果将组装到总体方程 B_i 子块中。程序代码与第 3 章 function_of_Be.m 文件一致。

8.3.7 单元 F_i^e 子块计算程序

本程序用于计算使用四边形二次单元离散计算区域时运动方程系数矩阵中 F_i^e 子块。本程序计算结果将组装到总体方程 F_i 子块中。由于四边形四条边位于压力边界上时的处理方法不同,所以需要分四种情况分别讨论。程序代码与第 3 章 function_of_Fe.m 文件一致。

8.3.8 单元 CD^e 子块计算程序

本程序用于计算使用四边形二次单元离散计算区域时,能量方程热传导项有限元单元方程 CD^e 子块。使用时需要提供单元结点坐标和物料的导热系数。本程序计算结果将组装到总体方程 CD 子块中。程序代码与第 7 章 function_of_CDe.m 文件一致。

8.3.9 单元 DL^e 子块计算程序

本程序用于计算使用四边形二次单元离散计算区域时,能量方程对流项有限元单元方程 DL^e 子块。使用时需要提供单元结点坐标、速度、物料密度和比热容。本程序计算结果将组装到总体方程 DL 子块中。录入以下代码,并存储为 function_of_DLe.m 文件,供主程序调用。程序说明见代码后注释。

```
function [DLe] = function_of_DLe(JXYe,uve,midu,cp)
%%%%%%% 初始化 DLe
DLe = zeros(9,9);
%%%%%%% 初始化 DLe
%%%%%%% 高斯积分数据
gp = [0.932469514203152,0.661209386466265,0.238619186083197,-0.932469514203152,
      -0.661209386466265,-0.238619186083197];
gw = [0.171324492379170,0.360761573048139,0.467913934572691,0.171324492379170,
      0.360761573048139,0.467913934572691];
kesi = gp;
ita = gp;
%%%%%%% 高斯积分数据
for i = 1:6
    for j = 1:6
        %%%%%%% 速度插值函数及其对 kesi 和 ita 的导数
        fy = [1/4*kesi(i)*ita(j)*(kesi(i)-1)*(ita(j)-1);
              1/2*ita(j)*(1-kesi(i)^2)*(ita(j)-1);
              1/4*kesi(i)*ita(j)*(kesi(i)+1)*(ita(j)-1);
              1/2*kesi(i)*(kesi(i)-1)*(1-ita(j)^2);
              (1-kesi(i)^2)*(1-ita(j)^2);
              1/2*kesi(i)*(kesi(i)+1)*(1-ita(j)^2);
```

$\qquad$ 1/4 * kesi(i) * ita(j) * (kesi(i) - 1) * (ita(j) + 1);
$\qquad$ 1/2 * ita(j) * (1 - kesi(i)^2) * (ita(j) + 1);
$\qquad$ 1/4 * kesi(i) * ita(j) * (kesi(i) + 1) * (ita(j) + 1);];
fy_kesi = [1/4 * ita(j) * (kesi(i) - 1) * (ita(j) - 1) + 1/4 * kesi(i) * ita(j) *
$\qquad$ (ita(j) - 1) - ita(j) * kesi(i) * (ita(j) - 1)
$\qquad$ 1/4 * ita(j) * (kesi(i) + 1) * (ita(j) - 1) + 1/4 * kesi(i) * ita(j) * (ita(j) - 1)
$\qquad$ 1/2 * (kesi(i) - 1) * (1 - ita(j)^2) + 1/2 * kesi(i) * (1 - ita(j)^2)
$\qquad$ -2 * kesi(i) * (1 - ita(j)^2)
$\qquad$ 1/2 * (kesi(i) + 1) * (1 - ita(j)^2) + 1/2 * kesi(i) * (1 - ita(j)^2)
$\qquad$ 1/4 * ita(j) * (kesi(i) - 1) * (ita(j) + 1) + 1/4 * kesi(i) * ita(j) * (ita(j) + 1)
$\qquad$ - ita(j) * kesi(i) * (ita(j) + 1)
$\qquad$ 1/4 * ita(j) * (kesi(i) + 1) * (ita(j) + 1) + 1/4 * kesi(i) * ita(j) * (ita(j) + 1)];
fy_ita = [1/4 * kesi(i) * (kesi(i) - 1) * (ita(j) - 1) + 1/4 * kesi(i) * ita(j) *
$\qquad$ (kesi(i) - 1)
$\qquad$ 1/2 * (1 - kesi(i)^2) * (ita(j) - 1) + 1/2 * ita(j) * (1 - kesi(i)^2)
$\qquad$ 1/4 * kesi(i) * (kesi(i) + 1) * (ita(j) - 1) + 1/4 * kesi(i) * ita(j) * (kesi(i) + 1)
$\qquad$ - kesi(i) * ita(j) * (kesi(i) - 1)
$\qquad$ -2 * (1 - kesi(i)^2) * ita(j)
$\qquad$ - kesi(i) * ita(j) * (kesi(i) + 1)
$\qquad$ 1/4 * kesi(i) * (kesi(i) - 1) * (ita(j) + 1) + 1/4 * kesi(i) * ita(j) * (kesi(i) - 1)
$\qquad$ 1/2 * (1 - kesi(i)^2) * (ita(j) + 1) + 1/2 * ita(j) * (1 - kesi(i)^2)
$\qquad$ 1/4 * kesi(i) * (kesi(i) + 1) * (ita(j) + 1) + 1/4 * kesi(i) * ita(j) * (kesi(i) + 1)];
%%%%%%% 速度插值函数及其对 kesi 和 ita 的导数
%%%%%%% Jacobi 相关计算
dx_dkesi = fy_kesi' * JXYe(:,1);
dx_dita = fy_ita' * JXYe(:,1);
dy_dkesi = fy_kesi' * JXYe(:,2);
dy_dita = fy_ita' * JXYe(:,2);
Jacobi = [dx_dkesi dy_dkesi
$\qquad$ dx_dita dy_dita];
AAAA = inv(Jacobi) * [fy_kesi';fy_ita'];
fy_x = AAAA(1,:)';
fy_y = AAAA(2,:)';
det_Jacobi = det(Jacobi);
%%%%%%% Jacobi 相关计算
%%%%%%% DLe 单元方程子块计算
DLe = DLe + gw(i) * gw(j) * midu * cp * (fy * fy' * uve(:,1) * fy_x'...

```
                    + fy * fy' * uve( : ,2) * fy _ y') * det _ Jacobi;
            %%%%%%% DLe 单元方程子块计算
        end
end
```

8.3.10 单元 NH^e 子块计算程序

本程序用于计算使用四边形二次单元离散计算区域时，能量方程黏性耗散项有限元单元方程 NH^e 子块。使用时需要提供单元结点坐标、速度和黏度。本程序计算结果将组装到总体方程 NH 子块中。录入以下代码，并存储为 function _ of _ NHe.m 文件，供主程序调用。程序说明见代码后注释。

```
function [NHe] = function _ of _ NHe(JXYe,uve,veis)
%%%%%%% 初始化 NHe
NHe = zeros(9,1);
%%%%%%% 初始化 NHe
%%%%%%% 提取结点速度
ue = uve( : ,1);
ve = uve( : ,2);
%%%%%%% 提取结点速度
%%%%%%% 高斯积分数据
gp = [0.932469514203152,0.661209386466265,0.238619186083197, - 0.932469514203152,
      - 0.661209386466265, - 0.238619186083197];
gw = [0.171324492379170,0.360761573048139,0.467913934572691,0.171324492379170,
      0.360761573048139,0.467913934572691];
kesi = gp;
ita = gp;
%%%%%%% 高斯积分数据
for i = 1:6
    for j = 1:6
        %%%%%%% 速度插值函数及其对 kesi 和 ita 的导数
        fy = [1/4 * kesi(i) * ita(j) * (kesi(i) - 1) * (ita(j) - 1);
              1/2 * ita(j) * (1 - kesi(i)^2) * (ita(j) - 1);
              1/4 * kesi(i) * ita(j) * (kesi(i) + 1) * (ita(j) - 1);
              1/2 * kesi(i) * (kesi(i) - 1) * (1 - ita(j)^2);
              (1 - kesi(i)^2) * (1 - ita(j)^2);
              1/2 * kesi(i) * (kesi(i) + 1) * (1 - ita(j)^2);
              1/4 * kesi(i) * ita(j) * (kesi(i) - 1) * (ita(j) + 1);
              1/2 * ita(j) * (1 - kesi(i)^2) * (ita(j) + 1);
```

$$1/4 * \text{kesi}(i) * \text{ita}(j) * (\text{kesi}(i) + 1) * (\text{ita}(j) + 1);];$$

$$\text{fy\_kesi} = [1/4 * \text{ita}(j) * (\text{kesi}(i) - 1) * (\text{ita}(j) - 1) + 1/4 * \text{kesi}(i) * \text{ita}(j) * (\text{ita}(j) - 1)$$

$$-\text{ita}(j) * \text{kesi}(i) * (\text{ita}(j) - 1)$$

$$1/4 * \text{ita}(j) * (\text{kesi}(i) + 1) * (\text{ita}(j) - 1) + 1/4 * \text{kesi}(i) * \text{ita}(j) * (\text{ita}(j) - 1)$$

$$1/2 * (\text{kesi}(i) - 1) * (1 - \text{ita}(j)\verb|^|2) + 1/2 * \text{kesi}(i) * (1 - \text{ita}(j)\verb|^|2)$$

$$-2 * \text{kesi}(i) * (1 - \text{ita}(j)\verb|^|2)$$

$$1/2 * (\text{kesi}(i) + 1) * (1 - \text{ita}(j)\verb|^|2) + 1/2 * \text{kesi}(i) * (1 - \text{ita}(j)\verb|^|2)$$

$$1/4 * \text{ita}(j) * (\text{kesi}(i) - 1) * (\text{ita}(j) + 1) + 1/4 * \text{kesi}(i) * \text{ita}(j) * (\text{ita}(j) + 1)$$

$$-\text{ita}(j) * \text{kesi}(i) * (\text{ita}(j) + 1)$$

$$1/4 * \text{ita}(j) * (\text{kesi}(i) + 1) * (\text{ita}(j) + 1) + 1/4 * \text{kesi}(i) * \text{ita}(j) * (\text{ita}(j) + 1)];$$

$$\text{fy\_ita} = [1/4 * \text{kesi}(i) * (\text{kesi}(i) - 1) * (\text{ita}(j) - 1) + 1/4 * \text{kesi}(i) * \text{ita}(j) * (\text{kesi}(i) - 1)$$

$$1/2 * (1 - \text{kesi}(i)\verb|^|2) * (\text{ita}(j) - 1) + 1/2 * \text{ita}(j) * (1 - \text{kesi}(i)\verb|^|2)$$

$$1/4 * \text{kesi}(i) * (\text{kesi}(i) + 1) * (\text{ita}(j) - 1) + 1/4 * \text{kesi}(i) * \text{ita}(j) * (\text{kesi}(i) + 1)$$

$$-\text{kesi}(i) * \text{ita}(j) * (\text{kesi}(i) - 1)$$

$$-2 * (1 - \text{kesi}(i)\verb|^|2) * \text{ita}(j)$$

$$-\text{kesi}(i) * \text{ita}(j) * (\text{kesi}(i) + 1)$$

$$1/4 * \text{kesi}(i) * (\text{kesi}(i) - 1) * (\text{ita}(j) + 1) + 1/4 * \text{kesi}(i) * \text{ita}(j) * (\text{kesi}(i) - 1)$$

$$1/2 * (1 - \text{kesi}(i)\verb|^|2) * (\text{ita}(j) + 1) + 1/2 * \text{ita}(j) * (1 - \text{kesi}(i)\verb|^|2)$$

$$1/4 * \text{kesi}(i) * (\text{kesi}(i) + 1) * (\text{ita}(j) + 1) + 1/4 * \text{kesi}(i) * \text{ita}(j) * (\text{kesi}(i) + 1)];$$

%%%%%%% 速度插值函数及其对 kesi 和 ita 的导数
%%%%%%% Jacobi 相关计算
dx_dkesi = fy_kesi' * JXYe(:,1);
dx_dita = fy_ita' * JXYe(:,1);
dy_dkesi = fy_kesi' * JXYe(:,2);
dy_dita = fy_ita' * JXYe(:,2);
Jacobi = [dx_dkesi dy_dkesi
          dx_dita   dy_dita];
AAAA = inv(Jacobi) * [fy_kesi';fy_ita'];
fy_x = AAAA(1,:)';
fy_y = AAAA(2,:)';
det_Jacobi = det(Jacobi);
%%%%%%% Jacobi 相关计算

```
            %%%%%%% 黏度计算
            niandu = fy' * veis;
            %%%%%%% 黏度计算
            %%%%%%% NHe 单元方程子块计算
            NHe = NHe + gw(i) * gw(j) * niandu * fy * ((2 * fy_x' * ue * fy_x' * ue) + ...
                (2 * fy_y' * ve * fy_y' * ve) + (fy_y' * ue + fy_x' * ve)^2) * det_Jacobi;
            %%%%%%% NHe 单元方程子块计算
        end
    end
```

8.3.11 单元 CDB^e 子块计算程序

本程序用于计算使用四边形二次单元离散计算区域时，能量方程右边向量有限元单元方程 CDB^e 子块。使用时需要提供单元结点坐标和第二类温度边界条件数据。由于四边形四条边位于压力边界上时的处理方法不同，所以需要分四种情况分别讨论。本程序计算结果将组装到总体方程 CDB 子块中。程序代码与第 7 章 function_of_CDBe.m 文件一致。

8.4 计算结果分析

8.4.1 计算结果

图 8-5 所示给出了迭代计算的收敛过程。由图可见，经过 7 次迭代计算才达到计算精度。图 8-6 ~ 图 8-9 所示分别给出了区域内的速度分布、压力分布、温度分布和黏度分布。

```
现在开始计算,请耐心等待
time=   1 && norm_ux= 1.695923510 && norm_vy= 1.722314952 && norm_p= 0.125979498 && norm_vis= 0.284079850 && norm_I= 0.198283495
time=   2 && norm_ux= 0.305861855 && norm_vy= 0.305888309 && norm_p= 0.036308855 && norm_vis= 0.082480952 && norm_I= 0.072799359
time=   3 && norm_ux= 0.125542380 && norm_vy= 0.125559461 && norm_p= 0.011344192 && norm_vis= 0.024017083 && norm_I= 0.019697280
time=   4 && norm_ux= 0.032739585 && norm_vy= 0.032743261 && norm_p= 0.003231653 && norm_vis= 0.007005633 && norm_I= 0.005866761
time=   5 && norm_ux= 0.009852278 && norm_vy= 0.009853440 && norm_p= 0.000948611 && norm_vis= 0.002042926 && norm_I= 0.001700364
time=   6 && norm_ux= 0.002846823 && norm_vy= 0.002847153 && norm_p= 0.000276117 && norm_vis= 0.000595802 && norm_I= 0.000496782
time=   7 && norm_ux= 0.000832469 && norm_vy= 0.000832566 && norm_p= 0.000080571 && norm_vis= 0.000173756 && norm_I= 0.000144803
```

图 8-5　收敛过程

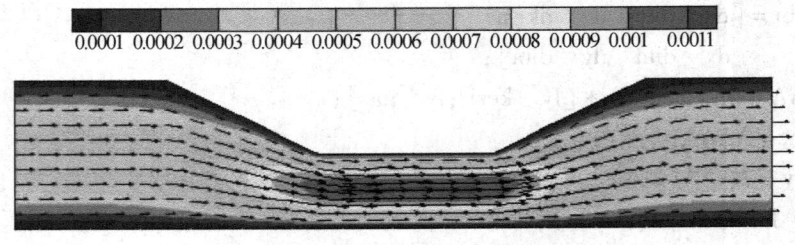

图 8-6　区域速度向量及法向速度大小分布

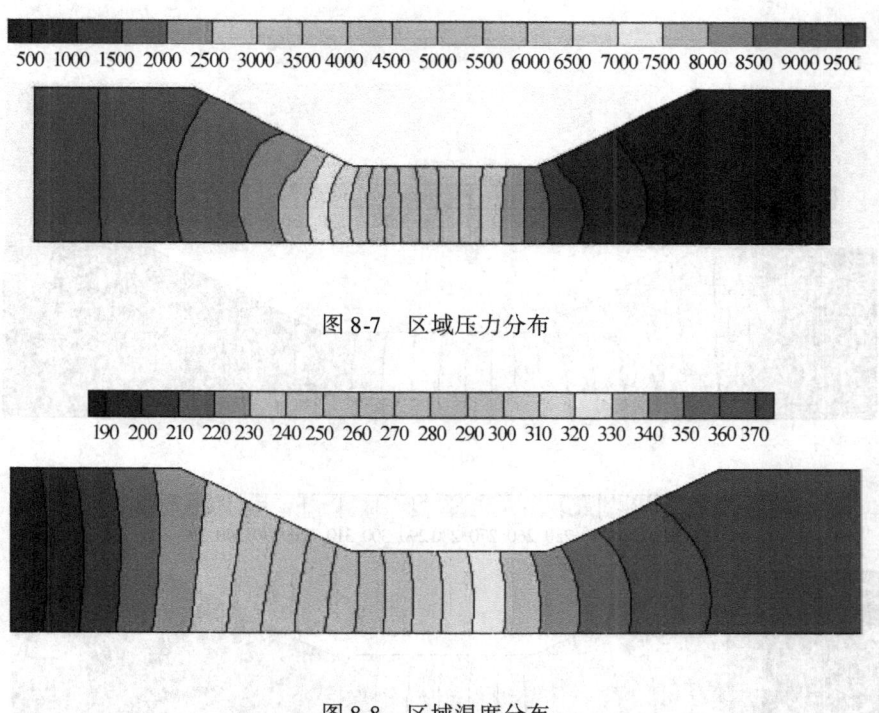

图 8-7 区域压力分布

图 8-8 区域温度分布

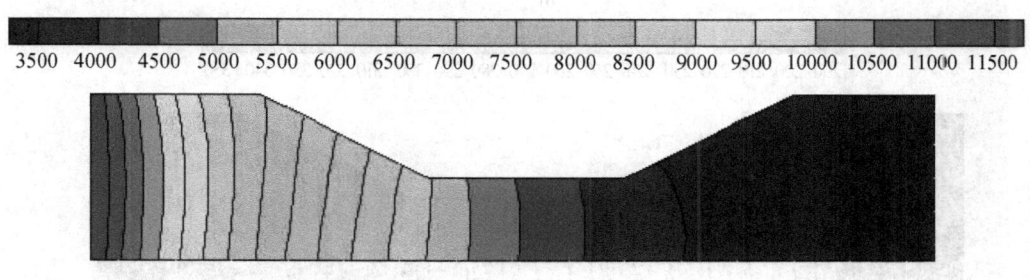

图 8-9 区域黏度分布

8.4.2 入口压力对温度分布的影响

保持其他参数不变,改变入口压力。图 8-10 中对比了随着入口压力增加温度分布的变化情况。入口压力增加,流量上升,物料在平板间的加热时间减少,所以出口温度降低。

8.4.3 流动区域收敛比对温度分布的影响

保持其他参数不变,改变区域收敛比例。图 8-11 所示给出了流动区域收敛比对区域温度分布的影响。收敛越剧烈,出口温度越高。其主要原因在于收敛比增加,流动区域最窄处宽度减少,此处剪切速率增加,黏性耗散增加。

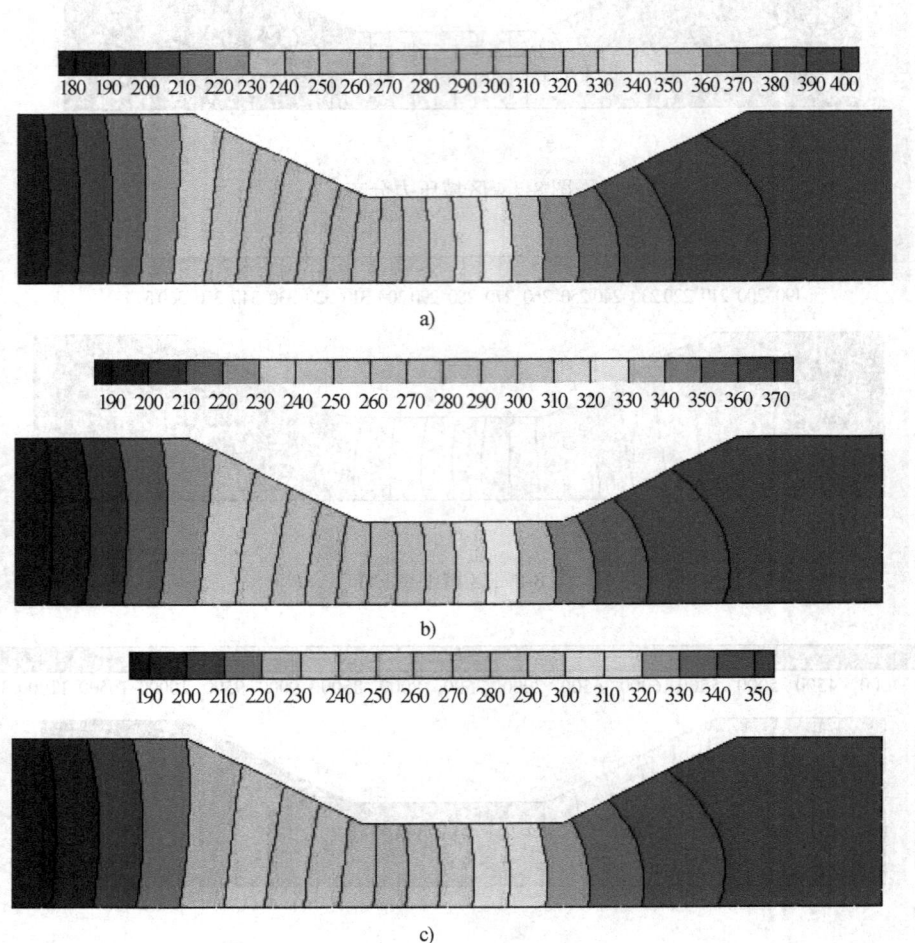

图 8-10 入口压力对区域温度分布的影响
a) 5000Pa b) 10000Pa c) 15000Pa

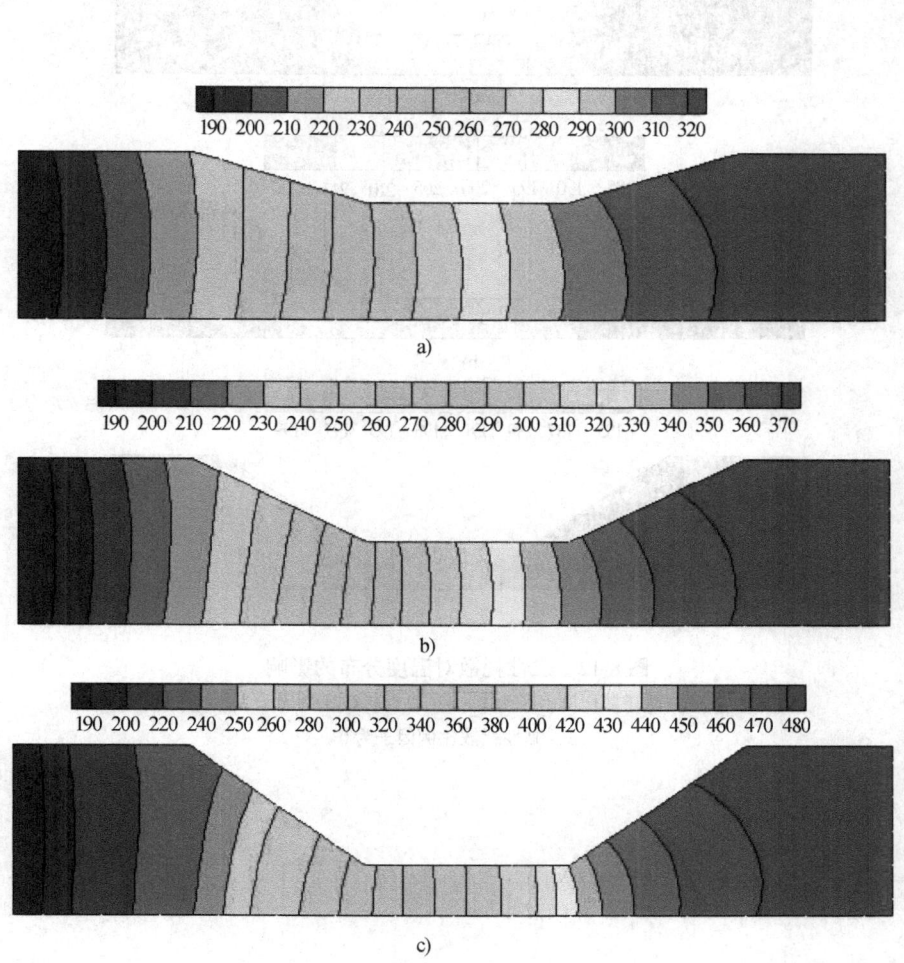

图 8-11 流动区域收敛比对区域温度分布的影响
a) 收敛比为 0.7 b) 收敛比为 0.5 c) 收敛比为 0.3

8.4.4 黏性耗散对温度分布的影响

将入口压力增加至 1MPa，并且采用收敛比为 0.3 的区域。图 8-12 对比了黏性耗散对区域温度分布的影响。将黏性耗散比例因子从 1 减少到 0，出口温度降低约 40℃。黏性耗散比例因子设定为 0.5 表明仅仅考虑一半的黏性耗散影响。黏性耗散比例因子设定为 0 表明忽略黏性耗散的影响。可见，黏性耗散的影响不可忽视。

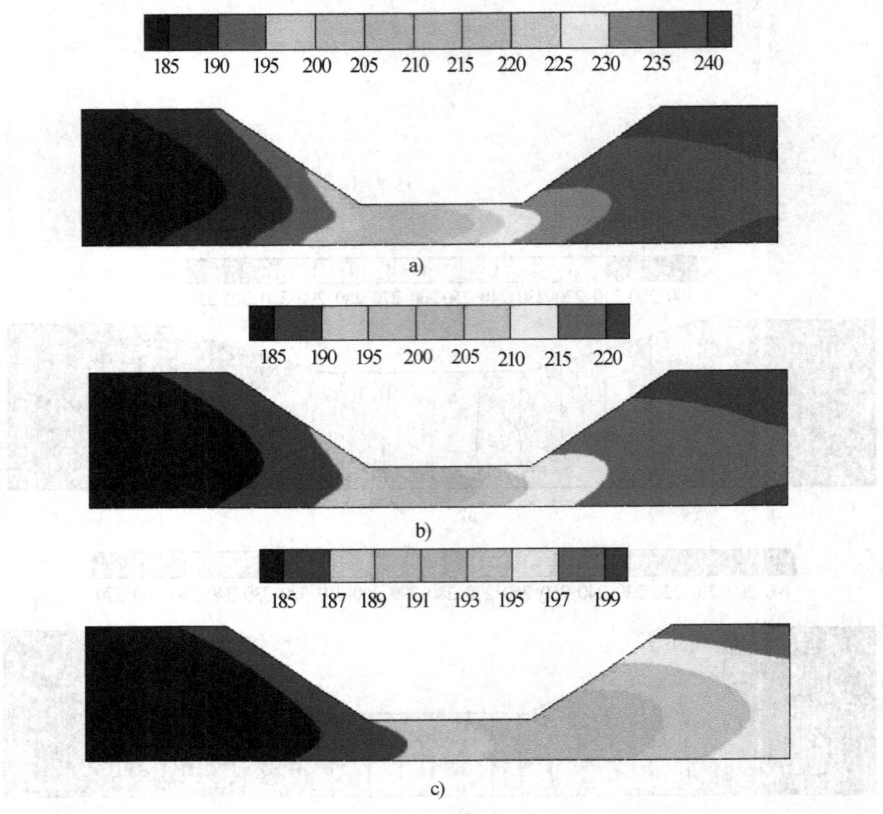

图 8-12 黏性耗散对温度分布的影响
a) 黏性耗散比例因子为 1　b) 黏性耗散比例因子为 0.5
c) 黏性耗散比例因子为 0

参 考 文 献

[1] 章本照,印建安,张宏基. 流体力学数值方法 [M]. 北京:机械工业出版社,2003.
[2] J N Reddy, D K Gartling. The Finite Element Method in Heat Transfer and Fluid dynamics [M]. 2th ed Boca Raton: CRC Press Inc, 2001.